ひと目でわかる HOW OUR PLANET REALLY WORKS

地球環境のしくみとはたらき図鑑

イラスト授業シリーズ

ひと目でわかる
地球環境のしくみと
はたらき図鑑
HOW OUR PLANET REALLY WORKS

トニー・ジュニパー[著]　赤羽真紀子／大河内直彦[日本語版監修]

千葉喜久枝[訳]

創元社

〈イラスト授業シリーズ〉
ひと目でわかる　地球環境のしくみとはたらき図鑑

2020年8月20日第1版第1刷　発行
2021年6月10日第1版第2刷　発行

著　者　　トニー・ジュニパー
日本語版監修者　赤羽真紀子、大河内直彦
訳　者　　千葉喜久枝
発行者　　矢部敬一
発行所　　株式会社 創元社
　　　　　https://www.sogensha.co.jp/
　　　　　本社 〒541-0047 大阪市中央区淡路町4-3-6
　　　　　Tel.06-6231-9010　Fax.06-6233-3111
　　　　　東京支店 〒101-0051東京都千代田区神田神保町1-2田辺ビル
　　　　　Tel.03-6811-0662
　　　　　©2020 CHIBA Kikue
　　　　　ISBN978-4-422-40047-1 C0340

本書の感想をお寄せください

投稿フォームはこちらから ▶ ▶ ▶ ▶

Contents

第2章 変化の結果

第3章 現状を変える

【著者】
トニー・ジュニパー
（Dr. Tony Juniper）

大英帝国三等勲爵士。国際的に著名なエコロジスト、作家、持続可能性アドバイザー。国際会議やシンポジウムに定期的に参加するなど、30年以上にわたり、持続可能な社会へ向けた活動を国内外でおこなっている。地球環境の変化に関する多くの著書・監修書を手掛け、ベストセラーや数々の賞を受賞している。
www.tonyjuniper.com
Twitter : @tonyjuniper

執筆協力：マドレーヌ・ジュニパー

はじめに

この数十年間で、地球という惑星の姿はすっかり変わってしまった。人口増加と経済成長が、増え続ける資源の需要と環境への影響と合わさって、地球に大きな爪痕を残している。今、地球の姿を変えるほどの大きな変化が世界各地で次々と起きていて、そのなりゆきと悪影響が、地球の未来にかかわるきわめて重要な問題と、どのようにすれば私たちは地球の未来をうまく管理し持続していけるかという問いを提起している。

地球で起きているさまざまな変化の規模と範囲について、また相互の関連について知ることは、私たちが現在住む世界を理解し、今後世界がどのような方向へ向かおうとしているのかを予測するために重要である。変化の影響は、ビジネスや金融から政治や経済まで、そして科学や技術から生活や文化まで、私たちの暮らしのあらゆる領域におよぶからだ。

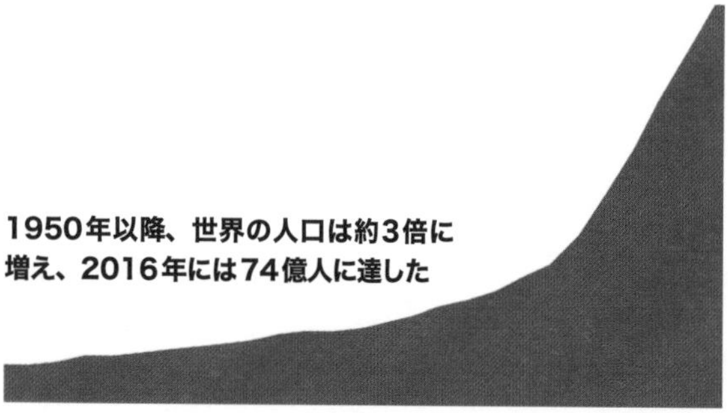

1950年以降、世界の人口は約3倍に増え、2016年には74億人に達した

人口爆発

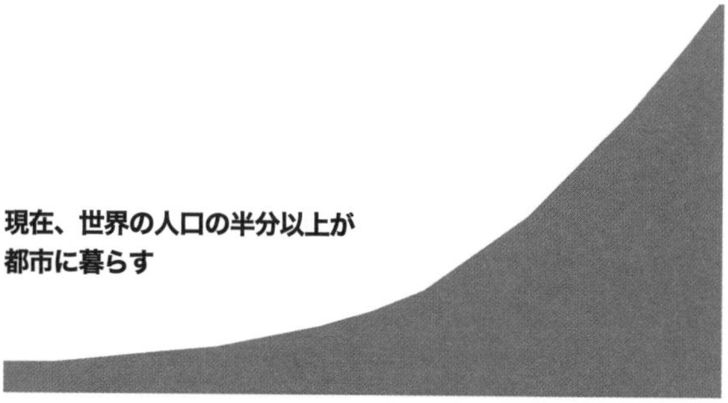

現在、世界の人口の半分以上が都市に暮らす

都市の拡大

人口の急増

まず、私たちの未来を定めることになる、現在地球上で起きているさまざまな変化をもたらした要因を知ることが重要である。地球上に住む人間の数は今、急速に増加している。1950年の時点では世界の人口は25億人であったが、現在はおよそ3倍になっている。このままいけば、地球の人口は毎年——ドイツの人口とほぼ同じ数の——8,000万人ずつ増えると予測される。そして2050年までに地球の人口は90億人を超えると予測されている。しかし人間が地球におよぼす影響というのは、地球上に存在する人間の数だけで決まるわけではなく、地球で暮らす人間の生活水準にも左右される。こういう訳で、ここ数十年の間に起きたグローバル経済の急速な拡大がもう一つの重要な要因で、所得や消費の増加にともない、より多くの人が快適さと便利さを享受できるようになった。

経済発展と生活水準の向上は、一部には急速な都市化と、農村地帯から都市部への絶え間ない人口の移動によって促進されている。18世紀のイングランドで産業革命とともに始まったそのプロセスは、過去数十年間で世界中に広がった。2007年には、人類史上初めて、地球の人口の半分以上が都市に暮らしていた。

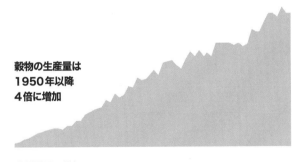

**穀物の生産量は
1950年以降
4倍に増加**

食料需要の増加

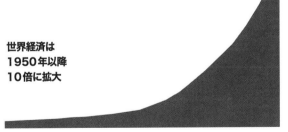

**世界経済は
1950年以降
10倍に拡大**

急速な経済成長

2050年までに都市部の人口の割合は全人口の3分の2近くに達するだろう。都市部に暮らす人々は、農村に暮らす人々よりも多くのエネルギーと物質を消費し、多くのごみを生み出す、贅沢な消費者である傾向が強い。人口増加と経済成長と都市化があわさって、エネルギー、水、食料、森林、鉱物などの広範囲にわたる必要不可欠な資源の需要を急速に拡大している。

進歩と問題点

需要の伸びに合わせてどこまで資源の供給を拡大できるかについては、これまで幾度もさまざまな懸念が生じたが、今までのところ私たちはおおむね成功をおさめている。しかもその間に、ほとんどの社会で豊かさの指標（SI）が向上した。たとえば、多くの人々に安全な水が供給されるようになり、読み書きできる人々の数は増え、極貧の生活にあえぐ人々の数は減っている。また、子どもの死亡率や感染症に関連した、さまざまな健康指標も改善されている。さらに私たちは地球規模で結びついており、世界中に広がるサプライチェーンを通して取引される技術や消費財を手に入れる機会を何十億もの人々が享受している。

しかし、人類の進歩を示すこれらの証拠と並んで、あまり好ましくない結果もある。今や地球をとりまく大気中の温室効果ガスは、少なくとも過去80万年間で最高の濃度に達している。このことはすでに気候変動の原因となっ

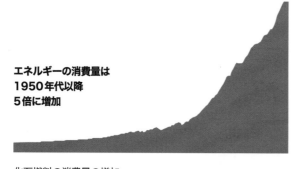

**エネルギーの消費量は
1950年代以降
5倍に増加**

化石燃料の消費量の増加

**水の消費量は
5倍に増加**

増加する水の消費量

ており、極端な気象現象の発生頻度を増やして経済的な損失を増大させ、人類に重大な影響をもたらしている。気候変動を引き起こす化石燃料の燃焼と森林火災は、毎年多くの人々の命を奪う大気汚染の原因でもある。

さらに、人類の繁栄に不可欠なさまざまな資源の減少も経済や社会に緊張をもたらしている。現在水資源と漁業資源は窮境に陥っている。森林破壊と生物多様性の減少と並んで、土壌の劣化は世界的な問題である。また生態系の劣化の規模は、動植物種の大量絶滅が加速しつつあることを示している。いずれ、6,500万年前に恐竜が絶滅して以来最大規模となる、生物多様性の喪失をもたらすかもしれない。これらの変化に加えて、さらに多くの要因がすべて重なると、今後は次第に経済の成長や発展にも影響をおよぼすようになり、最終的に社会の進歩を後退させる恐れがある。

地球を救う

今、地球上で起きている重大な変化についての意識が近年高まってきたおかげで、解決策を見出す努力がなされている。いくつかの試みはよい効果を生んでいる。もっとも、既得権益からの現状維持を主張する勢力や、政治的な短期的利益重視主義、環境をそこなわない開発計画から重要な資源を流用する政治的腐敗行為といったもののために、解決策の実現はますます難しくなっている。関連する社会、経済、環境分野での動きをまとめるために、これらの障壁を克服する方法を見つける必要性は、日を追うごとに高まっている。

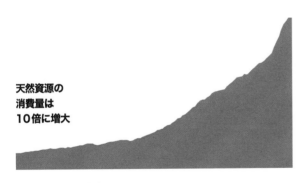

天然資源の
消費量は
10倍に増大

増大する資源の消費量

大気中に含まれる
温室効果ガスが
空前の濃度に

増大し続ける二酸化炭素の排出量

幸い、この先どういった対策を進めるべきかを示すデータや分析結果、実例が豊富にある。未来にふさわしい土台を築くためにそれに頼るのは簡単ではないだろうが、この先、よりよい持続可能な結果を達成するために一役買いたいと望むのであれば、手始めとしてまずは、あらゆる動向と事情に通じておくことがきわめて重要である。

未来の予測

未来は、他の多くの目標とともに、2015年に採択された「持続可能な開発目標（Sustainable Development Goals、略称SDGs）」と気候変動に関する「パリ協定」によって形作られるだろう。2020年には、現在起こっている野生生物の大量絶滅を防止するために国連で採択された「生物の多様性に関する条約（CBD）」のもとで、世界が新たな合意を採択することが期待されている。環境面で持続可能な進歩という目標を達成するためには、新たなレベルの国際協力や技術、ビジネスモデルばかりでなく、経済や政治的優先順位の再考を必要とする。

そのためには、まずは地球の現状について包括的に理解することが必要である——そしてそれこそが、私がこの本を執筆した目的である。現在地球という惑星で起こっていることを垣間見せ、多くの、特に重要な問題の背景にある事実を明らかにする。現時点での動きと事態の進展が確実にはっきりと説明され、理解されるよう、最新のデータと情報が活用されている。

**漁獲量が
4倍以上
に増加**

海洋での漁獲高

**インターネットの発達による
世界的規模での企業
合併の加速**

グローバリゼーションの拡大

読者が本書を読むことで、現状を理解するのに最適な資料や、今後の指針となるようなヒントを見出し、それを用いて周りの人々を教え導き、力づけることを願っている。私たちがともに人類の歴史の次の章を一緒に書くことができるように。

トニー・ジュニバー博士

地球の再生可能な生産力を人間が消費する量が2倍に増加

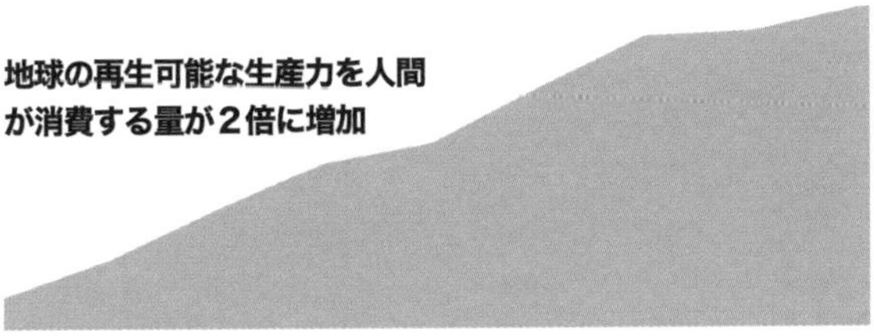

人間による土地利用の拡大

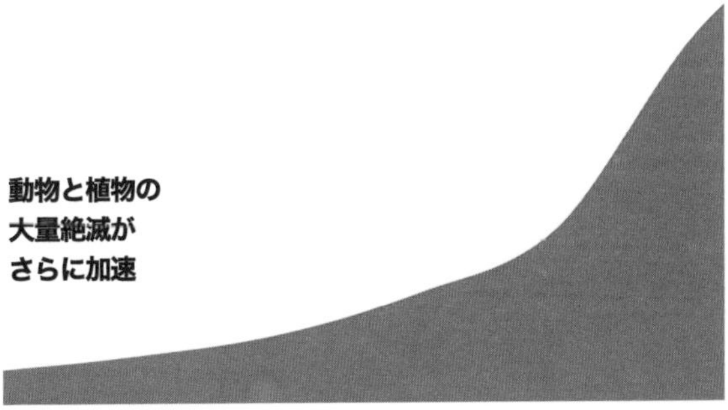

動物と植物の
大量絶滅が
さらに加速

生物種の減少

「気候変動や、**急速な人口増加**で拡大し続ける水やエネルギーの需要といった**現代の重要な問題**は、政治的な解決策はもちろん、**科学や技術による解決策**も必要とする。」

ブライアン・コックス教授（英国の物理学者、科学番組司会者）

 人口爆発

 経済発展

 都市化の波

 発展を支えるエネルギー

 拡大し続ける食料需要

 水が不足する世界

 消費欲

変化の要因

第 **1** 章

相互に関連した一連の強力な流れが急速な変化を推し進めている。それらはたがいに作用し合いながら、地球上の生命を維持する自然のシステムにおよぼす人類の影響力を変質させている。

人口爆発

私たちの住む世界がこの先どう変わっていくのかを定めるさまざまな要因の中でも、最も大きな問題は急激な人口増加だろう。人間が多くなればそれだけ多くの食料やエネルギー、水、その他の資源の需要を生むことになるため、自然環境や地球を取り巻く大気にかかる負担は計り知れない。人口の増加率は現在弱まりつつあるとはいえ、20世紀の100年間で人間の数は大幅に増えた。私たちの人口は一日20万人超、すなわち、一年で約8,000万人というスピードで増え続けている——ドイツの人口と同じ数だけ人間が毎年増えているのである。

膨張する人口

近代の人口増加は1750年頃に始まり、食料の生産と流通が改良されたことで、18世紀の間に死亡率が低下した。19世紀になると、下水設備などが改善され、公衆衛生の向上につながった。20世紀に入ると、人口増加のスピードはそれまでとは比べものにならないほど加速した。2024年までに地球に暮らす人間の数は80億人になり、2050年までには90億人を超えると予想される。

人間活動の加速度的な増加（グレート・アクセラレーション）の始まり

何千年もの間、地球上の人間の数はきわめて少なく、安定していた。数の大幅な増加が示すように、この状況が劇的に変化したのは18世紀半ばのことである。

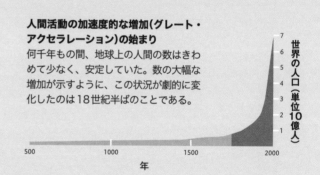

世界の人口（単位10億人）

年

> 「人口の増加により、
> 世界の資源は枯渇するまで
> 使いつくされている。」

アル・ゴア
（環境保護活動家、元米国副大統領）

1798年
天然痘ワクチン（世界初の効果的なワクチン）がエドワード・ジェンナーによって導入される

1800年代初め
世界の人口が初めて10億人に達する

1750　1760　1780　1800　1820　1840　1860

年

ますます人口過密になる世界

19世紀の初頭に世界の総人口は10億人を超えた。1959年には30億人を超え、15年後には40億人に達した。1987年までに地球上の人間の数は50億人を突破し、1999年に60億人、そして2011年になると70億人まで膨れ上がった。今日、わずか5か国に34億人以上——現在の世界の人口の半分近く——が暮らしており、その数だけでも19世紀の地球の人口の3倍である。

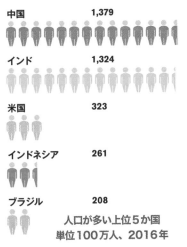

中国　1,379
インド　1,324
米国　323
インドネシア　261
ブラジル　208

人口が多い上位5か国
単位100万人、2016年

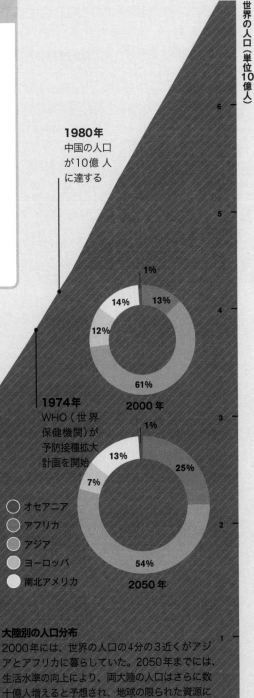

1980年
中国の人口が10億人に達する

14%　1%　13%
12%
61%
2000年

13%　1%　25%
7%
54%
2050年

○ オセアニア
○ アフリカ
○ アジア
○ ヨーロッパ
○ 南北アメリカ

いわゆる「ベビーブーム」
が戦後の経済成長期に続いて起こる。

1918年
スペイン風邪の大流行
（世界の人口の5%近くが亡くなる）

1928年
アレクサンダー・フレミングが世界初の抗生物質ペニシリンを発見

1974年
WHO（世界保健機関）が予防接種拡大計画を開始

大陸別の人口分布
2000年には、世界の人口の4分の3近くがアジアとアフリカに暮らしていた。2050年までには、生活水準の向上により、両大陸の人口はさらに数十億人増えると予想され、地球の限られた資源にさらに大きな負担がかかることになる。

世界の人口（単位10億人）
7　6　5　4　3　2　1

1900　1920　1940　1960　1980　2000

人口の変動

1800年以降、地球上のあらゆる地域で人口が増えている。1950-60年代になると、先進国では生活水準と衛生状態の向上と、教育の普及により出生率が下がり、人口増加の勢いは弱まり始めたが、開発途上国では今なお増え続けている。

高い出生率、医療の進歩、移住労働者の動きと影響力はどれも世界の各地で人口の増加率を上昇させる要因である。過去5年間で最も人口の変動が激しかったのは中東地域で、近隣諸国で起こっている紛争だけでなく、職を求めて流入する外国人労働者の増加で、オマーンとカタールの人口増加率は6%を超えている。6%という数字は、それほど高くないように思われるかもしれないが、このままいけば、あと12年で両国の人口は現在の2倍になるだろう。

米国
0.7%
現在の増加率だと、毎年、ヒューストン市の人口に相当する230万人ずつ増えていくことになる

世界の人口動態

現在多くの主要先進国では、人口は安定しているか、主に移民の流入によって増加している。目下最も人口の伸び率が高い地域は大部分がアフリカにある。現在約12億人が暮らすアフリカ大陸の人口は、2100年までには3倍以上に増え、40億人を超えると予測されている。2050年には世界の人口の約90%が、現在は開発途上国と見なされている国に居住していると予想される（現在の割合は約80%）。

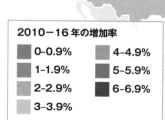

2010-16年の増加率

0-0.9%	4-4.9%
1-1.9%	5-5.9%
2-2.9%	6-6.9%
3-3.9%	

ブラジル
0.9%
ブラジルの出生率は1960年代以降徐々に低下しており、人口増加のスピードは緩まっている

世界の人口分布、過去と未来

1950年、世界の人口の20%以上はヨーロッパに暮らしていた。今世紀末までにその割合は約6%にまで落ち込むだろう。一方で正反対のシナリオがアフリカで起こると予想される。2100年には世界の人口の約40%がアフリカで暮らしているかもしれない。現在の先進国でかつて起きたように、死亡率の低下がアフリカの人口を増加させる主な要因だろう。

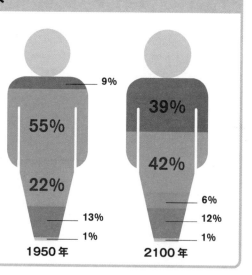

1950年： 9% / 55% / 22% / 13% / 1%
2100年： 39% / 42% / 6% / 12% / 1%

世界の人口の地域別割合（%）

アフリカ　ヨーロッパ　オセアニア
アジア　南北アメリカ

英国
0.8%
増加率は、年にエジンバラの人口規模とほぼ同じ50万人ずつの増加に匹敵する

オマーン
6.2%
オマーンは現在世界で最も人口増加率が高い国である

カタール
6.1%
好調な経済が欧米の富裕層とアジア出身の移住労働者を引きつけ、人口を増大させている

世界の中心
世界の人口の半分以上が下の赤い円内に暮らす。中国とインドは世界で最も人口が多い国で、それぞれ14億人と13億人が住んでいる。インドネシアには2億6,000人以上、ベトナムには9,000万人以上、タイには約7,000万人が暮らす。

クウェート
5%
人口の70%は外国人労働者で、主に石油や建築業界ではたらいている

ニジェール
3.8%
女性1人あたり7人以上という合計特殊出生率が、高い人口増加率を支えている

インド
1.2%
過去50年間で人口の増加は大幅に減速した。女性1人あたりの合計特殊出生率は1960年の5.87人から、2012年の2.5人へ減少した

中国
0.5%
1970年代以降人口の増加率はゆるやかになっているが、0.5%という数字は、毎年660万人ずつ増えていることを示す

世界の人口の中心

ガンビア
3.1%
現在の増加率を保てば、25年後に人口は2倍になるだろう

ブルンジ
3%
経済成長と食料供給が追いつかないほど人口が増加している

アラブ首長国連邦(UAE)
4%
2007年の17%をピークにドバイの人口増加のスピードは緩まっている

ウガンダ
3.3%
2015年の人口は2,800万人だったが、2050年には1億3,000万人に達する

21世紀末には全人類の
40%
がアフリカ人となるだろう

長寿社会へ

有史以来、ごく最近までは幼い子どもの数の方が高齢者の数よりも多かった。だが今日、地球上に暮らす人間は、5歳以下の子どもよりも65歳以上の高齢者の方が多い。

平均寿命と世界の老年人口の割合がどちらも伸びているように、人類史上前例のない状況が出現し、私たちは今、答えるすべのない多くの重要な問題に直面している。たとえば、高齢化にともなって、健康に過ごす老後の期間も伸びていくのだろうか？ 高齢者が社会でさまざまな役割を担う新たな機会はあるだろうか？ 所得税を払わない

定年退職者がかなりの割合を占める状況に社会はどう対処していくのだろうか？
出生率の低下と平均寿命の著しい延びを受けて、人口の高齢化は加速している。現在の就業人口は20歳から65歳の間の年齢層が一般的だが、将来は働き続ける健康な高齢者が高い割合を占めることになり、職を求める若い労

働者と張り合うことになるかもしれない。

関連項目

平均寿命の延び

過去100年の平均寿命（誕生時の平均余命）の延びは死因の変化を反映している。20世紀初頭の主な死因は細菌やウイルスによる感染症や寄生虫病と関連していた。その後、公衆衛生の発達と栄養状態の改善、抗生物質やワクチンの普及をはじめとする医療の進歩のおかげで状況は変化した。今日ではがんや心疾患など非伝染性の病気で亡くなる人の数の方がはるかに多い。

地域別平均寿命（年）

- 世界の平均
- 北米
- ラテンアメリカとカリブ海地域
- アフリカ
- ヨーロッパ
- オセアニア
- アジア

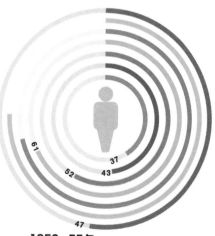

1950−55年
北米とヨーロッパは世界の平均寿命の47歳を大幅に上回っていた。戦争、病気、栄養不良が寿命を短くする原因であった。

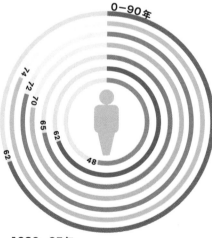

1980−85年
先進国は次第に生活様式が豊かになり、豊富な食料と医療の普及によってほとんどの地域で平均寿命が延びた。

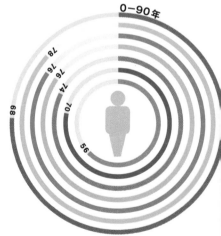

2005−10年
経済成長、豊かな食生活、さらなる医療の進歩によって世界中で寿命の延伸を達成した。アフリカでは、今なお多くの国でHIV/エイズなどの病気が蔓延しているため、平均寿命が一番短い。

世界の人口ピラミッドの変化

世界の年齢別人口構成図の形は急速に変化している。60歳以上の人口の増加により、過去数十年でそれ以前よりもピラミッドが高くなったばかりでなく、先端部のふくらみが増している。2000年の時点での状況と比べると、2050年までに60歳以上の人口は2倍に増え、世界の人口の約21%を占めると予想される。2100年にはその割合が約3倍に増えると予想されている。

2047年
までに60歳以上の人口が
子どもの人口より多くなるだろう

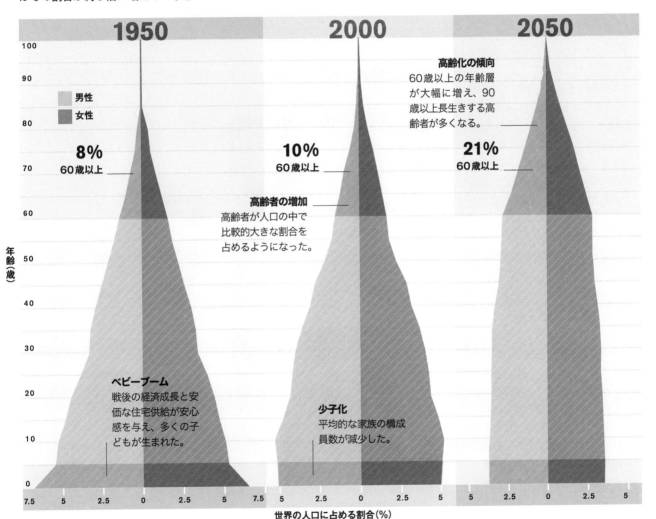

1950　**2000**　**2050**

男性
女性

8%
60歳以上

10%
60歳以上

21%
60歳以上

高齢化の傾向
60歳以上の年齢層が大幅に増え、90歳以上長生きする高齢者が多くなる。

高齢者の増加
高齢者が人口の中で比較的大きな割合を占めるようになった。

ベビーブーム
戦後の経済成長と安価な住宅供給が安心感を与え、多くの子どもが生まれた。

少子化
平均的な家族の構成員数が減少した。

年齢（歳）

100 90 80 70 60 50 40 30 20 10 0

7.5　5　2.5　0　2.5　5　7.5
5　2.5　0　2.5　5
5　2.5　0　2.5　5

世界の人口に占める割合（%）

1950年
世界の人口は急激に増加した。1950年代に19%近く増加したことで、1960年代と70年代を通じて高い増加率を保った。

2000年
1950年から2000年までの50年間で、60歳以上の人口が2%増加した。出生率の低下と死因の変化がこの先起こる急速な変化の先触れとなった。

2050年
人口統計上の時限爆弾が爆発する。今度は人口が全般的に増加するだけではなく、同時に、60歳以上の人口の割合が2000年以降で2倍になる。

人口増加の抑制

人口の増加に対処するための最善策は何かというのは、現在、最も活発に議論されている課題の一つである。しかし、増加のスピードを弱めるには、実のところどんな対策が効果的なのだろうか？

20世紀に急激に人口が増加したことで、地球の環境や資源、食料供給にもたらす影響に関して警鐘が鳴らされるようになった。これまでのところ、当初危惧されていたような人類存亡の危機は避けられているが、それでもなお人口増加を抑制すべき理由はある。

この目標のために、強制不妊手術（インド）、避妊手段の普及（多くのアフリカ諸国）、子どもの数を法律で制限する政策（中国、右頁のコラムを参照）など、さまざまな施策が各国で実施されてきた。議論を呼んだり失敗に終わったのもあるが、反対の声が上がることなく受け入れられ、しかも一番成果を挙げたのが教育を受ける機会の拡大で、特に女子に対する教育の促進が効果をもたらした。

女性の教育と出生率

一般に、教育を受けた女性は一家族あたり平均2人の子どもを産むが、読み書きのできない女性は6人以上産むことが多い。読み書きのできない女性の子どもの中でも、女の子は男の子に比べて教育を受けられる機会が制限されるため、そうした状況はいつまでたっても変わらない可能性がある。

女子教育の促進は他にも利点がある。たとえば、小学校だけでも教育を受けた女性の家族は、住居や衣服、収入、水、衛生状態がよい環境に暮らす傾向がみられる。したがって教育を受ける機会を増やすことは社会的経済的利益だけでなく、環境面でも恩恵をもたらす重要な投資分野として現在注目されている。

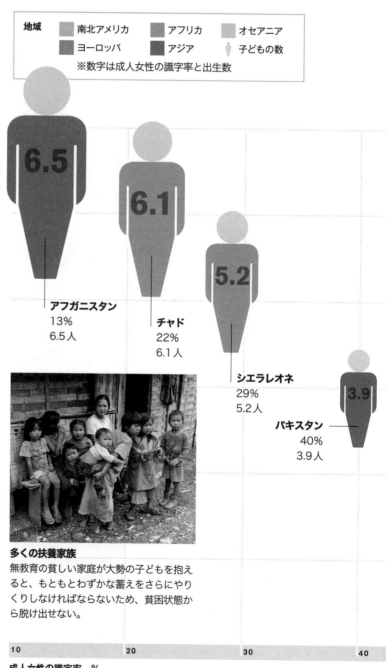

地域　■ 南北アメリカ　■ アフリカ　■ オセアニア
■ ヨーロッパ　■ アジア　子どもの数
※数字は成人女性の識字率と出生数

6.5
アフガニスタン
13%
6.5人

6.1
チャド
22%
6.1人

5.2
シエラレオネ
29%
5.2人

3.9
パキスタン
40%
3.9人

多くの扶養家族
無教育の貧しい家庭が大勢の子どもを抱えると、もともとわずかな蓄えをさらにやりくりしなければならないため、貧困状態から脱け出せない。

10　　　　20　　　　30　　　　40

成人女性の識字率　%

ニジェール
51%
7人

教育と出生率の結びつき
一般的に、高い教育を受けた女性ほど子どもの数が少ない。成人の識字率が高いにもかかわらず、女性一人あたりの子どもの数が多い国もあるが、そうした国のほとんどが、男女間の格差が大きく、女性よりも男性の方が識字率が高い国である。

ウガンダ
67%
6.3人

コンゴ民主共和国
56%
5.9人

中国の一人っ子政策

1980年代初頭、中国政府は急速な人口増加を抑制するため、政策上子どもの数を一夫婦一人に制限した。一人あたりの富を向上させながら、食料と水の供給を確保するためにおこなわれた政策であったが、予想もしなかった影響をおよぼした。現在は廃止され、すべての夫婦に2人の子どもが認められている。

4・2・1の家族構成だと子ども一人が支えるのは……

……祖父母4人
一人っ子政策は、相対的に少ない生産年齢の若者が、増え続ける年金生活者を支えなければならない構造に欠陥があった。

……親2人
2人目の子どもを産んだために逮捕された親には、教育と医療にかかる費用を償うために「社会養育費」が課せられた。

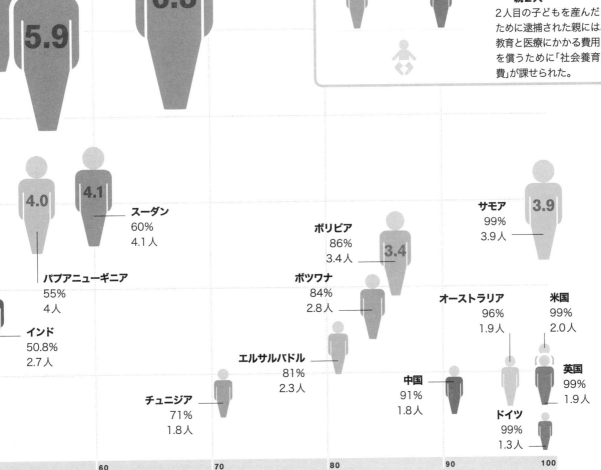

7.0

5.9

6.3

4.0

4.1

スーダン
60%
4.1人

ボリビア
86%
3.4人

3.4

サモア
99%
3.9人

3.9

パプアニューギニア
55%
4人

ボツワナ
84%
2.8人

オーストラリア
96%
1.9人

米国
99%
2.0人

2.7

インド
50.8%
2.7人

エルサルバドル
81%
2.3人

中国
91%
1.8人

英国
99%
1.9人

チュニジア
71%
1.8人

ドイツ
99%
1.3人

50   60   70   80   90   100

経済発展

18世紀後半に産業革命が始まって以来、世界は驚異的な経済成長の時代を経験した。過去200年以上の間に生み出された新しい生産手段や技術革新のおかげで、労働力や資源を効果的に活用し、一人あたりの生産高を増やすことが可能になった。生産力が高まったことで、収入は多くなり、生活の質は向上し、貧困は世界中で大きく減少した。アジア、南アメリカ、アフリカで急成長している国々が徐々に工業化するため、世界経済はこの先もさらに成長し続けるだろう。

さらに実り豊かな世界へ

世界全体の経済生産高、すなわち世界のGDP総額は着実に増え続けており、特に過去100年間の伸びは顕著である。経済成長の大きな推進力は、財やサービスを生産する労働者を大量にもたらす増え続ける人口と、労働力を効率よく活用することを可能にする最先端の科学技術である。1950年以降、世界経済はそれまで以上に急速に拡大し、2000年に世界総生産は1950年当時の10倍となった。近年の世界的な景気後退で成長のスピードは緩んだとはいえ、経済生産高は空前の高水準である。

> 「資本家の利益が人類や地球の利益よりも重視される状態をこれまで私たちは容認してきた。」
>
> デズモンド・トゥトゥ大主教
> （南アフリカの人権活動家）

電気の普及で人工的な光源がもたらされたことで、就労時間が夜間まで延長可能になった。

1900	1910	1920	1930	1940

年

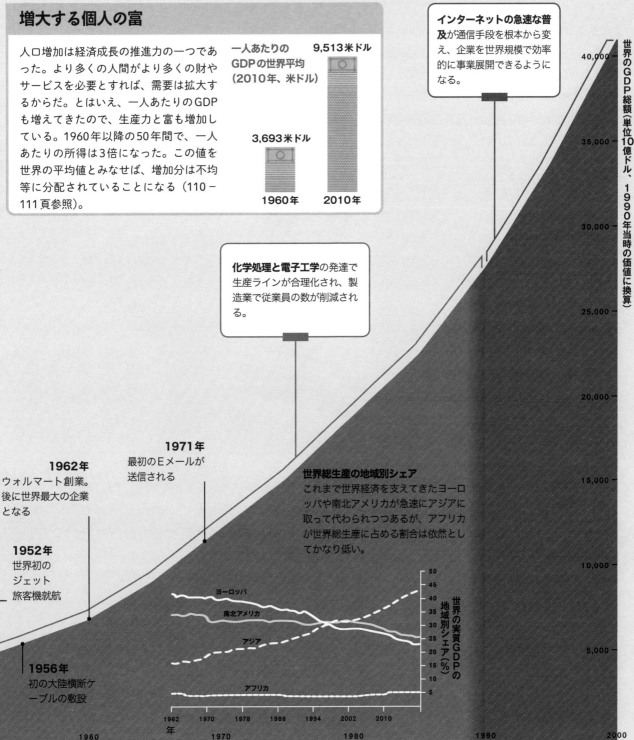

増大する個人の富

人口増加は経済成長の推進力の一つであった。より多くの人間がより多くの財やサービスを必要とすれば、需要は拡大するからだ。とはいえ、一人あたりのGDPも増えてきたので、生産力と富も増加している。1960年以降の50年間で、一人あたりの所得は3倍になった。この値を世界の平均値とみなせば、増加分は不均等に分配されていることになる（110－111頁参照）。

一人あたりのGDPの世界平均
（2010年、米ドル）

9,513米ドル

3,693米ドル

1960年　2010年

インターネットの急速な普及が通信手段を根本から変え、企業を世界規模で効率的に事業展開できるようになる。

化学処理と電子工学の発達で生産ラインが合理化され、製造業で従業員の数が削減される。

世界のGDP総額（単位10億ドル、1990年当時の価値に換算）

40,000

35,000

30,000

25,000

20,000

1971年
最初のEメールが送信される

15,000

1962年
ウォルマート創業。後に世界最大の企業となる

世界総生産の地域別シェア
これまで世界経済を支えてきたヨーロッパや南北アメリカが急速にアジアに取って代わられつつあるが、アフリカが世界総生産に占める割合は依然としてかなり低い。

1952年
世界初のジェット旅客機就航

10,000

1956年
初の大陸横断ケーブルの敷設

ヨーロッパ

南北アメリカ

アジア

世界の実質GDPの地域別シェア（%）

50
45
40
35
30
25
20
15
10
5

アフリカ

5,000

1962年　1970　1978　1986　1994　2002　2010

1960　1970　1980　1990　2000

GDP とは何か？

GDP（＝gross domestic product）、すなわち国内総生産とは経済活動の尺度で、通常は1年間に国内で生産されたすべての財とサービスの価値の合計と定義される。経済の相対的な規模を比較し、ある期間において経済の繁栄を判断するために用いられる。経済学者によればGDPを測る方法はいくつかあるが、ここでは支出面から見たGDPを算出した。この方法は、国内で政府、個人、企業、法人が支出した総額を合計することでGDPを算定する。

凡例

⚪ **(C)民間消費**
個人と家庭が購入したすべての財とサービスにかかった支出の総額

⚫ **(I)資本形成**
将来財とサービスを供給するのを可能にする設備に企業が支払う金額。新たな住宅購入など

⚪ **(G)政府消費**
政府が公共サービスや公務員の給与に費やした金額

⚪ **(X)純輸出**
国が生産し他国へ販売するために輸出する財とサービスの価格から輸入品の価格を引いた額

政府は航空機や武器をメーカーから購入し、軍人や従業員の賃金を支払う。

GDP
=C+I+G+X

工場は製品を製造するために新しい設備や機械に投資する。

GDPを計算する方法はいくつかある。ここではGDPを、民間消費、資本形成、政府消費、純輸出という4つの要素の費用の総額として示している。

他の国々と取引することで、国は国内で生産された財とサービスを外国に売ることができる。

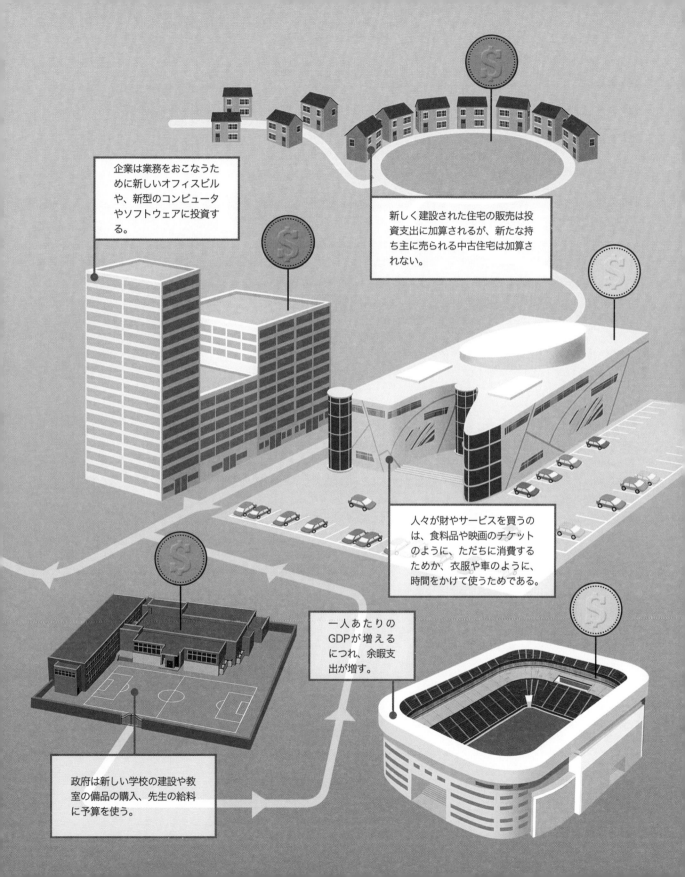

企業は業務をおこなうために新しいオフィスビルや、新型のコンピュータやソフトウェアに投資する。

新しく建設された住宅の販売は投資支出に加算されるが、新たな持ち主に売られる中古住宅は加算されない。

人々が財やサービスを買うのは、食料品や映画のチケットのように、ただちに消費するためか、衣服や車のように、時間をかけて使うためである。

一人あたりのGDPが増えるにつれ、余暇支出が増す。

政府は新しい学校の建設や教室の備品の購入、先生の給料に予算を使う。

新興経済国の台頭

世界中で、多くの人々が昔よりも多くのお金を稼ぎ、高い生活水準を維持する余裕があるが、富裕層と貧困層の間の格差は広がる一方である。

国家経済の成長や衰退が、国民の生活の質にどれだけ影響をおよぼしているかを判断する便利な方法が、各国の一人あたりGDP（GDPについては26−27頁参照）を調べることである。これは国の年間GDPをその国の人口で割った値である。一人あたりGDPを算出することで、個人の平均収入と生活の質の指標が得られるので、経年比較をすれば、国民全体の暮らしが以前よりもよくなっているか、あるいは悪くな

っているかを推しはかることができる。世界の一人あたりGDPの平均は、1990年の4,271米ドルから2014年の1万804米ドルまで増えており、世帯収入は世界的に増加している。これは一部には、ブラジル、ロシア、インド、中国などの新興経済国の増加分による。また、最貧国の一部で貧困率が大きく改善したことにもよる。しかしこの期間に一人あたりGDPが増加した最大の要因は、なんといっても世界で最も裕福な国々の経済が引き続き

成長し続けたことである。米国や英国などの先進国では経済成長のスピードが鈍化しているとはいえ、一人あたりGDPは依然として新興国よりもはるかに大きい。

関連項目

▶ 世界の勢力の変化　32−33 頁
▶ 消費主義の拡大　86−87 頁
▶ 不平等な世界　110−111 頁

世界の格差

世界の一人あたりGDPの額は増え、マイナスの成長率の国はわずかであるにもかかわらず、豊かな国と貧しい国の格差は拡大している。1990年から2014年までの期間に最も飛躍的な成長を遂げた国は、新興経済国の中国、ベトナム、カタールであった。ベトナムの一人あたりGDPは20倍に増加し、中国の一人あたりGDPは25倍近くも上昇した。これら新興経済国が成功をおさめたのは事実だが、GDPそのものの額では、米国やノルウェーなど、経済が安定している先進国の方が上回る。

**国民一人あたりのGDPの上昇率
1990−2016 年**

- 1990 年の一人あたりGDP
- 2016 年の一人あたりGDP

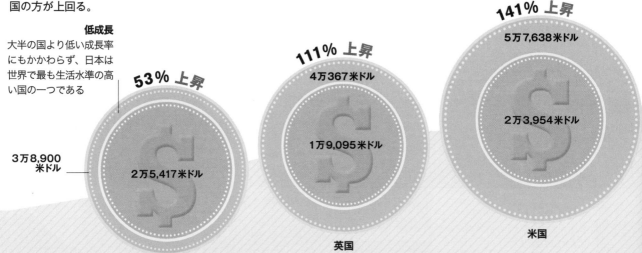

低成長
大半の国より低い成長率にもかかわらず、日本は世界で最も生活水準の高い国の一つである

53% 上昇

3万8,900米ドル
2万5,417米ドル

日本

111% 上昇

4万367米ドル
1万9,095米ドル

英国

141% 上昇

5万7,638米ドル
2万3,954米ドル

米国

中流階級の世界

日々の支出額が10-100米ドルの中流階級は世界中で増えている。2009年にはおよそ18億人が中流階級に分類され、2030年までにその数は49億人まで増えると予想されている。開発途上国における中流階級の消費者の影響力は増しつつある。2030年までに、世界の中流階級の消費額のおよそ35%はインドと中国から生じると予測される。

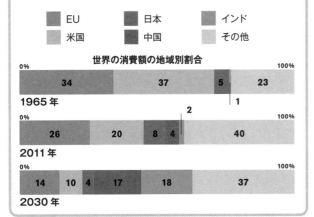

- ■ EU
- ■ 日本
- ■ インド
- ■ 米国
- ■ 中国
- □ その他

世界の消費額の地域別割合

1965年　0% — 100%
| 34 | 37 | 5 | 23 |

1

2011年　0% — 100%
| 26 | 20 | 8 | 4 | 40 |

2

2030年　0% — 100%
| 14 | 10 | 4 | 17 | 18 | 37 |

2,455% 上昇
8,123米ドル
318米ドル
最大の成長率
中国は過去20年間で主要な経済国となったが、今なお貧富の格差が大きな問題である
中国

2,171米ドル
95米ドル
2,076% 上昇
ベトナム

2,415米ドル
479米ドル
404% 上昇
スーダン

364米ドル
1,710米ドル
370% 上昇
インド

284% 上昇
5万9,324米ドル
高いGDP
ペルシア湾に面したこの国は豊かな資産を保有しているが、多くの国民は貧しい暮らしをしている
1万5,449米ドル
カタール

151% 上昇
7万868米ドル
2万8,243米ドル
ノルウェー
最高のGDP
ノルウェーの力強い経済は主として、同国の政府が管理する北海油田による

180% 上昇
3,093米ドル
8,650米ドル
ブラジル

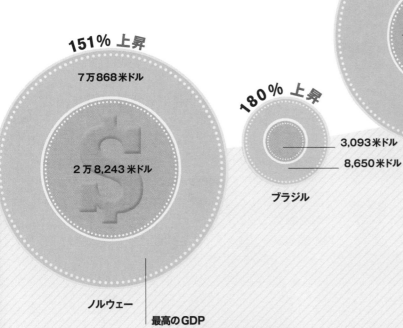

派手な消費
中国の国民一人あたりのGDPは急上昇したが、貧富の差は拡大した。この人目を引くフェラーリのような贅沢品を購入する余裕があるのはごく少数にすぎない。

企業 vs 国家

ここ数十年以上にわたって世界市場が拡大し続けた結果、多くの多国籍企業が、世界の大多数の国よりも大きくなっている。

GDP（26－27頁参照）と収益にもとづいた世界の経済番付で、上位100位のうち60が国家で、残りは企業である。世界一の株式公開会社ウォルマートは、ノルウェーに次いで28位にランク入りしている。そうした巨大な経済力は企業に権力と影響力をもたらす。たとえば、石油企業は自分たちの事業をおびやかすことになるので、地球温暖化の拡大を阻止する政策を取らないよう政治家に圧力をかけている。

巨大な収益をあげているトップ企業

この地図は世界の主要な経済国と企業のトップ70を表している。世界銀行による国のGDPランキングを、フォーチュン誌による世界のトップ企業500社の総収益ランキング（フォーチュン500）と比較した。世界最大の企業は小売業だが、フォーチュン500の上位を占めた企業の多くは石油精製と輸送機器メーカーである。第2位の企業は中国の石油とエネルギーの巨大企業、中国石油化工で、僅差でシェルが続く。

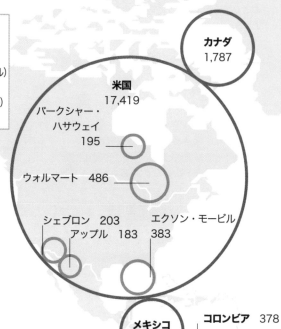

2014年のデータ
- 国（GDP 単位10億ドル）
- 企業（収益 単位10億ドル）

カナダ 1,787

米国 17,419

バークシャー・ハサウェイ 195

ウォルマート 486

シェブロン 203
アップル 183

エクソン・モービル 383

メキシコ 1,283

コロンビア 378
ベネズエラ 510

ブラジル 2,346

ペルー 203

アルゼンチン 203

チリ 258

政治に影響をおよぼすロビー活動

米国ではロビー活動は重要な仕事である。多くの企業は政治家の決定に影響をおよぼすため、プロのロビイストに金を支払う。2014年には、およそ1万2,000人の登録されたロビイストが535人の議員に影響をおよぼすために働いていた。

ロビイスト
1万2,537人

ロビー活動の
総費用
15億ドル

ロビイスト
1万3,766人

21.9億ドル

ロビイスト
1万1,800人

32.4億ドル

35億ドル

2000年　　2004年　　2009年　　2014年

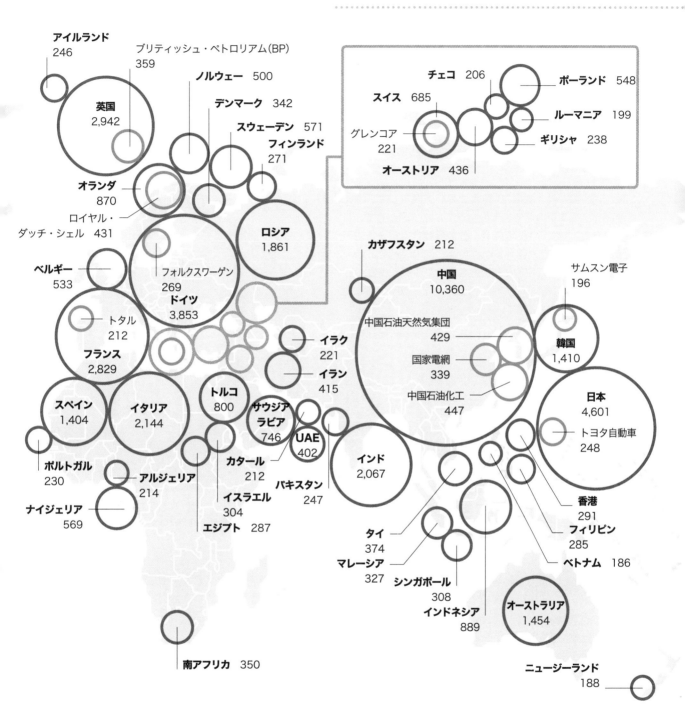

アイルランド
246

ブリティッシュ・ペトロリアム（BP）
359

ノルウェー　500

デンマーク　342

英国
2,942

スウェーデン　571

フィンランド
271

オランダ
870

チェコ　206

スイス　685

ポーランド　548

グレンコア
221

ルーマニア　199

ギリシャ　238

オーストリア　436

ロイヤル・
ダッチ・シェル　431

ロシア
1,861

ベルギー
533

フォルクスワーゲン
269

カザフスタン　212

中国
10,360

サムスン電子
196

ドイツ
3,853

韓国
1,410

トタル
212

中国石油天然気集団
429

フランス
2,829

イラク
221

国家電網
339

イラン
415

中国石油化工
447

日本
4,601

スペイン
1,404

イタリア
2,144

トルコ
800

サウジア
ラビア
746

トヨタ自動車
248

UAE
402

ポルトガル
230

アルジェリア
214

カタール
212

インド
2,067

香港
291

ナイジェリア
569

イスラエル
304

パキスタン
247

フィリピン
285

エジプト　287

タイ
374

ベトナム　186

マレーシア
327

シンガポール
308

オーストラリア
1,454

インドネシア
889

南アフリカ　350

ニュージーランド
188

ウォルマートの年間売上高（4,860億ドル）は
パキスタンのGDP（2,470億ドル）の約2倍

世界の勢力の変化

過去40年間、先進7か国（G7）が世界の主要な経済国として受け入れられてきたが、今や新興国に追い越されつつある。

19世紀後半以来、米国は世界最大の経済国として、また生産高と技術革新の点で世界のトップに立つ国として、広く認められている。1970年代、他の伝統的な経済大国が米国とともに先進7か国、すなわちG7（the Group of 7 の略）を形成した。2006年に命名された新興7か国、E7（Emerging 7 の略）は、開発途上国の中でも最も大きな影響力を持つ国で構成されている。

E7の成長

2050年までに、G7の経済は、E7を構成する新興7か国に大きく追い抜かれると予想されている。中国は社会主義政権のもとでの経済改革と生産能力の急速な拡大により大幅な経済成長を遂げたが、この先も成長が続くことが予想される。2050年までにインドも米国を追い越し、世界第2の経済大国になるだろう。G7の経済はこの先も成長し続けるが、そのスピードは新興の対抗勢力よりもはるかに遅いだろう。

イタリア
3.6兆ドル
イタリアの製造業は先進国としての地位を維持するには不十分かもしれない

カナダ
3.6兆ドル
カナダ経済の多様性は競争力を保つのに有利にはたらくだろう

G7

73.7兆ドル

米国
41.4兆ドル
米国の経済は中国とインドに追い抜かれ、第3位になると予想される

英国
5.7兆ドル
人口増加の見込みが英国の経済成長の推進力の一つだろう

日本
7.9兆ドル
先端技術の先進国として成功し続けることが日本の経済を支えるだろう

ドイツ　6.3兆ドル
ドイツはヨーロッパ最大の経済国であり続けると予想される

フランス
5.2兆ドル
フランスはGDPのランキングを下げると予想される

世界で最も豊かな50の都市

アジアの経済的繁栄は、年間GDPによる世界の富裕都市ランキングの推移からも明らかだ。2007年は上位50位内に入ったアジアの都市は8都市だったが、2025年までには20都市に増えると予想される。一方、欧米の都市の多くは圏外に落ちるので、新たな都市勢力図が生まれるだろう。

- ● 現在の上位都市
- ● 2025年に台頭する都市
- ○ 2025年に脱落する都市

2050

世界のGDP総額に占める**EUと米国のシェア**は2014年の**33%**から、2050年までには**およそ25%まで低下**すると予想されている

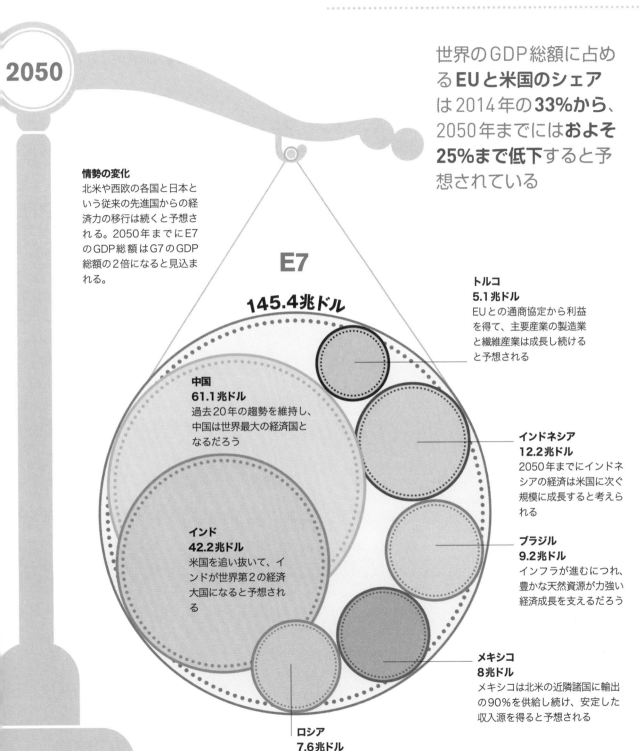

情勢の変化
北米や西欧の各国と日本という従来の先進国からの経済力の移行は続くと予想される。2050年までにE7のGDP総額はG7のGDP総額の2倍になると見込まれる。

E7

145.4兆ドル

中国
61.1兆ドル
過去20年の趨勢を維持し、中国は世界最大の経済国となるだろう

インド
42.2兆ドル
米国を追い抜いて、インドが世界第2の経済大国になると予想される

トルコ
5.1兆ドル
EUとの通商協定から利益を得て、主要産業の製造業と繊維産業は成長し続けると予想される

インドネシア
12.2兆ドル
2050年までにインドネシアの経済は米国に次ぐ規模に成長すると考えられる

ブラジル
9.2兆ドル
インフラが進むにつれ、豊かな天然資源が力強い経済成長を支えるだろう

メキシコ
8兆ドル
メキシコは北米の近隣諸国に輸出の90%を供給し続け、安定した収入源を得ると予想される

ロシア
7.6兆ドル
主要な輸出品である多様な天然資源がロシアの経済を引き続き発展させるだろう

貿易の利益

貿易は何世紀にもわたり世界各地で経済を発展させる強力な推進力であった。主要貿易国とされる国々には小規模な貿易国よりも大きな経済圏がある。

貿易により国家は自国の天然資源と人的資源を最大限に利用することができる。現代の輸送機関はきわめて高速かつ効率がよいので、いたみやすい食品や生花でさえも、南アフリカで収穫してから数日以内にヨーロッパのスーパーマーケットで販売される。瞬時につながるインターネット通信の利用は、多くのサービスがもはや場所による制約を受けなくなることを意味する。これらの科学技術の進歩の結果、国際貿易額は急増している。

世界貿易

国際貿易（ここでは総輸出高として計られる）の大半は、最も裕福な国々の間でおこなわれる。豊かな国は効率のよい社会基盤と、国家間の貿易を支援する通商協定のおかげで、高い価値の製品を生産することができる。取り引きと輸送が容易になったおかげで、今日ではどんな製品やサービスでも、世界のいたる所で入手できるようになっている。

貿易 vs 援助

専門家の中には、貧しい国の発展を支えるため、貿易への投資となるよう国際援助を減らすべきだと考える者もいる。

貿易

- ▶一方通行の依存関係ではなく協力関係を確立
- ▶国内の産業とインフラの発展を促進
- ▶海外の大国に大きく依存したままにする可能性

援助

- ▶緊急時に援助物資や援助活動を提供
- ▶持続可能な開発のための施策を促進するために利用可能
- ▶外国の援助に頼りきって国力がつかず、援助依存体質に陥る可能性

後発開発途上国

国連が定めるように、開発途上国の中でも最も開発が遅れている48か国（後発開発途上国）は、インフラの未整備や政府の支援不足によって貿易面で後れをとっている。それらの国では質の低い財とサービスが売買されている。

輸入品

多くの貧しい国は製造業の生産能力が低いために主要な世界市場に参加できない。こうした国々は自動車や薬品などの製品を輸入せざるをえない。

輸出品

後発開発途上国の主要な輸出品は、海外で製品を生産するために用いられる天然資源であることが多い。観光はサービスの輸出として収入をもたらす。

労働者

資源の採掘に特化した国は、原料の輸出と引き換えに、高い賃金を得られる安定した職種が衰退し、失業率が上昇する「オランダ病」に苦しむ可能性がある。

2,360 億ドル
後発開発途上国

23.6兆ドル
世界貿易

23兆3,000億ドル
残りの世界

世界の貿易の **90%** は**海運業**が支えている

先進国
豊かな国にとって、通商協定と開かれた国境は貿易にかかるコストを安くすることが多い。十分に行き届いたインフラと通信回線のおかげで、取り引きをおこなうのは容易である。

輸入品
工業製品の生産のために食料や原料、機械を定期的に輸入する。基本的な物資やサービスの輸入により、高付加価値産業に重点を置くことができる。

輸出品
多くの先進国において、最も価値の高い輸出品は家庭用電化製品と自動車である。サービスは観光業の他、金融業と旅行の形で輸出される。

労働者
中国や米国など多くの大国は消費財を輸出用に大量生産することで、熟練技術を要する多くの職種を支えている。

米国の貿易協定
米国は世界最大の国際貿易国で、2014年の貿易額は3兆9,000億ドル以上と見積もられている。北米自由貿易協定（NAFTA）により最大の貿易相手国はカナダで、輸出品の3分の1はカナダとメキシコ向けである。

国別　●輸入額
　　　●輸出額

カナダ
カナダとの貿易は両国の経済にとって非常に重要で、両国は世界最高額の貿易から共に恩恵を得ている。

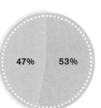

47%　53%

6,600億ドル

中国
米国の輸入品の大半は中国から来る。輸出額も急速に増大しており、中国は米国にとって3番目に大きな海外市場となっている。

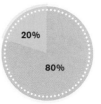

20%
80%

5,900億ドル

メキシコ
NAFTAの3番目の加入国であるメキシコは労働力と製造コストが安い。このため多くの消費財が米国へ輸出されている。

47%　53%

5,340億ドル

日本
日本からの輸入品の大半が、最も人気の高い品目である自動車や電子機器を含めた工業製品である。

33%
67%

2,010億ドル

ドイツ
ヨーロッパ最大の貿易相手国はドイツで、高品質の消費財を輸出することで知られる。

29%
71%

1,730億ドル

世界の借金

国の借金は国家の政策決定に大きな影響をおよぼす。財政黒字を生み負債を返済するために政府が取る施策は、環境を保護するための目標や他の持続可能な開発目標に対処するための施策とほとんど相容れない。

政府は、多くの場合、民間銀行や他の金融機関によって購入される債券（国債）を発行することで資金を調達する。その資金は公共サービスへの投資やインフラの建設に使われる。国に支払い能力がある限り、債権者に金利で返済される。支出が税収を越え、借金を返済する資金が枯渇した場合、政府は経済成長を優先させて支出を削減し、長期の経済計画を見直す。2008年の世界的な金融危機（リーマン・ショック）で低炭素エネルギー計画が縮小された時、国の借金が環境目標の達成におよぼす悪影響が明らかになった。

 関連項目

▶ **GDPとは何か？**　26−27頁
▶ **持続可能な経済**　200−201頁

負債比率

国民所得比で債務残高が大きい国は、GDP比で財政負担が少ない国よりも大きな困難に直面する。日本のように政府が安定し、汚職が少なく、経済力がある国は、負債額が巨額でもさらに借金することができる。

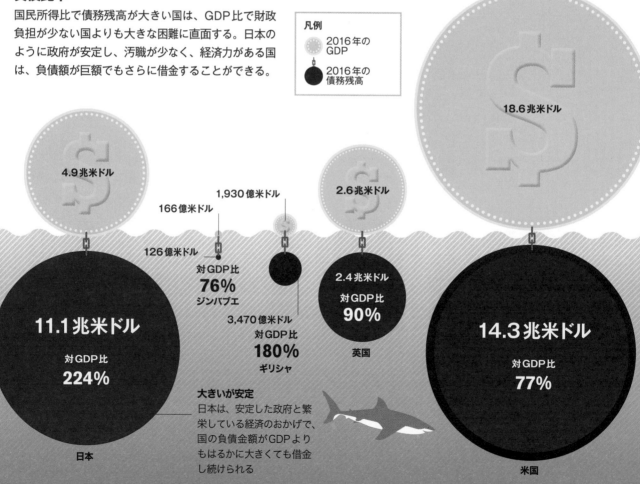

凡例

2016年のGDP

2016年の債務残高

18.6兆米ドル

4.9兆米ドル

1,930億米ドル

166億米ドル

126億米ドル

対GDP比 **76%** ジンバブエ

2.6兆米ドル

2.4兆米ドル

対GDP比 **90%** 英国

11.1兆米ドル

対GDP比 **224%**

3,470億米ドル 対GDP比 **180%** ギリシャ

14.3兆米ドル

対GDP比 **77%**

大きいが安定
日本は、安定した政府と繁栄している経済のおかげで、国の負債金額がGDPよりもはるかに大きくても借金し続けられる

日本

米国

銀行の救済

2008年の金融危機を受けて、米国政府は金融機関に4.82兆ドルの緊急援助を支給した。これが国家債務となり、米国の経済に重い負担を強いた。金融支援額の規模は、米国政府の支援による他の事業と比較することで明らかになる。2015年当時のドルの価格に換算すると、同じ金額で、オバマ大統領が推進した医療保険制度改革（オバマケア）に40年間資金を投入できた。人類を月へ運んだアポロ計画にかかった費用でさえ、2008年の金融支援額に比べれば微々たる額にすぎない。

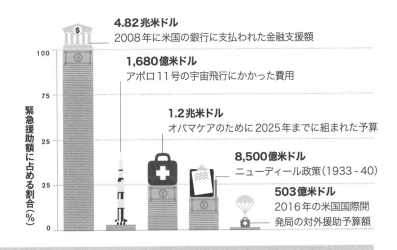

4.82兆米ドル
2008年に米国の銀行に支払われた金融支援額

1,680億米ドル
アポロ11号の宇宙飛行にかかった費用

1.2兆米ドル
オバマケアのために2025年までに組まれた予算

8,500億米ドル
ニューディール政策（1933 - 40）

503億米ドル
2016年の米国国際開発局の対外援助予算額

緊急援助額に占める割合（％）

増大する債務

急速に成長しているインド経済は、増大する国家債務のために緊張が増している

2.3兆米ドル

11.2兆米ドル

84億米ドル
39億米ドル

対GDP比
47%
ルワンダ

1.1兆米ドル

対GDP比
50%
インド

1.3兆米ドル

1,540億米ドル

2.1兆米ドル
対GDP比
19%
中国

対GDP比
12%
ロシア

途上国の債務

1980年代、超過した借金、無謀な融資、金利の上昇により、途上国の累積債務危機が起こった。ラテンアメリカ、アフリカ、アジアの国々が債務不履行となった。債権者である先進諸国の銀行や富裕国の財務省、国際機関が、成長を促進して支出を減らすための改革をそれらの国々に迫った。改革の中には、天然資源の輸出の増大と社会福祉事業の縮小の要求も含まれていた。

ブラジルからの木材の輸出

世界の債務残高総額は2015年までに
57兆米ドル以上に達した。

都市化の波

1万年以上前、最古の都市に中心的建造物が築かれた。都市は新たな住民を養うのに
必要な余剰食料の生産を可能にした農業の進歩とともに、世界各地で同時に出現した。
都市化の流れは、産業革命と、より多くの食料生産を可能にした集約農業の拡大によ
って加速した。都市部への人口流入は今なお増え続けているが、都市の持続可能性に
関する懸念もしだいに高まっている。2050年までには、さらに増え続ける都市居住
者を受け入れるため、ロンドン規模の都市があと175個分必要になるだろう。

農村から都会への移住

1800年に都市圏に暮らしていたのは世界の人口
の約2%であった。時が経つにつれ、かつては農
業を営んでいた多くの人々が、よりよい生活を求
めて都市部へ移住するか、収入の減少のために
移住を余儀なくされた。2007年には、人類史上
初めて、都市や町に暮らす人の数が人口の半分
以上を占めた。人口増加と都市化の拡大により、
2050年までに世界の都市人口は25億人増える
と予測される。これは1日におよそ18万人ずつ
増える計算で、ほとんどが、急成長している開発
途上国での増加である。

「**多くの都市で……インフラ（住居、水道、
下水、交通機関、電気の供給）と生活の
質**の両方にかかるストレスが**耐えがたい
ほどになっている。**」

ジョージ・モンビオ（英国のジャーナリスト、環境保護活動家）

1892年
シカゴのメソニック・テンプル・ビルが世
界一の超高層ビル(摩天楼)となる。摩天楼
は都市建設の方法を変えた。シカゴの人口
は1850年から1900年の間に3倍以上に
増えた。

1920年代
第一次世界大戦の間に旧来の階
層構造が崩れ、さまざまな階層
や民族が共生する社会的混合が
進んだことで、戦後、多くの若
者が都市圏へ移住した。

1950年代
1950年代は、世界の
人口の30％ほどが都
市圏に暮らしていた。

| 1890 | 1900 | 1910 | 1920 | 1930 | 1940 | 1950 |

年

2007年
2007年になると、世界の人口の半分以上が都市部に暮らすという、歴史的な段階に達した。

都市の人口（単位：10億人）

不均衡な都市化

都市部の人口増加が総人口の増加率の2倍近くにのぼる国がある。とりわけ、あまり開発の進んでいない地域の都市部でそうした現象がみられる。ヨーロッパ、北米、オセアニア地域ではどこも、過去15年間に一定の速度で都市化が進んだが、南米地域は鈍化している。一方、アフリカとアジア地域は近年、世界の平均を押し上げる要因となっており、アフリカは2020年から2050年までの間に最も急速に都市化が進む地域と予想される。

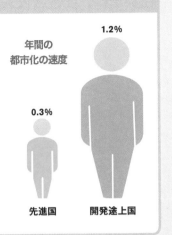

年間の都市化の速度

1.2%

0.3%

先進国　　開発途上国

工業化と農業の集約化、新たなインフラが、前例のない都市化の時代を促進する。

今後の傾向
アフリカとアジアは現在はまだほとんどが農村地帯だが、他の地域よりも急速に都市化が進んでいる。2050年までに、総人口に占める都市住民の割合が、アフリカは56%、アジアは64%まで上昇すると予想される。

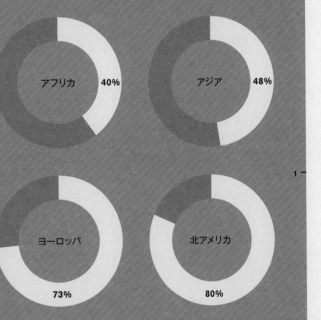

アフリカ　40%

アジア　48%

ヨーロッパ　73%

北アメリカ　80%

1980年代
1980年代に、中国を含め、都市人口が急速に増加した。

総人口に占める割合
（%、2014年）
　都市部
　農村地帯

1960　　1970　　1980　　1990　　2000　　2010　　2016

巨大都市の増加

過去25年間で巨大都市（メガシティ）——人口が1,000万人以上の都市——の数は大幅に増えた。1950年には巨大都市は世界に一つ——ニューヨーク——しか存在しなかった。1990年までに、巨大都市の数は10に増えた。現在その数は3倍以上になり、31の巨大都市が地球上に存在する。

ここ数十年で世界の都市化の中心は日本、北米、ヨーロッパといった先進国から、アジア、アフリカ、南アメリカの開発途上国へ移った。この変化は国連の予測にも現れている。予測によれば、2030年までに巨大都市の数はさらに10か所増えるが、どれも開発途上国の都市である。新たに巨大都市となるのは、ラホール、ハイデラバード、ボゴタ、ヨハネスブルク、バンコク、ダル・エス・サラーム、アフマダーバード、ルアンダ、ホーチミン、成都と予想されている。

アフリカは急速な都市化を経験している。たとえば、コンゴ民主共和国のキンシャサの人口は1950年の20万人から、2016年には約1,200万人となったが、2030年には2,000万人まで増加すると予想されている。巨大都市の中には、天然資源や食料、交通機関に多大な負担がかかるそうした急激な増加に対応できないところも出てくるだろう。

関連項目

▶ 世界の勢力の変化　32−33 頁
▶ 消費主義の拡大　86−87 頁
▶ 不平等な世界　110−111 頁

世界で最も人口の多い10の都市における変化

アジアはすでに人口が急激に増えている。現在1,000万人を超える巨大都市は世界に31あるが、中国とインドだけでそのうちの11都市を占める。とはいえ、アジア全域がそれほど急激に増えている訳ではない。平均寿命の延びと低い出生率は日本に深刻な影響をおよぼすだろう。東京は現在世界最大級の巨大都市で、2030年の時点でも変わらないだろうが、デリーが追いつきつつある。

1990年には、**人口が1,000万人以上の巨大都市**の数は**10**だった。現在、その数は**3倍**に増えている。

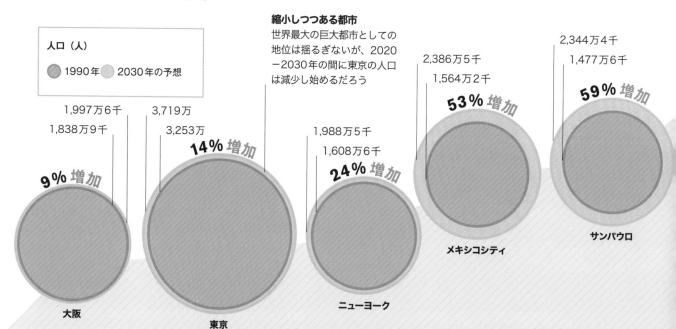

人口（人）
● 1990年　● 2030年の予想

縮小しつつある都市
世界最大の巨大都市としての地位は揺るぎないが、2020−2030年の間に東京の人口は減少し始めるだろう

大阪
1,997万6千
1,838万9千
9% 増加

東京
3,719万
3,253万
14% 増加

ニューヨーク
1,988万5千
1,608万6千
24% 増加

メキシコシティ
2,386万5千
1,564万2千
53% 増加

サンパウロ
2,344万4千
1,477万6千
59% 増加

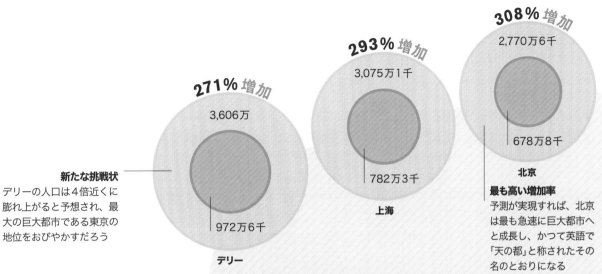

271% 増加
3,606万
972万6千
デリー

新たな挑戦状
デリーの人口は4倍近くに膨れ上がると予想され、最大の巨大都市である東京の地位をおびやかすだろう

293% 増加
3,075万1千
782万3千
上海

308% 増加
2,770万6千
678万8千
北京

最も高い増加率
予測が実現すれば、北京は最も急速に巨大都市へと成長し、かつて英語で「天の都」と称されたその名のとおりになる

2番手に押しやられる
ムンバイの人口は2倍以上に増えると予想されるが、インド最大の都市ではなくなるだろう

124% 増加
2,779万7千
1,243万6千
ムンバイ

148% 増加
2,540万2千
989万2千
カイロ

多数の巨大都市

このグラフは、2016年の時点で500万人以上の住民が暮らす都市を複数抱える国を示している。多くの都市はそのまま拡大し続けるので、国家と同じくらい重要な役割を演じることになる。

スペイン
パキスタン
ロシア
ブラジル
日本
米国
インド
中国

中国には1,000万都市が6都市と500万都市が8都市ある

人口500万の都市
人口1,000万の都市

巨大都市の分布

現在31を数える巨大都市の分布は特にアジアに集中している。現時点でアジアに18都市、南米に4都市、アフリカとヨーロッパと北米に巨大都市が存在する。アジアでは都市圏に住む人が48%しかいないこと、また2050年までにその割合が64%まで上昇することを考慮に入れれば、引き続きアジアで巨大都市の数が増えていくと予想される。限りある資源にかかる負担はいまだかつて例がないほどである。

ロサンゼルス、ニューヨーク、ロンドン、モスクワ、北京、デリー、東京、大阪、上海、カイロ、ラゴス、ムンバイ、ジャカルタ、マニラ、メキシコシティ、サンパウロ、キンシャサ、リマ、ブエノスアイレス

都市の圧力

都市居住者は、農村に住む人々よりも多くのエネルギーや水、食料、資源を消費する傾向がある。都市の住民は全消費量の約4分の3と、全廃棄物の半分に責任がある。

都市は経済の原動力である。天然資源によって電力を供給された都市は、経済成長や富の創出につながる活動の大半を生み出す。これが今度は多くの人々を農村地帯から都市部へ移住させる原因となり、それとともにデメリットをもたらす。都市住民の数が増加すると、それだけ多くの食料と水とエネルギーが必要になる。自家用車や公共交通機関の利用も増え、多くの環境汚染を生じる。か

つて農村地帯に暮らしていた住民も、ほとんどは大量に物を消費する都市特有のライフスタイルに適応するので、天然資源の需要はさらに増える。これらすべての要因によって自然生息地が破壊され、消費量の増加によって環境がそこなわれる可能性がある。

都市の人口密度の比較

都市により人口密度は大きく異なる。都市の密集度を比較するのに、世界の総人口73億人が同じ人口密度で一か所に集中した場合、どれだけの大きさの都市になるかを調べる興味深い方法がある。たとえば、ニューヨークと同じ人口密度であれば、73億人はテキサス州（面積64万8,540km²）の中にきっちりおさまる。一方、ヒューストンと同じくらい人口密度が低ければ、都市の面積は458万1,910km²となり、米国の国土の大半を占めることになる。パリの人口密度はロンドンの4倍である。

パリ、フランス　　サンフランシスコ、米国

ニューヨーク、米国　　ロンドン、英国

シンガポール　　ヒューストン、米国

エコロジカル・フットプリント

エコロジカル・フットプリントは、人間の活動が自然環境におよぼす影響を測る。これは基本的に、人間が消費する資源を作り出すためには、また廃棄物を処理するためには、どれだけ生物学的に生産可能な土地と水が必要とされるかを面積に換算して評価する指標で、グローバル・ヘクタール（gha）で表される。すべての個人、活動、会社、国にエコロジカル・フットプリントがともなう。ロンドンのエコロジカル・フットプリントは「都市の限界」と題した報告書の中で分析された。2002年に発表されたこの報告書は、ロンドンを持続可能な都市へ変換させるために今後必要とされる変化を概説したものである。

地球の表面の

2%

しか占めない都市で、**世界の天然資源の75%が消費されている**

44%

原材料と廃棄物

ロンドンのエコロジカル・フットプリントで最も大きな割合を占めるのは、4,900万トンにのぼる原材料の消費量である。建設分野が最大で、2,780万トンの原材料を消費し、最多の1,480万トンにのぼる廃棄物を生み出した。

ロンドンのエコロジカル・フットプリント（2000年）

ロンドンのエコロジカル・フットプリントは、ロンドンの面積の293倍で、4,900万グローバル・ヘクタール――スペインの面積に相当――である。2000年の大ロンドンの人口は740万人であった。

41%

食料

690万トンの食料の消費がロンドンのフットプリントで2番目に大きな割合を占める。消費された全食料の81%は英国以外の国から輸入された食品であった。食品のエコロジカル・フットプリントの中で突出して一番大きな割合を占めるのが肉で、ペットフードと牛乳が続く。

ロンドンの面積

ロンドンが実際に占めている面積は1,706km^2、すなわち17万680ヘクタールである。

10%

エネルギー

ロンドン市民は1,328万トンの石油に相当するエネルギーを消費したが、それにより約4,100万トンの二酸化炭素を放出したことになる。

0.3%

水

2002年にロンドンは86万6,000メガリットルの水を消費したが、そのうちの半分は家庭への供給分である。漏水によって失われる水の量は、企業で消費される量よりも多い。

5%

交通機関

ロンドン市民全体の移動距離は640億旅客キロ以上にのぼるが、そのうち440億キロは自動車と軽トラックによる。交通機関は890万トンの二酸化炭素排出量をもたらす。

0.7%

生産性が低下した土地

これは道路や滑走路、線路を含め、汚染や浸食によって生物生産性が低下した土地のことである。

発展を支えるエネルギー

ヒトの祖先が初めて火を用いて以来、人類は絶えず、もっと多様なエネルギー源を手に入れようとしてきた。何世紀もの間、経済発展は、動物や木材、風、水によってもたらされたエネルギーに依存していた。しかし今日私たちは、発電用の燃料供給や、製造業や工業型農業、長距離輸送のための動力供給だけでなく、さまざまなエネルギー源を使って生産能力を高めた結果発展した高消費型のライフスタイルを進展させるために、石油や石炭、天然ガスから得られる大量の化石エネルギーに依存している。

エネルギー革命

20世紀はエネルギーの需要が大幅に増大したが、中国やインド、ブラジル、南アフリカなどが主要な経済圏として台頭してくるにつれ、その状況は21世紀の現在も続いている。一方、原子力発電や水力発電、風力や太陽光からエネルギーを利用する最新技術を含めた、その他のエネルギー形態が重要な役割を演じるようになったのは、比較的最近のことである。今後も増え続けるエネルギー需要を無際限に満たすことは、経済性や気候変動、大気汚染に関連する問題を含め、さまざまな難題をはらんでいる。

「未来のことなどおかまいなしといった調子でいつまでも化石燃料に依存していられない。そんなことを続けていたらおしまいだ」

デズモンド・トゥトゥ大主教（南アフリカの人権活動家）

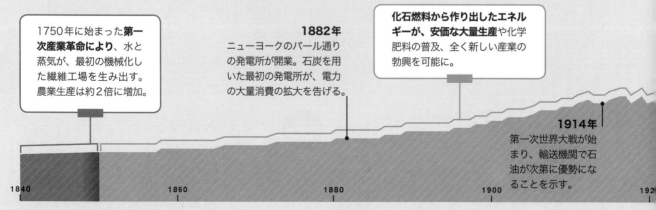

1750年に始まった**第一次産業革命により**、水と蒸気が、最初の機械化した繊維工場を生み出す。農業生産は約2倍に増加。

1882年
ニューヨークのパール通りの発電所が開業。石炭を用いた最初の発電所が、電力の大量消費の拡大を告げる。

化石燃料から作り出したエネルギーが、安価な大量生産や化学肥料の普及、全く新しい産業の勃興を可能に。

1914年
第一次世界大戦が始まり、輸送機関で石油が次第に優勢になることを示す。

1840　　1860　　1880　　1900　　192

年

中国のエネルギー問題——石炭燃焼量の増大

中国のエネルギー需要はここ数十年で劇的なほど増大した。燃料需要が飛躍的に増加していることに加え、海外の経済成長にあわせて、輸出中心の製造業の生産が増えたことによる。石炭資源は豊富で価格も安いため、中国の輸出中心の経済発展と、同国で急増している中流層にとって不可欠なエネルギー源である。しかし石炭への依存は相当な代償を払うことになる。たとえば、石炭の大量消費が原因の大気汚染は、中国の国民の健康だけでなく、世界的規模で問題を引き起こす。

石炭生産のシェア（単位トン）

- 中国
- その他の国

78億2,300万

45.6%

30億7,400万

13.6%

1973年　2013年

デジタル時代に
普及したデジタル技術は電気の利用の急激な増加を頼みとしていた。

値段が手ごろになったテレビ、洗濯機、冷蔵庫など、**大量生産される電気製品**によってエネルギーの消費量は増大。

1991年
ソビエト連邦の崩壊により、世界のエネルギー消費の増加率は一時的に停滞。

- バイオマス
- 石炭
- 石油
- その他（天然ガス、原子力、水力、他の再生可能エネルギー）

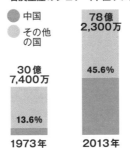

1925年　2010年

変化するエネルギー源
世界全体の種類別燃料消費量は、20世紀初めのバイオマス（木材、植物資材、堆肥）から、21世紀始めの高い石油依存への転換にみられるように、絶えず変化している。

地域別一人あたりのエネルギー消費量
経済成長を遂げたヨーロッパや北米の国々は比較的需要が安定しているが、ソビエト連邦の経済は共産主義の崩壊とともに破綻した。一方、中国は急速な経済成長を後ろ盾に急増している。

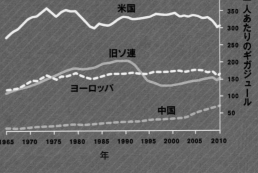

1954年
世界初の民間原子力発電所がロシアのオブニンスクで運転を開始。

1941年
米国の1メガワットの風力発電機が世界で初めて、配電網に電力を供給する。

世界のエネルギー消費量（単位エクサジュール、EJ）

500

400

300

200

100

1940　　1960　　1980　　2000

需要の急増

経済成長は、電気を作り、熱を生み、輸送に必要なものを装備するための安価なエネルギーの大量入手にかかっている。さらなる経済発展と都市化は、この先もエネルギーの需要が増え続けることを意味する。

現在の数値にもとづけば、この先予想されるエネルギー需要増加分の大半は、アジアやアフリカなどの地域で急速に発展している国々で生じると推定される。そして化石エネルギーは今後も、増え続ける世界のエネルギー需要を満たすため、最大限貢献し続けると考えられる。

かつて人類は、木材や水力、風力などの再生可能なエネルギーや家畜を動力源として利用してきた。工業化以降、人間は次第に化石燃料に依存するようになり、一部を原子力に頼っている。発電用燃料として、化石エネルギーの中で最も二酸化炭素排出量の少ない「クリーンな」天然ガスの比重を高めれば、石油や石炭よりは排出物質を減らすことができる。とはいえ、もし私たちが、地球の平均気温を産業革命前の時代よりも2℃未満の上昇に抑えることで地球温暖化を防ぐつもりなら、天然ガスを含めた化石燃料への依存を減らし、再生可能エネルギー技術を急速に普及させる必要がある。

関連項目

❯ 炭素削減の岐路　138−139頁
❯ 再生可能エネルギー革命　52−53頁
❯ 有害物質を含んだ大気
　144−145頁

エネルギーの消費量：現在

世界のエネルギー需要は増え続けている。2030年までには必要なエネルギーの量が1990年の需要のおよそ2倍になり、2015年の消費量より3分の1増加すると予想される。今日、排出量を増やすことなく経済成長を維持している国もあるが、どの種類のエネルギーも世界的需要が増え続けている。

エネルギー源別消費量

再生可能エネルギー
風力、太陽光、波力、潮力、地熱発電技術が含まれる。まだ規模が小さいものもあるが、急速に増えている。

バイオエネルギー
輸送機関の動力源と、発電や発熱用の燃料源として用いられる、木材やサトウキビ、農産副産物が含まれる。

水力
水力発電用のダムはすでに低炭素でかなりの量の動力を生み出している。しかし普及は限定される。

原子力
発電の時点では低炭素の動力源だが、費用が高くつくうえ、技術的にも廃棄物の管理の点でも多くの問題がある。

天然ガス
石炭よりは空気を汚さないが、天然ガスの需要は、気候変動の要因となる排出物質を制限する戦略とは相容れない。

石油
主に輸送機関の燃料に使われる。効率のよい技術の開発や電気自動車の普及で需要は減る可能性がある。

石炭
大気汚染の原因となるが、中国やインドなど急速な経済成長を遂げている国で大きな役割を果たしている。

100万石油換算トン(MTOE)での総量
8,789

36 MTOE
905 MTOE
184 MTOE
526 MTOE

1,672 MTOE

3,235 MTOE

2,231 MTOE

1990 年

MTOEでの総量
1万5,369

708 MTOE

1,827 MTOE

482 MTOE

1,044 MTOE

3,547 MTOE

40%
電気を作り出すために現在**使われ**
ているエネルギーの割合

4,313 MTOE

3,448 MTOE

2030年

エネルギーの未来

2030年までに世界のエネルギー消費量
は現在の約2倍になると予想される（内
訳の予測が左図）。今後化石燃料への依
存を減らし、電源構成（エネルギーミッ
クス）に占める再生可能エネルギーの比
率を増やしていく可能性もある。だが再
生可能エネルギーにも課題はある。たと
えば水力発電には気候変動による干ばつ
のリスクがあり、出力の変動が大きく安
定供給が難しいエネルギーの場合は電力
貯蔵技術を改良する必要がある。

私たちにできること

> **政府や国際機関**が、最大の顧
客である産業界に効率のよい
エネルギー利用を推奨すると
同時に、クリーンなエネルギー
源へできるだけ早く移行するた
めの対策を講じる。

> **政府**が、公的な補助金を、化
石燃料の生産からクリーンな再
生可能エネルギーへ移す。

自分にできること

> **再生可能なエネルギー源**を使っ
て発電する会社から電気を買う。

> **エネルギーの消費量**を減らす。
暖房の設定温度を下げる、エ
アコンの利用を減らす、使用し
ない電気器具のコンセントを抜
く、無駄な照明を消す。移動は
できるかぎり徒歩か自転車で。

電力を求める世界

先進国の生活は確実なエネルギー供給を支えに営まれている。貧困層が多い開発途上国では、人口の大部分がエネルギーを十分に得られず、常時電力を使用することができない。

近年、特にアジアとラテンアメリカでは電気が広く普及したが、今なお世界全体で14億人が電気を利用することができない。アフリカや南アジアを中心に、世界で約27億人が調理の燃料として薪や乾燥させた家畜の糞に依存し、灯油を明かりに用いる人も多い。どれも燃焼の際に大気汚染の原因となる有害物質を排出するため、健康をおびやかす。毎年非常に多くの命が失われ、特に女性や子どもの犠牲が大きい。

関連項目

❯ 需要の急増　46−47 頁
❯ 再生可能エネルギー革命　52−53 頁
❯ エネルギー源の選択　60−61 頁

エネルギー消費量の巨大な格差

世界の地域別に一人あたりのエネルギー消費量を表したこの図から、最も多く消費している人々が、最も少ない人々の何百倍ものエネルギーを消費していことがわかる。人口の規模と発展の速度はエネルギー消費量にも影響をおよぼす。アジアはその両方で他の地域を上まわっており、中国とインドに住む27億人に中流のライフスタイルが浸透すれば、両国のエネルギー消費量は増大する。一方アフリカは消費量がきわめて少ない。アフリカ大陸の大部分は電力網が未整備なので夜は暗闇に包まれる。診療所は薬を冷蔵保存できず、子どもたちが夜に本を読むための明かりも十分にない。貧困をなくすにはすべての人が利用できるクリーンな電力が不可欠である。

地域別エネルギー消費量

英国熱量単位（BTU）で表した一人あたりのエネルギー消費量。1BTUはマッチ1本灯した時に発生する熱量に相当する。

人口

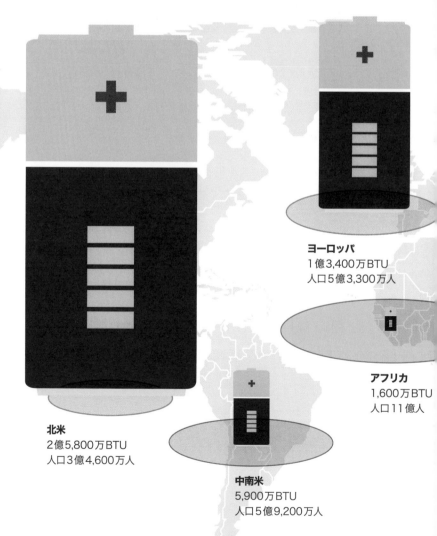

ヨーロッパ
1億3,400万BTU
人口5億3,300万人

アフリカ
1,600万BTU
人口11億人

北米
2億5,800万BTU
人口3億4,600万人

中南米
5,900万BTU
人口5億9,200万人

太陽光を利用したクリーンな明かり

従来の電力供給システムを経ることなく先へ進んだ開発途上国もある。アフリカではマイクロファイナンスの小口融資によりソーラーランタンの売り上げが伸び、大気汚染物質を排出することのない明かりを人々にもたらしている。

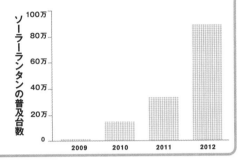

ソーラーランタンの普及台数

私たちにできること

▶ **政府は**クリーンな再生可能エネルギー源への投資を増やすよう企業を奨励する。

▶ **国際的な開発機関は**、化石エネルギーの使用を控えるための強硬な手段を採択し、そのかわりにクリーンなエネルギーシステムを構築するのを助ける。

自分にできること

▶ **自分が加入している年金基金**に、開発途上国にクリーンなエネルギー源をもたらす企業に投資するよう要請する。

▶ **クリーンなエネルギー**源の普及のために開発途上国を支援することを企業や政府に要求するキャンペーンに参加する。

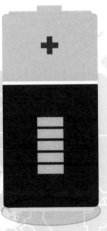

中東
1億4,200万BTU
人口2億1,700万人

ロシアと中央アジア
1億5,500万BTU
人口2億8,400万人

アジア／オセアニア
5,200万BTU
人口41億人

闇の格差
衛星画像では、夜になると豊かな国々の明かりが輝くが、電気の利用が限られている開発途上国は闇に沈む。

カーボン・フットプリント

私たち人間が営む活動の多くは、環境に影響をおよぼす二酸化炭素を排出する。カーボン・フットプリントは、個々の製品や、活動、サービスから発生した二酸化炭素（CO_2）の排出量を表す。

カーボン・フットプリントの値は人により、また生活様式によっても大きく異なる。たとえば、平均的な米国民はサハラ砂漠以南のアフリカに暮らす貧しい国民の100倍以上も大きい。飛行機のフライトのように短時間で大きな量に達する活動もあるが、炭素を大量に消費することになる行動の選択には、新車の購入のように何年間かにわたり影響がおよぶものもある。さらにどれだけ車を運転するかによっても異なってくる。カーボン・フットプリントを厳密に計算するのは難しいかもしれないが、最も影響が大きい活動が何かを知るうえで役に立つ、消費者や企業、政府が炭素の排出量を制限する際にはこれを手がかりにして行動を選択することができる。

一人あたりの量

英国民の平均的なカーボン・フットプリントは、一人あたりで年間約10トンの排出量である。この図は、英国で2005年の1年間に活動や生産から生じた二酸化炭素の一人あたりの平均値を示している。エネルギーと関係のない二酸化炭素と他の温室効果ガスの排出量は含まれていない。

24インチのプラズマ画面で1時間
テレビ視聴　**220gCO_2e**
ジムに行く　**9.5kgCO_2**
ネット通販でCDを1枚購入
400gCO_2

凡例
● 二酸化炭素（トン）

CO_2　特定の活動の結果として排出される二酸化炭素の量。

CO_2e　二酸化炭素換算排出量。排出された二酸化炭素＋他の温室効果ガスを二酸化炭素の共通単位に換算した値（合計には含まれない）。

Tシャツ1枚、製造から廃棄まで
10kgCO_2e

服飾
（生産、道路輸送、小売り、衣服や靴のクリーニング）

0.27

0.52
余暇と娯楽
（テレビ視聴から休暇までのあらゆる娯楽活動。飛行機旅行は含まず）

0.37
食事とケータリング
（農業、食料の輸送、料理、レストラン）

カプチーノ1杯　**235gCO_2e**
ラム肉1kg　**39.2kgCO_2e**
鶏肉1kg　**6.9kgCO_2e**

新しい家(2LDK)を建てる
80トンCO₂e

家政
(照明、日曜大工、装飾、
庭の手入れも含む)

0.37

標準的な100Wの電球
年間63kgCO₂
芝刈り機 **1エーカーあた
り年間73kgCO₂**

暖房
(家庭や職場でのあらゆ
る種類の暖房)

0.4

バス
**乗客1人1kmあたり
66gCO₂e**
通勤電車
**乗客1人1kmあたり
108gCO₂**
自転車 **1kmあたり
17gCO₂e**

通勤
(自家用車や公共交通
機関を使った通勤)

0.22

長距離飛行 **1kmあたり
138gCO₂e**
短距離飛行 **1kmあたり
120gCO₂e**

航空機
0.18

健康と衛生
(入浴やシャワー、洗濯、
医療サービスも含む)

0.36

教育
(学校、本や新聞)
再生紙利用の日刊
紙 **400gCO₂e**

0.13

0.08 **その他の社会的・
経済的活動**

5分間の熱いシャワー **1.5kgCO₂**
入浴 **1日あたり4kgCO₂e**
40℃の温水での洗濯とタンブラー乾燥
2.5kgCO₂

自分にできること

▶ **インターネット上のカーボン・
フットプリント計算機を使っ
て、**自分がどんな活動をすると
二酸化炭素を発生させるのか
理解する。

▶ **どこで節約できるか明らかに
する。**カーボン・フットプリント
を計算すれば、無駄なお金を使
うことなく炭素を減らす計画を
立てることができる。

▶ **自分が食べているものに関心
をはらう。**欧米諸国、特に肉
や乳製品が献立の相当な部分
を占める国では、食料品がカー
ボン・フットプリントの大部分を
占める。

再生可能エネルギー革命

再生可能エネルギー源、特に太陽光と風力の技術は急速に進歩している。こうした、環境をそこなわないクリーンなエネルギー源が、気候変動との問題に立ち向かいながら増大するエネルギー需要に対処するためには不可欠である。

再生可能エネルギーの長所は、化石燃料のように有限の資源を枯渇させることなく無限に新しく補給される点である。再生可能エネルギーは電気や熱の供給、輸送機関の燃料に利用可能である。

現在、発電用の風力と太陽光技術が再生可能エネルギーの部門で最大かつ急成長を遂げている分野である。バイオガス（化石燃料の天然ガスと同じだが、食品廃棄物などの有機物から作られる）や木材は発熱と発電の両方に使うことができる。液体バイオ燃料は、化石燃料から得られるディーゼルやガソリンに代わる再生可能燃料である。

再生可能エネルギーは多くの環境問題に対処するのに役立つだけでなく、雇用を創出し、新たな技術の発展を促進する可能性がある。

再生可能エネルギーの発展

再生可能エネルギーは世界中で急成長しているエネルギー源で、中でも太陽光と風力はますます経済的になっている。再生可能エネルギーにかなりの額の投資をしている国もすでにあり、2017年には新たに増えた世界のエネルギー容量の70％が再生可能エネルギーであった。今後情勢が変わる可能性もあるので将来の予測は難しいが、2030年までに再生可能エネルギーが石炭に取って代わり、2040年までには石炭と天然ガスを合わせたのと同じ消費量になると予想されている。

消費量
2005年
2020年の
予想値

1,300 TWh

800 TWh

南北アメリカ
OECD加盟国

800 TWh

500 TWh

南北アメリカ
非加盟国

太陽エネルギーのコストの削減

再生可能エネルギー源の割合が増えるにつれ、市場の競争が激しさを増している。技術が改善されれば、価格は次第に下がる。たとえば、太陽光発電の価格は近年大幅に下がり、現在では石油を使った発電と変わらない。

1メガワット時あたりの価格（米ドル）
石油
太陽光

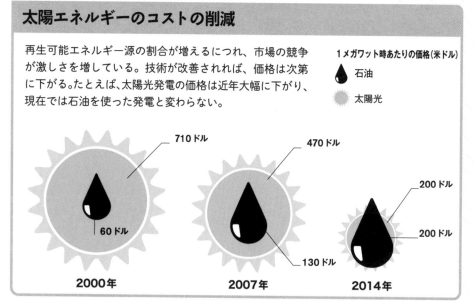

710ドル
60ドル
2000年

470ドル
130ドル
2007年

200ドル
200ドル
2014年

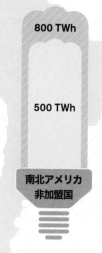

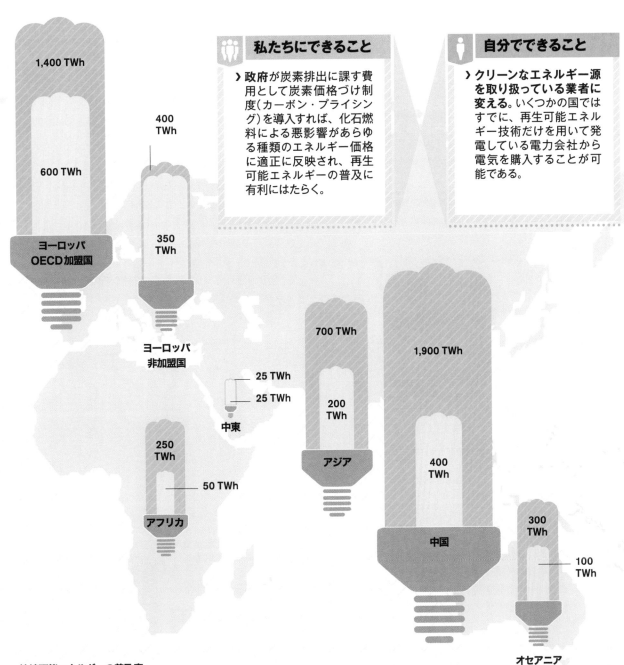

私たちにできること

> 政府が炭素排出に課す費用として炭素価格づけ制度（カーボン・プライシング）を導入すれば、化石燃料による悪影響があらゆる種類のエネルギー価格に適正に反映され、再生可能エネルギーの普及に有利にはたらく。

自分でできること

> クリーンなエネルギー源を取り扱っている業者に変える。いくつかの国ではすでに、再生可能エネルギー技術だけを用いて発電している電力会社から電気を購入することが可能である。

1,400 TWh
600 TWh
ヨーロッパ
OECD加盟国

400 TWh
350 TWh
ヨーロッパ
非加盟国

25 TWh
25 TWh
中東

250 TWh
50 TWh
アフリカ

700 TWh
200 TWh
アジア

1,900 TWh
400 TWh
中国

300 TWh
100 TWh
オセアニア

持続可能エネルギーの普及度
図は、OECD（経済協力開発機構）加盟国と非加盟国の区別を含め、9つの地域別の再生可能エネルギー消費量を表している。OECDは世界の先進34か国の連合である。（1テラワット時【TWh】は石油58万8,441バレルに相当）

2013年には**世界の発電量のおよそ22%**を再生可能エネルギーが占めた——2012年から5%増加

太陽エネルギーのしくみ

太陽は地球上のほとんどすべての生命にとって最大のエネルギー源である。ふさわしい技術が整えば、太陽は人間世界を動かすのに必要なエネルギーを供給する主要な発電所となるかもしれない。

太陽光電池パネル

太陽エネルギーをとらえるために通常はシリコンの半導電層を用いる。光がパネルに射すと、層全体に電場を作り出し、正電荷と負電荷を分離して電流を作る。太陽の光が強いほど、作り出す電気も多くなる。

太陽を利用した発電所

太陽は大量のエネルギーを発している。地球に到達する太陽エネルギーは、100Wの電球をおよそ100兆個点灯できるほどの動力を供給している。太陽エネルギー技術の最近の発展と、利用が急速に拡大していることから、多くの専門家たちは、2050年までに太陽光発電が世界の主要なエネルギー源になると考えている。

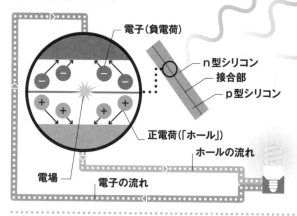

電子（負電荷）
n型シリコン
接合部
p型シリコン
正電荷（「ホール」）
ホールの流れ
電場
電子の流れ

集光型太陽熱発電（CSP）

CSPリニアコンセントレータとディッシュエンジン、太陽熱発電塔が太陽の熱を融解塩などの液体を入れた容器に集め、水を熱して沸かす。こうして作られた蒸気で、タービンを動かし電気を発生させる。熱を蓄える装置により夜間も電気を作ることができる。

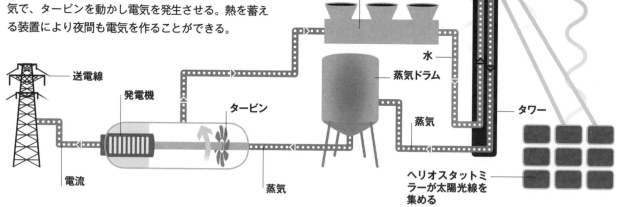

収納器が液体を熱し、水を沸騰させて蒸気に変える
復水器
水
蒸気ドラム
蒸気
タワー
送電線
発電機
タービン
電流
蒸気
ヘリオスタットミラーが太陽光線を集める

私たちは常に太陽光エネルギーに依存している。たとえば、かつて人や物資を運ぶ主な手段であった馬も日光で育てられた草や穀物を餌にしている。しかし今日では、新しい技術の開発のおかげで太陽光エネルギーを利用しやすい電気や温水などに変えることで、以前よりも多くのエネルギーを利用できるようになった。太陽光を利用した技術にはそれぞれ長所と短所があるが、どの技術も大きな可能性を示している。利用が増え、改良が進むことで数年以内にさらに値段が下がれば、今後大幅な需要増加が見込まれる。世界が二酸化炭素排出量の削減に取り組む中、太陽エネルギー技術は化石燃料に取って代わる位置を占めている。

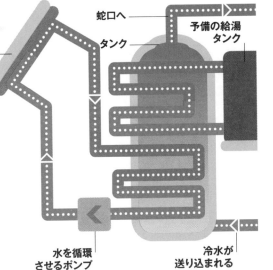

パッシブソーラーエネルギー

自然光を最大限取り込めるように窓を設置すれば、電球を灯すのに必要な電気を減らすことができる。特に建物が十分に断熱されていれば、室内が太陽で暖められることで暖房をつけなくてもすむようになる。

断熱材

温かい空気

窓ガラス

輻射

熱を蓄え、放出するタイルの床

冷たい空気

世界のホットスポット

太陽エネルギー技術は、十分な日照量がある場所ならば、ほぼ地球上のどこでも役に立つ。とはいえ、絶えず強い日差しが照り付け、雲がほとんど発生しない地域で最大の効果がある。多くの砂漠地帯と日射量の多い地域では、太陽光電池パネルや太陽熱発電システムなどの既存の太陽エネルギー技術を使うことで大量の電気を生み出す可能性がある。そうした地域には、米国の南西部、南米の西部、アフリカ、中東、南アジア、オーストラリアが含まれる。

蛇口へ

予備の給湯タンク

タンク

太陽熱収集器

太陽熱温水器

太陽熱温水システムは、太陽の熱を蓄熱する太陽熱収集器と呼ばれるパネルを使い、温水シリンダに貯められた水を温める。高緯度地域の冬の間は特に、水をさらに温めるために予備の給湯タンクか電熱式湯沸かし器が使われる。

水を循環させるポンプ

冷水が送り込まれる

地球を照らす

1時間

の太陽光は、世界の年間エネルギー消費量に匹敵する

風力発電

ここ数十年で、世界の各地で風力発電の利用が急速に拡大している。今ではデンマークのように、エネルギー供給の大半を風力に大きく依存している国もある。

古代において風力は、ナイル川を航行する船を推進したり、水を汲み上げたり、穀物を挽いたりするのに利用されていた。ドイツのライン川では、西暦1000年まで三角州を干拓するために使われていた。風力が初めて電気を発生させるために利用されたのは、1887年、スコットランドの グラスゴーであった。1941年には米国で世界初のメガワットタービンがバーモント州の電力網に接続され、1980年にはニューハンプシャー州でマルチタービン風力発電基地が設置された。これらの先駆的な風力発電基地が設置されて以来、発電技術は改良が進み、急速に発展している。

設備の導入が進んでいる国

多くの国が風力発電の設置を奨励する政策を採用している。温室効果ガスの排出量を減らす目的でそうしている国が多い。目下のところ世界最大の風力発電部門があるのは中国で、その次が米国だが、近年は中国ほど発電容量を新たに増やしていない。3番目がドイツで、世界の風力発電の10%を占める。その他の主要な風力発電導入国はインド、スペイン、英国、カナダ、フランス、ブラジル、イタリアである。

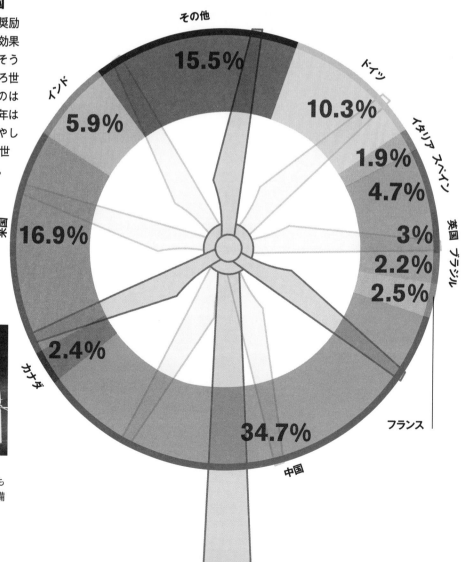

その他 15.5%
ドイツ 10.3%
イタリア 1.9%
スペイン 4.7%
英国 3%
ブラジル 2.2%
フランス 2.5%
中国 34.7%
カナダ 2.4%
米国 16.9%
インド 5.9%

洋上風力発電
強い海風は陸上の風力発電基地よりも多くの電気をもたらすが、洋上の設備は費用が高くつく。

① 羽根が回転する
風が十分に吹けば、通り過ぎる空気の圧力でタービンの羽根が回転する。

② 歯車が発動機を回す
羽根が軸を回転させると、軸につながった変速装置が、風で作り出された回転エネルギーを増幅する。

風力発電はどのようなしくみなのか？

従来の発電機はタービンを動かすのに蒸気を利用していた。風力発電の場合、石炭やガスなどの燃料ではなく空気によってタービンが動かされる。プロペラのような羽根が主軸に連結されたローターに取りつけられているが、それが今度は発動機を回す。より安定した、適度な強さの風を得るために、組み立てた部品一式は塔の上に設置される。

> 「次代を担うのは**環境にやさしいグリーン・エネルギー**、持続可能性、**再生可能エネルギーである**」

アーノルド・シュワルツネッガー（元カリフォルニア州知事）

③ 出力
回転エネルギーが発電機によって電気に変換される。

④ 変換
配電のため、変換器が電気を適当な電圧に変換する。

風力発電に対する賛否両論

賛成派の意見

- ❯ クリーンかつグリーンで無公害である。風力タービンは大気中に有害な物質を排出しない。
- ❯ 再生可能エネルギーである。風は太陽エネルギーから発生するので、無限の供給が期待できる。
- ❯ 1980年以降値下がりしている。発電コストが安い。
- ❯ 急速に普及する可能性がある。
- ❯ 騒音を減らした、発電効率の高い技術が開発中である。

反対派の意見

- ❯ 一般にタービンは30％しか稼働していない。
- ❯ 野鳥やコウモリを危険にさらす可能性がある。設置の間の土壌浸食が問題となる可能性がある。
- ❯ 国によってはまだ石炭やガスによる発電よりも高くつく。
- ❯ 景観をそこなう可能性がある。
- ❯ 十分に安定した風の吹く陸地と海のある地域でしか採算がとれない。

⑤

配電
全国に張り巡らされた送配電網を介して電気が国中に送られる。

潮汐力と波力発電

海は巨大なエネルギーを秘めているが、私たちは今ようやく、そのエネルギーの一部を波力や潮汐力発電によって電気に変換し始めたところである。風力や太陽光発電技術と同じように、海は無公害のエネルギーを生み出すことができる。

時流の変化

潮汐力と波力発電技術は商業的に採算がとれるエネルギー源になりつつある。技術は急速に進歩しており、この先数十年で広く普及する可能性がある。波力発電所と潮汐エネルギーシステムは海の巨大な力を利用して発電する。地球全体の生産能力はおよそ120基の原子炉の生産能力をしのぐほどだろう。この頼もしい再生可能エネルギー源を将来利用する可能性の高い国にフランス、英国、カナダ、チリ、中国、日本、韓国、オーストラリア、ニュージーランドがある。

波の高さ
● 高い　○ 普通

波力発電に適した場所、ヨーロッパ

波を作る
ヨーロッパで波力発電に適した地域は、絶えず強風が吹きすさび、高波を次から次へと作り出す、大西洋沿岸地域である。

潮汐水の流れ
月の重力によってもたらされる

タービンの羽根
潮汐水の流れで回転する

発電
タービンによって生み出された電気はケーブルで電力送信網へ送られる

干満差
■ 大きい　■ 普通

潮汐力発電に適した場所、ヨーロッパ

勢いを増す潮の流れ
特に英国の周囲は岬が多く、入江や海峡が狭く入り組んでいるため、潮の流れの速度を増す。潮汐力発電に理想的な地形である。

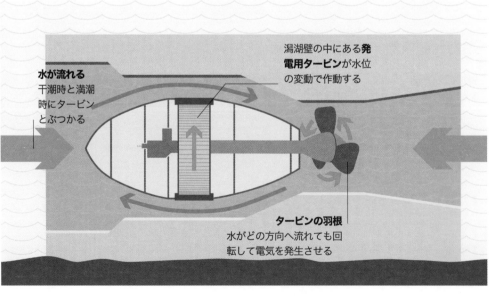

水が流れる
干潮時と満潮時にタービンとぶつかる

潟湖壁の中にある**発電用タービン**が水位の変動で作動する

タービンの羽根
水がどの方向へ流れても回転して電気を発生させる

潮汐力と波力発電技術は、潮汐と波の動きを利用して、電気を発生させるタービンを動かす。これらの技術は二酸化炭素の排出量を削減できるばかりでなく、安全なエネルギーをもたらし、雇用を創出する。現在はまだ、波力と潮汐力によって生み出される電気は化石燃料をエネルギー源にする電気よりも価格が高い。だがそれは、気候変動による損失分を考慮に入れることなく化石燃料が燃やされ（そして評価され）ているからでもある。

関連項目

❯ 需要の急増　46−47 頁
❯ 再生可能エネルギー革命　52−53 頁
❯ エネルギー源の選択　60−61 頁

80%
波から電気に変換可能な運動エネルギー

表面波を利用する

表面波をとらえるために将来最も有望な設計技術の一つが波浪減衰器である。絶え間なく強い風の流れる西海岸沿いに最適の波が発生するため、この技術の中心地は米国の太平洋岸、英国、フランス、ニュージーランド、南アフリカである。

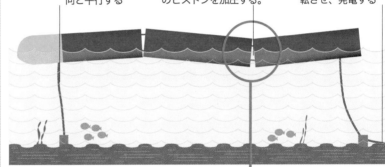

つなぎ留められた鎖
海底につながれているので、鎖は波の方向と平行する

ちょうつがいで接続された箇所
ちょうつがいの動きが、自動揚水機と呼ばれる水圧式のピストンを加圧する。

電気
加圧された揚水機が内部のタービンを回転させ、発電する

事例研究

スウォンジー潮汐電開発計画

❯ ウェールズ南部のスウォンジー湾はブリストル海峡に位置する。英国の海岸線の中でもこの地域は干満差が世界で2番目に大きいため、潮汐発電に理想的な場所となっている。

❯ 16基の海中タービンが沖合へ3km 伸びた防波堤の中に埋め込まれる予定である。

❯ 潮汐発電に計画されている発電所は、少なくとも120年間にわたり、15万5,000戸以上の家庭にクリーンで安定的な電力を供給する予定である。

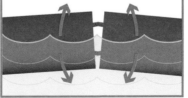

横から見た図

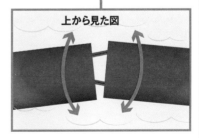

上から見た図

垂直方向の屈曲
波浪減衰器の半分浸水した部分が波の動きに合わせて垂直に上下し、ちょうつがいのところで曲がる。

往復運動
上下の振動に加え、減衰器のちょうつがいが回転運動から波のエネルギーをとらえるために接合部分を左右に振動させる。

エネルギー源の選択

どのエネルギー源を選択するにしても、利点と問題点がともなう。エネルギー需要の増大により、相反する優先事項の緊張が高まる中、正当な決定をくだすためには、全体像を理解するのが不可欠である。

エネルギー需要を満たすには、新旧のさまざまな技術が重要な役割を担う。類似技術の開発が将来のエネルギー選択を方向づけることになるだろう。たとえば、石炭や天然ガスを利用した場合の二酸化炭素回収貯留技術や、再生可能エネルギー関連のエネルギー貯留技術がそうである。

エネルギー問題への取り組みは、安定供給、手頃な価格、環境への適合性といった点に対処する必要があるが、これら3つの目標は互いに相容れないことが多い。石炭は安価で安定した電力を供給するが、二酸化炭素の排出量が多く、大気汚染も引き起こす。

エネルギー政策はきわめて政治的な問題である。政治的意思決定は環境に対する懸念を犠牲にして、短期的なコストや安定性という目標にくみすることが多い。こうした要因が、最も理にかなった、しかも世界のためになる、長期的視野にもとづいた選択を困難にしている。

私たちの選択肢は？

下に挙げたエネルギー源の比較表は、現時点での一般的な状況にもとづいている。いくつかの技術に関しては——特定の場所での再生エネルギー源の可能性など——状況が非常に変わりやすいが、個々のエネルギー源に関する総合的な結論は提供できる。政策立案者は、どのエネルギーが長期的に最適な結果をもたらすかを判断しなければならない。

石炭	石油	天然ガス	原子力	水力
			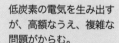	

石炭

世界最大の電力供給源で、最近は中国やインドなどの経済が急成長を遂げている国々からの需要が大幅に拡大している。

▶ 埋蔵量が豊富なので安い電気を供給できる。

▶ 二酸化炭素の排出量が多く、各地で大気汚染の原因になっている。

石油

世界の主要な輸送燃料。

▶ 二酸化炭素と都市の大気汚染の主な原因。

▶ 水圧破砕法（フラッキング）によって生産された石油とタールサンドは、従来の石油よりも二酸化炭素の排出量が多い。

天然ガス

扱いやすいうえ、埋蔵量が豊富で、電気や暖房、調理に使われる。

▶ 二酸化炭素の排出量は石炭のおよそ半分である。

▶ 在来型のガスや、水圧破砕法によって生産されたガスはさまざまな問題を提起している。

原子力

低炭素の電気を生み出すが、高額なうえ、複雑な問題がからむ。

▶ 主な問題は長期間放射線を放つ廃棄物の管理と関連している。

▶ 原子力と核兵器の結びつきに関して緊張状態が続く。

水力

低炭素のエネルギー源だが、発電に適した河川の数が限られる。

▶ 流域の生態系や社会に重大な影響をもたらす可能性がある。

▶ すでにいくつかの地域で影響が出ているように、長期の干ばつにもろい。

記号と評価の見方

 コスト
価格が消費者の選択の決め手となることが多い

 すぐに利用可能な技術か？
操業を開始したばかりで未知数の技術もある

 汚染と廃棄物
他のエネルギー源よりはるかにクリーンな技術もある

 エネルギーの安全性
信頼できるエネルギーの利用は経済発展に不可欠

 土地や生態系に対する影響
他の資源や環境目標と相容れない可能性がある

総合的な評価
エネルギーの安全性、入手しやすさ、環境保護という3つの目標の達成に対する長期的な貢献度

1　最高　　10　最低

○　有力な論拠

●　長所

○　短所

●　重大な問題

効率──見えざる「エネルギー源」

現在最も軽視されているのが効率である。低燃費の自動車、省電力の照明器具、断熱材、スマートビルディング技術といったものはどれも、快適さや便利さをそこなうことなくエネルギーを節約できる。エネルギー効率をあげればコストの削減にもつながるので、3つのエネルギー目標を達成する最適の方法を探すのであれば、効率の向上こそが明らかな優先事項である。

2011年に、省エネによって節減できたコストは7,430億ドル*であった。

*11か国（オーストラリア、デンマーク、フィンランド、フランス、ドイツ、イタリア、日本、オランダ、スウェーデン、英国、米国）の燃料消費量合計との比較による。

液体バイオ燃料	バイオマス	風力	太陽光	波力／潮汐力
7	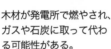 **6**	**1**	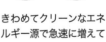 **2**	**3**
サトウキビを原料に燃料となるエタノールを作るなど、化石燃料の石油に取って代わり、二酸化炭素を除外できる。	木材が発電所で燃やされ、ガスや石炭に取って代わる可能性がある。	きわめてクリーンなエネルギー源で急速に増えている。	きわめてクリーンなエネルギー源で急速に増えている。	非常にクリーンで、今後発展する可能性のあるエネルギー源である。
▶食料の供給を食卓から燃料タンクに回すことになるかもしれない	▶再生可能エネルギーだが、二酸化炭素排出量が多く、土壌に悪影響をもたらす可能性がある。	▶風が常に吹かないと、不断の需要に対処するために他のエネルギー源が必要になるが、電力貯蔵技術は開発途上である。	▶日光に依存するため、大規模な消費は、大容量の蓄電池の開発など今後の蓄電技術の進歩にかかっているだろう	▶技術は進んでおり、最初の一般市場向け発電所が設置されている。
▶森林破壊を進め、二酸化炭素の排出や生物多様性の減少をもたらす可能性がある。	▶森林破壊をもたらす可能性がある。	▶景観を変えてしまう。	▶消費は世界中で急速に拡大している。	▶コストが高くつく。操業開始時に政府の支援を必要とする。

拡大し続ける食料需要

農業の発生は地球の姿を変え、人類の歴史が進む方向を定めた。農業が起こる前の狩猟採集社会の時代、人類の総人口は数百万人であったが、現在農業は世界中で70億人以上の人間を支えている。生産性の高い農業の始まりが文明の建設において重要な要因であった。生産量が増え余剰作物を蓄えたことで、農村地域から都市部への絶え間ない移住が可能になった。土壌の豊かさと水の確保（78−79頁）を含め、農業を可能にする環境を維持することがますます重要な問題となっている。

穀物の生産

農業が始まったばかりの頃、人々は野生種を栽培作物化して、米や小麦、トウモロコシなどの穀物を生産していた。穀物は炭水化物とタンパク質が豊富で貯蔵しやすく、きわめて貧しい土地でも（小麦の場合は乾燥した土地でも）成長が早いため、農業の中心となった。それは現在でも変わらないが、新しい品種や機械化、殺虫剤、化学肥料の登場によって、20世紀の半ばと比べても生産量を大幅に増やせるようになった。急速に人口が増えているにもかかわらず、世界は増大する食料需給に後れをとることなく、穀物の生産は1950年以降安定して増え続けている。

緑の革命　穀物を増産する方法を見つけるための研究が1940年代にメキシコで始まる。1950−60年代に肥料や殺虫剤、機械化、灌漑などの農業技術が世界各地に広がる。

1950　　1955　　1960　　1965　　1970　　1975　　1980
年

肉と乳製品の増加

人々の生活が豊かになるにつれ、肉類と乳製品の消費量が劇的に増加した。このことが環境と人間の健康の両方に悪影響をおよぼしている。野菜中心の食事に比べ、家畜由来の食物は生産の過程で多くの土地と水を必要とする。またタンパク質と脂肪の両方を多く含む肉と乳製品の摂取量が増えると、心疾患やがん、2型糖尿病の発症のリスクを高める。

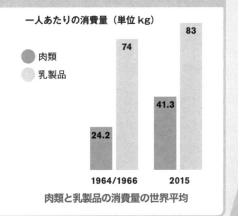

一人あたりの消費量（単位 kg）

■ 肉類
□ 乳製品

1964/1966：肉類 24.2、乳製品 74
2015：肉類 41.3、乳製品 83

肉類と乳製品の消費量の世界平均

1997年
最初の遺伝子組み換えトウモロコシが生産される

「**十分な食料供給**がなければ、**文明**が今日のように**発展することはなかった**し、存続するのも不可能だ。」

ノーマン・ボーローグ（米国の農学者、緑の革命の「創始者」）

世界の穀物生産
2016年は、世界の穀物生産量の半分近くが中国、米国、インドのわずか3か国で生産されていた。トウモロコシ、小麦、米が世界の穀物生産量の大部分を占める。

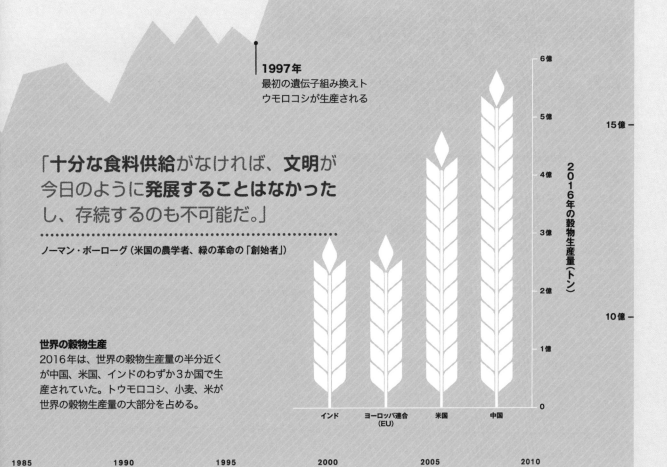

穀物の年間生産量（トン）

20億 —
15億 —
10億 —
6億 —

2016年の穀物生産量（トン）

6億
5億
4億
3億
2億
1億
0

インド　ヨーロッパ連合（EU）　米国　中国

1985　1990　1995　2000　2005　2010

農地の拡大

現在、世界の陸地のおよそ3分の1が農業に利用されている。だが、穀物を生産するために使われているのは、そのうちのおよそ4分の1だけである。残りの農地は動物を飼育するために使われている。

世界の陸地の大半は荒れ地か氷におおわれているか、ほとんどが農業に適さない森林や草原地帯になっている。条件がよければ、農業は安定して発展し続ける。とはいえ、穀物の生産に適した土壌と十分な水のある地域は、世界全体で限られる。増大する食料の需要をまかなうため、適した土壌と十分な水のある残りの土地までも、次々と農地へ改変させられている。その結果、森林破壊、野生動物の減少、温室効果ガス排出量の増大、水質汚染、広範囲におよぶ土壌の劣化が世界各地で起きている（74－75頁参照）。

穀物 vs 肉類

食料を生産している世界の土地のおよそ3分の1は肉類と乳製品を供給する家畜を飼育するために利用されている。残りの土地は穀物と果物と野菜を生産するために利用されている。畜産物の消費は中産階級の消費者の数が増加するにつれて伸びている。主な新興経済国で食事の嗜好が変化するとともに、この傾向は続いていく。人間が食べる穀物や野菜の生産のために耕される農地は全体のわずか一部で、生産される穀物の大半は家畜の飼料となる。草地や、わずかに樹木におおわれた土地、不毛地も家畜の放牧地に充てられる。

耕作地	まばらに植物の生えた不毛地
森林地帯	宅地とインフラ
草原と森林の生態系	内陸の水域

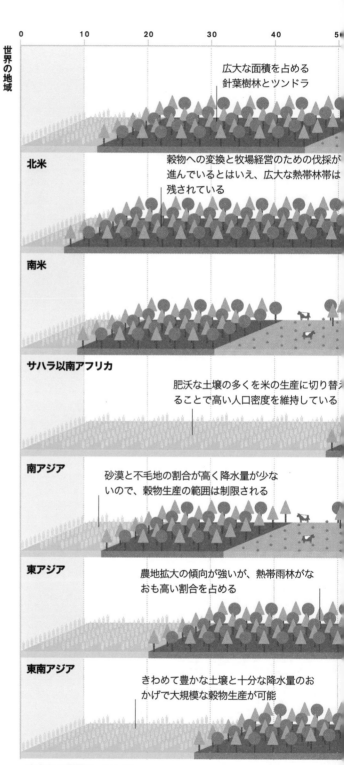

世界の地域

0　　10　　20　　30　　40　　5

広大な面積を占める針葉樹林とツンドラ

北米

穀物への変換と牧場経営のための伐採が進んでいるとはいえ、広大な熱帯林帯は残されている

南米

サハラ以南アフリカ

肥沃な土壌の多くを米の生産に切り替えることで高い人口密度を維持している

南アジア

砂漠と不毛地の割合が高く降水量が少ないので、穀物生産の範囲は制限される

東アジア

農地拡大の傾向が強いが、熱帯雨林がなおも高い割合を占める

東南アジア

きわめて豊かな土壌と十分な降水量のおかげで大規模な穀物生産が可能

中央および西ヨーロッパ

地域別土地利用比率

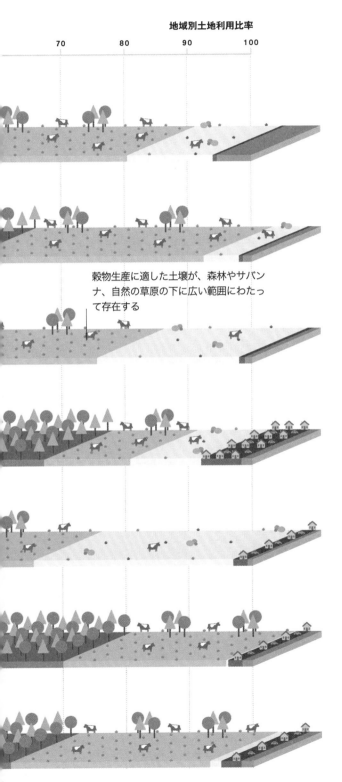

| 70 | 80 | 90 | 100 |

穀物生産に適した土壌が、森林やサバンナ、自然の草原の下に広い範囲にわたって存在する

経年変化

過去200年にわたる農業の拡大は劇的であった。1800年には農地の大半はヨーロッパと一部のアジアが占めていた。今日では農地はヨーロッパとアジア全体に広がり、南北アメリカや、アフリカとオーストラリアの大部分の地勢を一変させ、穀物と家畜の生産のために自然植生が取り除かれた。

農業用地
■ 1800年
■ 2000年

穀物の用途

世界では毎年およそ28億トンの穀物が生産される。米と小麦は主に人間によって消費されるが、トウモロコシの大半は家畜の飼料に充てられる。食肉用家畜の飼料として供給される穀物は、人間が直接食べる穀物よりも多くの土地と水と化石燃料を使う。

人間の食料45%——直接人間が食べるのは穀物全体の生産量の半分以下

家畜飼料35%——トウモロコシなどの穀物は豚、牛、鶏の飼料に使われる

その他の用途20%——食用ではなく、バイオ燃料や工業用の原料に使われる穀物もある

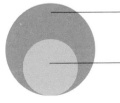

全陸地面積
130億300万ヘクタール

農地面積
48億8,900万ヘクタール

農地の総面積

化学肥料の普及

ここ数十年の間に成し遂げられた食料生産の飛躍的な増加は、大部分が、増産にともなって使用量が増えた化学肥料によって支えられている。しかしこの成功は大きな問題をもたらしている。

すべての人間と動物の命を支える植物は、成長のために土壌に含まれる栄養素——窒素やリン、カリウムなど——を必要とする。農業により土壌の栄養素は枯渇するため、補充する必要がある。何千年もの間、農民たちは肥やしなどの廃棄物を再利用して、栄養素を補っていた。工業型農業は他の原料から作られた化学肥料の投入によって支えられているが、そうした肥料は環境に深刻な影響をおよぼしている。

生産高の向上

20世紀前半、ハーバー・ボッシュ法の発明により、天然ガスと大気中の窒素を用いた窒素肥料の製造が可能になった。化学肥料を大量に利用することで、農家は同じ土地からより多くの食料を生産できるようになり、それによって需要の増加に対応できた。1950年から1990年の間に世界の食料生産はほぼ3倍に増えたが、農地は10%しか増えていない。

平均生産量の変化

1961年　2005年

化学肥料の使用量の増加

第二次世界大戦の後に化学工場が窒素肥料を生産し始めた。新たなリン鉱石資源が発見され、リンの利用は増えた。国によっては、特に1940年代後半から1970年代までの「緑の革命」の間に、政府の交付金からの援助によって化学肥料の消費量が急速に増した。

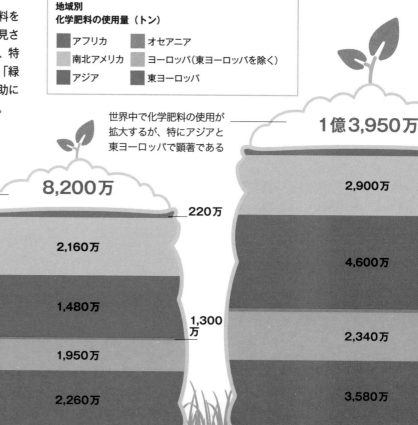

地域別
化学肥料の使用量（トン）

- アフリカ
- 南北アメリカ
- アジア
- オセアニア
- ヨーロッパ（東ヨーロッパを除く）
- 東ヨーロッパ

世界中で化学肥料の使用が拡大するが、特にアジアと東ヨーロッパで顕著である

1億3,950万

「緑の革命」が特にアジアで近代的農業技術の普及に成功する

8,200万

220万

2,900万

人口増加で食料不足への懸念が高まったため化学肥料の使用が奨励される

3,110万

70万

2,160万

4,600万

900万

1,480万

380万
100万

1,300万

2,340万

1,180万

1,950万

480万

2,260万

3,580万

1961年　　　　1974年　　　　1987年

窒素肥料の影響

大気中の亜酸化窒素（一酸化二窒素）の濃度が増している主な原因は窒素系肥料の利用である。窒素系肥料は環境と人間の健康に多くの有害な影響をおよぼす。

> 亜酸化窒素は気候変動をもたらす三番目に重大な温室効果ガスである。

> 窒素肥料はオゾン層の減少にも関与している。

> 窒素とリンは環境、特に陸水域と海域の環境を変化させ、魚や他の野生生物に害を与える（162 – 163頁参照）。

> 肥料を与えすぎると土地の生態系に変化をもたらす可能性があり、その結果、繁殖力の強い植物が他の植物に取って代わることになる。

> 環境に蓄積している窒素が飲料水に混入し、人間の健康をおびやかす可能性がある。その中には「ブルーベイビー症候群（メトヘモグロビン血症）」、各種がん、甲状腺疾患のリスクが含まれる。

100%

人間の活動

によって過去1世紀に
わたり地球上に蓄積した
窒素化合物の増加率

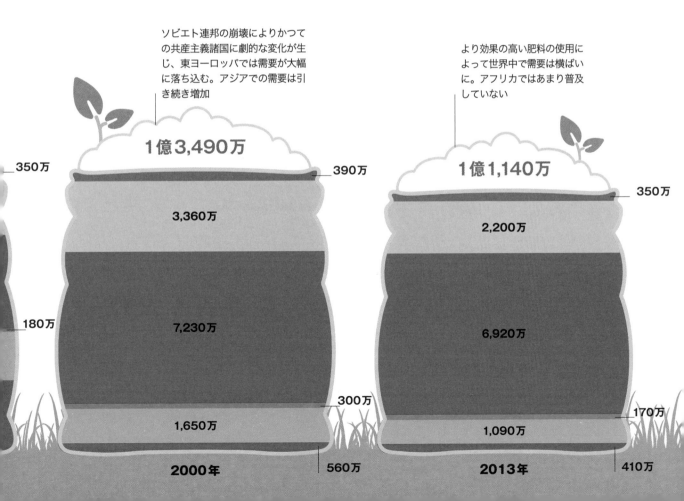

ソビエト連邦の崩壊によりかつての共産主義諸国に劇的な変化が生じ、東ヨーロッパでは需要が大幅に落ち込む。アジアでの需要は引き続き増加

より効果の高い肥料の使用によって世界中で需要は横ばいに。アフリカではあまり普及していない

350万

1億3,490万

390万

3,360万

7,230万

180万

300万

1,650万

2000年

560万

1億1,140万

350万

2,200万

6,920万

1,090万

170万

2013年

410万

農薬の問題点

雑草、菌類、微生物、昆虫は農作物に襲いかかり、収穫量を減らし、食料を台無しにする。私たちは殺虫剤で病害虫の繁殖を抑えているが、その過程で野生動物に害をもたらしている。

何千年もの間、農民たちは農薬を使うことなく作物を栽培してきた。第二次世界大戦後の数十年間で有毒成分の入った合成物質が普及し、食料生産量を急速に増やす重要な要素となった。しかし農薬が野生生物におよぼす影響は無視できないほど大きい。昆虫が食べる植物は枯れ、昆虫を食べる鳥の餌が減少している。花粉を媒介する昆虫など、有益な動物種の個体数も減少がみられる。農薬の中には食物連鎖を通じて生物の体内に蓄積していく有害物質が含まれる製品もあるので、食物連鎖の最上位に立つ捕食動物の個体数が減少している（92−93頁参照）。同時に、病害虫は農薬に対する抵抗力をつけてきている。

農薬の使用量

世界的にほぼどの地域でも農薬の使用が広がっているが、使用量は国により大きく異なる。これは栽培作物の種類や、その作物が持つ商品価値、病害虫の被害の多さによって決まる。また使用される化学物質の効果や農業の方法、さらには国の発展段階によっても左右される。国が貧しければ、農薬を使用する余裕もないからだ。政府の政策と、農薬を製造している企業がどの程度政策に影響をおよぼすことに成功しているかどうかも重要なカギとなる。とはいえほとんどの場合、農薬の使用は減らすことができる。

1950年以降全世界で使用される農薬の量は50倍に増えている

オランダではチューリップが、虫害に悩まされることの多い、商品価値の高い作物の代表である

モザンビークはアフリカの典型である。農薬の値段が高いため、世界のどの地域よりも使用量が少ない

モザンビーク	インド	カメルーン	カナダ	米国	英国	オランダ	ニュージーランド	中国
0.2kg/Ha	0.2kg/Ha	0.9kg/Ha	1kg/Ha	2.2kg/Ha	3.3kg/Ha	8.8kg/Ha	8.8kg/Ha	10.3kg/Ha

農薬の売上高の世界的な増加

世界全体の農薬の売上高は1940年代以降急速に増加した。2000年以降は、特にアジアやラテンアメリカ、東ヨーロッパで伸び続けている。しかし中東とアフリカでは伸び悩んでいる。農薬メーカーは旧来の製品の価格を安くするか、まだ普及していない国に安く売ることで売上高を増やしている。

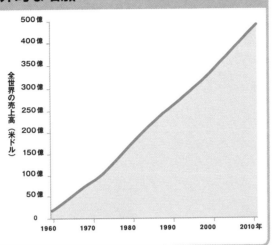

農薬の散布
南アジアと東南アジアの米の栽培で農薬は重要な役割を担っている。手作業での散布が一般的である。

コロンビアのコーヒー豆は商品価値の高い作物で、虫害がひどい

チリ	日本	コロンビア	バハマ
10.7kg/Ha	10.7kg/Ha	15.3kg/Ha	59.4kg/Ha

野生生物をおびやかすもの

ネオニコチノイド系殺虫剤は昆虫の神経系に作用する毒物だが、昆虫だけでなく、主に昆虫を餌にしている多くの鳥類種の個体数にも影響をおよぼす。ある研究によれば、イミダクロプリド（ネオニコチノイド系殺虫剤）の濃度が19.43ng/ℓより高い地域では、鳥の個体数の減少がみられる。

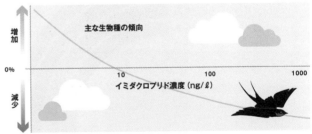

私たちにできること

▶ **政府、農家、化学薬品会社は**環境負荷軽減のため総合的病害虫・雑草管理（IPM）を推進する。たとえば、多品種の作物を栽培し輪作を活用すれば、少ない農薬で食料を生産できる。またコウモリや鳥の個体数を回復させれば、自然界の天敵を利用して病害虫を管理できる。

食品廃棄物の問題

廃棄されている食品が世界全体でどれくらいの量にのぼるかといえば、世界の農地の4分の1以上が放棄されるに等しい。人口の増加と経済成長によって食料の需要が増す中、食品廃棄物を減らすことは、これまで以上に重要な優先事項となっている。

世界中で毎年約140億トンの食料、すなわち生産量の約3分の1が廃棄されている。これは、ロシアの大河であるヴォルガ川の年間流水量と同じ量の水を無駄にしていることを意味する。食品廃棄物は330億トン以上の温室効果ガスを大気中に加える。というのも、腐敗している食品は気候変動を加速させるメタンガスを排出するからである。何百万トンもの化学肥料が無駄になるため、生産者にとっ

ては年間7,500億米ドルの損失である。加えて、地球上のすべての人に食料をいきわたらせる機会が失われたことを意味する。

農地から食卓の皿に運ばれるまでの間で、食品が捨てられるのが後の段階になればなるほど、環境におよぼす負荷は大きくなる。そこに到達するまでにより多くの資源が使い果たされることになるからだ。

どの段階で捨てられるのか？

食品廃棄物は、最初の生産の段階から家庭での消費まで、食品供給網のどの段階でも生じる。開発途上国では食品廃棄の40％は初期の段階で起きるので、収穫技術や、貯蔵と冷蔵設備の制約によるものと考えられる。先進国では食品廃棄物の40％以上が、見た目重視の品質基準による小売りの段階か、消費の段階で生じており、まだ食べられる食品が店や家庭で大量に捨てられている。

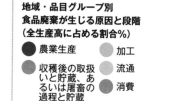

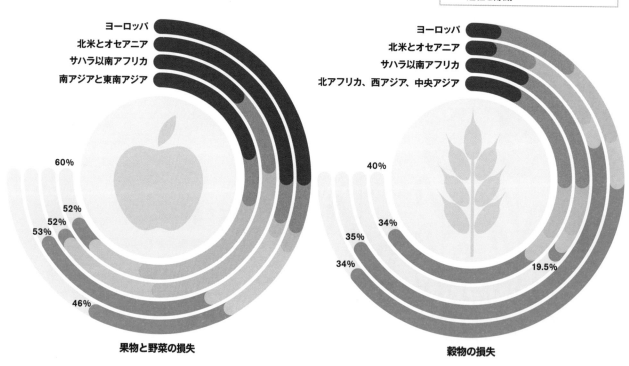

果物と野菜の損失

穀物の損失

どんな食品が捨てられているのか？

主要食品群のすべてが世界中で廃棄の対象となっているが、一番損失が大きいのは、くずれやすく腐敗しやすい果物、野菜、根菜、イモ類である。肉類の廃棄は比較的少ないが、畜産由来のカロリーは大きな環境フットプリントをともなうため、実際のところ影響はもっと大きい。

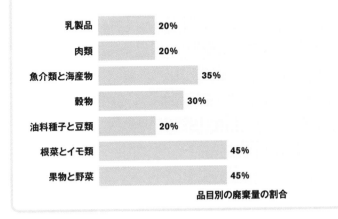

乳製品	20%
肉類	20%
魚介類と海産物	35%
穀物	30%
油料種子と豆類	20%
根菜とイモ類	45%
果物と野菜	45%

品目別の廃棄量の割合

私たちにできること

▶ **食品廃棄を減らす。** 農地から食卓までの間でできるだけ食品を捨てないようにする。

▶ **必要な人々に提供する。** まだ食べられるにもかかわらず廃棄される運命にある食料品を、必要としている人々にまわすこともできる。

▶ **家畜の食料にする。** 人間が食べるのにふさわしくない食品は豚や鶏などの動物の餌にすることができる。

▶ **堆肥や再生可能エネルギーを作る。** ひどくいたんだ食品は、肥料として利用できる栄養素を取り出すと同時に、発酵させて発電に利用できる。

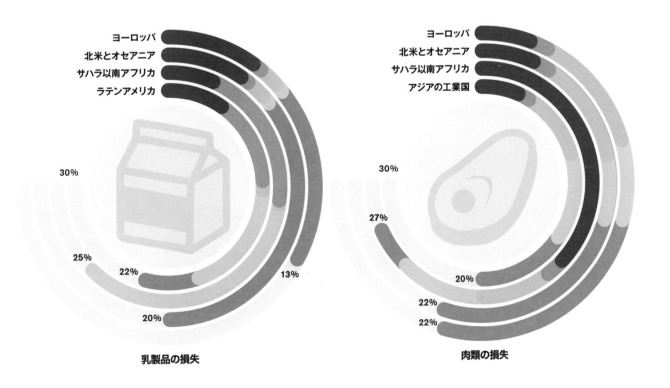

乳製品の損失

肉類の損失

世界中に食料をいきわたらせる

世界全体で何億人もの人々が飢えている一方で、肥満の人が何億人もいる。
こうした現状から、世界のすべての人に十分な栄養摂取を保証するには、食
料生産高の数字だけでは不十分なのは明らかだ。

多くの豊かな先進国では太りすぎや肥満になる人の数が増えているが、多くの開発途上国では大半の人が栄養不良である。こうした事態は、政治情勢や気候条件、家計に占める食費の割合など、さまざまな要因と関連がある。ここ数十年間食料生産量が増加しているにもかかわらず、貧困と飢餓は依然として密接に関連している。貧しい人々の所得と暮らしを向上させるには、飢餓と栄養不良を減らすのに役立つ、社会全体の包摂的な経済成長が必要とされる。

どの国が飢えているのか？

全世界で8億人以上の人々が慢性的に栄養不足の状態にある。貧困層の中でも特に貧しい極貧層の人々で、たいていは農村地域に暮らしている。南アジアとサハラ以南のアフリカでは、飢餓がなかなか減らず、栄養不良も今なお広く認められる。サハラ以南のアフリカでは人口の4分の1近くが十分な食料を得られない。インドは世界で一番栄養不足の人の数が多いが、人口に占める割合は比較的小さい。

**世界の人口の10.9%
は栄養不足である**
（8億1,500万人）

世界の総人口（2016年）
74億人

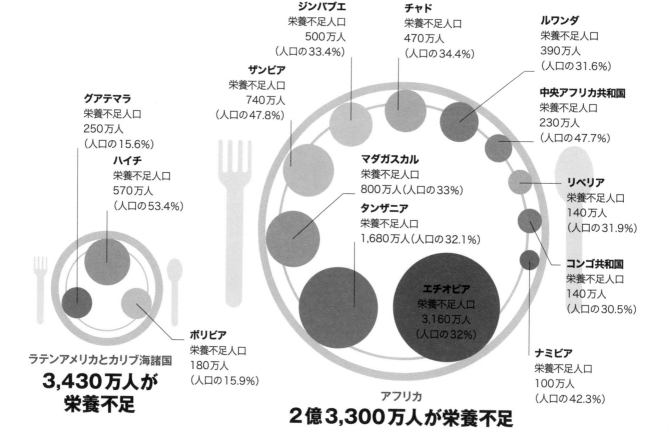

グアテマラ
栄養不足人口
250万人
（人口の15.6%）

ハイチ
栄養不足人口
570万人
（人口の53.4%）

ボリビア
栄養不足人口
180万人
（人口の15.9%）

**ラテンアメリカとカリブ海諸国
3,430万人が
栄養不足**

ジンバブエ
栄養不足人口
500万人
（人口の33.4%）

ザンビア
栄養不足人口
740万人
（人口の47.8%）

チャド
栄養不足人口
470万人
（人口の34.4%）

ルワンダ
栄養不足人口
390万人
（人口の31.6%）

中央アフリカ共和国
栄養不足人口
230万人
（人口の47.7%）

マダガスカル
栄養不足人口
800万人（人口の33%）

タンザニア
栄養不足人口
1,680万人（人口の32.1%）

リベリア
栄養不足人口
140万人
（人口の31.9%）

コンゴ共和国
栄養不足人口
140万人
（人口の30.5%）

エチオピア
栄養不足人口
3,160万人
（人口の32%）

ナミビア
栄養不足人口
100万人
（人口の42.3%）

**アフリカ
2億3,300万人が栄養不足**

家計に占める食費の割合

食料の価格は、価格それ自体と世帯収入に占める割合の両方の点で、飢餓と肥満を決定づける重要な要素である。所得水準の高い米国では、平均的な市民の家計に占める食費の割合は低い。インドの場合、平均的な市民はわずかな収入のかなりの割合を食費に費やしている。

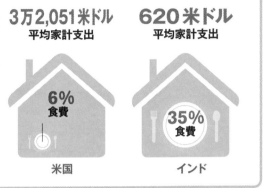

3万2,051米ドル
平均家計支出

6% 食費

米国

620米ドル
平均家計支出

35% 食費

インド

「飢餓との戦いこそ人類の解放戦争だ」

ジョン・F・ケネディ（第35代米国大統領）

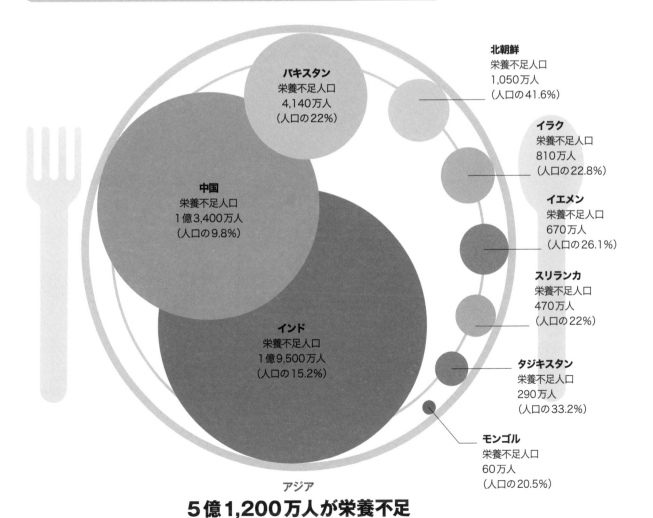

パキスタン
栄養不足人口
4,140万人
（人口の22%）

北朝鮮
栄養不足人口
1,050万人
（人口の41.6%）

イラク
栄養不足人口
810万人
（人口の22.8%）

中国
栄養不足人口
1億3,400万人
（人口の9.8%）

イエメン
栄養不足人口
670万人
（人口の26.1%）

スリランカ
栄養不足人口
470万人
（人口の22%）

インド
栄養不足人口
1億9,500万人
（人口の15.2%）

タジキスタン
栄養不足人口
290万人
（人口の33.2%）

モンゴル
栄養不足人口
60万人
（人口の20.5%）

アジア
5億1,200万人が栄養不足

食糧安全保障への脅威

ほとんどすべての食料生産は土壌と水にかかっている。どちらも環境の変化が各地で食糧安全保障をおびやかしている。この問題は全世界共通だが、多くの開発途上国ではすでに深刻な問題となっている。

毎年500−700万ヘクタールの農地が風や水に浸食され、250億トンの表土が削り取られている。ヨーロッパからの植民者が定住して農耕を始めて以来、米国では表土の3分の1が失われた。農業をおこなうことで（植物と土壌生物を分解する）有機物の量は減り、土地の生産力は低下する。有機物を豊富に含んだ土壌は保水力が高いので、成長する植物を干ばつに強くする。開発途上国では土壌劣化と干ばつが広く認められる。今世紀の後半には、世界の広い範囲が乾燥し、人類がこれまで経験したことのないような日照りが続くと予測される。

土壌劣化

土壌劣化は世界中で広範囲にわたり悪化している問題である。人間の活動が原因で土壌劣化が進行したために、すでに多くの地域、特に世界の半乾燥気候地域は、耕作に適さなくなっている。すきで耕されたり、家畜に草を食べつくされたりしたために土壌がむき出しになった土地は、風や雨で表土が流出しやすい。こうした侵食が北米におけるほとんどすべての土壌劣化の原因である。南米、ヨーロッパ、アジアでは、森林破壊が広範囲にわたる土壌劣化の原因である。工業汚染によって被害を受けた土地は比較的少ない。

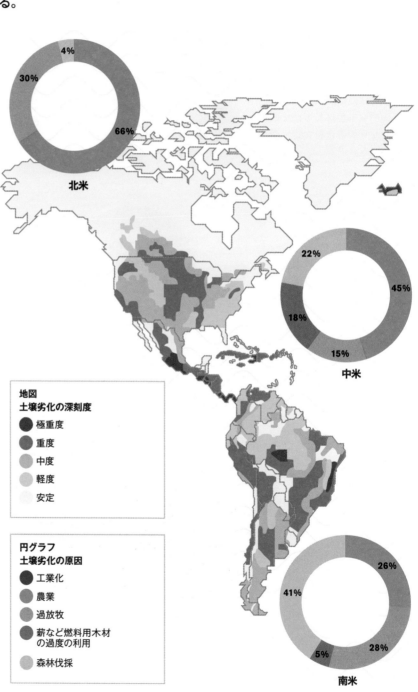

北米

4%
30%
66%

中米

22%
45%
18%
15%

地図
土壌劣化の深刻度

- 極重度
- 重度
- 中度
- 軽度
- 安定

円グラフ
土壌劣化の原因

- 工業化
- 農業
- 過放牧
- 薪など燃料用木材の過度の利用
- 森林伐採

南米

26%
41%
5%
28%

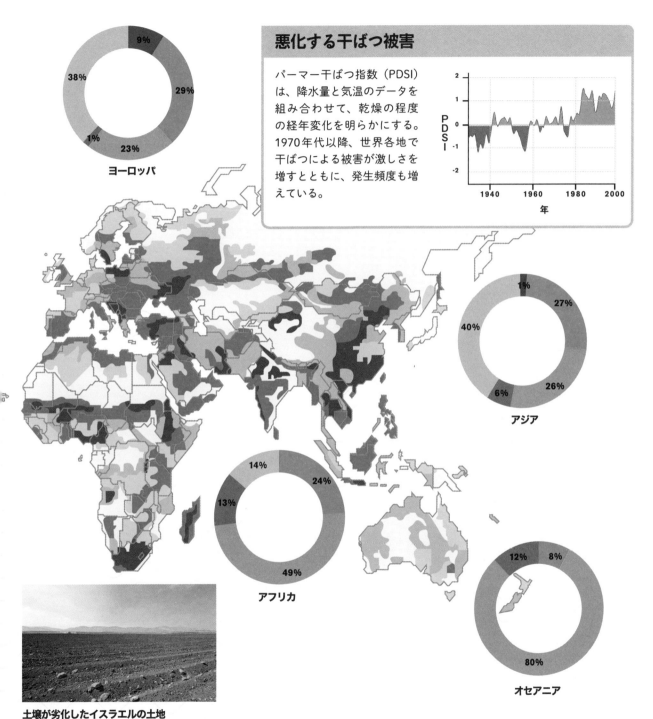

ヨーロッパ
9%
29%
23%
1%
38%

悪化する干ばつ被害

パーマー干ばつ指数（PDSI）
は、降水量と気温のデータを
組み合わせて、乾燥の程度
の経年変化を明らかにする。
1970年代以降、世界各地で
干ばつによる被害が激しさを
増すとともに、発生頻度も増
えている。

PDSI
2
1
0
-1
-2
1940　1960　1980　2000
年

アジア
1%
27%
26%
6%
40%

アフリカ
14%
24%
49%
13%

オセアニア
12%
8%
80%

土壌が劣化したイスラエルの土地
地球全体で中度から重度の土壌劣化が米国と
メキシコの面積を合わせたよりも広大な大地
に影響をおよぼしている。

水が不足する世界

水の需要は過去100年の間に飛躍的に増加している。水は飲み水や洗濯、農業に必要とされるばかりでなく、経済発展を促進してくれる。自然界ではすべての陸生植物と動物が水に依存している。熱帯林や湿地など、水が定期的に補給されることで成り立っている生態系もある。近年世界各地で深刻な干ばつが発生し、甚大な被害が出ている。その結果、収穫量と食料の価格に影響が出始め、飢餓人口も百万人単位で増え続けている。

逼迫する水需給

地球表面の70%は水に覆われているが、このうち淡水は3%以下であり、地球上に存在する水の大部分は私たち人間の使用目的に適さない（78−79頁参照）。1900年以降、人口増加と経済発展により水の消費量は約5倍に増えている。世界には十分な水を手に入れることができないために発展が妨げられている地域もある。農業や工業、家庭で十分な水を使えなかったり、安全な水を補給してくれる生態系がそこなわれると、事態はさらに悪化する。深刻化する干ばつの影響を含め、気候変動は地球上の水循環を崩壊させ、以前から水不足になりがちだった地域を混乱に陥れるので、水資源にかかる圧力は今後いっそう強くなると予想される。

「**貴重な水の開発と保護**のために**理性的**に**計画を立てられない**国は**衰退する運命にある**」

リンドン・B・ジョンソン（第36代米国大統領）

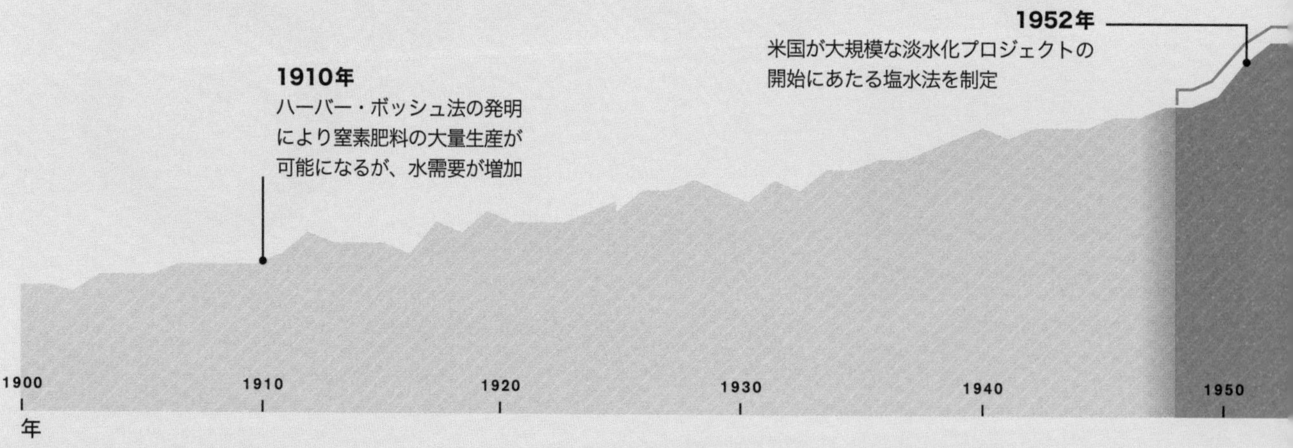

1910年
ハーバー・ボッシュ法の発明により窒素肥料の大量生産が可能になるが、水需要が増加

1952年
米国が大規模な淡水化プロジェクトの開始にあたる塩水法を制定

1900
1910
1920
1930
1940
1950
年

水が消費される地域

世界の取水量の半分以上は、広大な灌漑地があるアジアで使用されている。しかし一般に、一人あたりの水の使用量が多いのは先進国で、米国の国民はバングラデシュの国民の約5倍の量の水を消費している。乾燥地域の富裕国では水ストレスが深刻である。

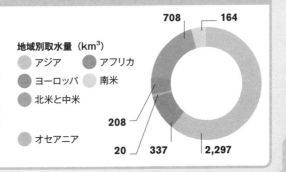

地域別取水量（km³）
- アジア
- アフリカ
- ヨーロッパ
- 南米
- 北米と中米
- オセアニア

708　164
208
20　337　2,297

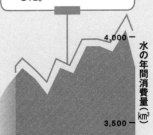

記録的な干ばつと熱波が各地で発生し、世界中で穀物生産高が減少した。

「緑の革命」がもたらしたさまざまな技術のおかげで農業生産高は増えたが、灌漑地の拡大などにより、水資源にさらなる負担がかかることに。

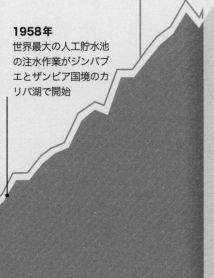

1958年
世界最大の人工貯水池の注水作業がジンバブエとザンビア国境のカリバ湖で開始

淡水の用途

国によって割合は大きく異なるとはいえ、世界全体では取水された水の約70%が農業に使われる。農業、工業、生活用水は2025年まで増え続けると予想される。

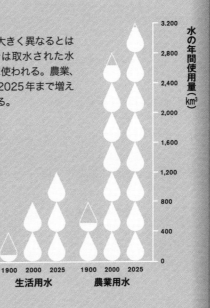

水の年間使用量（km³）

年	1900	2000	2025
	工業用水	生活用水	農業用水

水の年間消費量（km³）

4,000
3,500
3,000
2,500
2,000
1,500
1,000
500

1960　1970　1980　1990　2000　2010

淡水資源の不足

地球の水の約97.5%は海洋に存在し、塩分を含んでいる。残りが淡水だが、その大半は氷に閉じ込められているため、人間が利用できるのは地球に存在する水の約0.3%にすぎない。

淡水はきわめて貴重な資源である。しかも地上に均等に存在するわけではないので、降水量が少なかったり、蒸発量が多かったりする地域では、水不足が深刻な問題になる可能性がある。実際、水不足はすべての大陸にみられ、12億人に影響をおよぼしている。他の16億人は水を遠くまで汲みに行って運ぶという厄介な作業にしばりつけられている。このような人々が増えている理由の一つが、世界の水需要が人口増加率の2倍ものスピードで増え続けているからで、長期の水不足を世界の他の地域にまで広げている。現在あまりに多くの水がむだに使われ、汚染され、持続不可能な方法で消費されているが、地球上には私たちの需要を満たすのに十分の量の水がまだ存在する。今後はもっと賢く水を使うようにすることが不可欠である。

関連項目

▶ **人口爆発** 　16－17 頁
▶ **拡大し続ける食料需要**
　62－63 頁

地球の水資源

地球に存在する14億km³の水の大半は海水である。淡水の割合はごくわずかで、しかもそのうち3分の2は南極大陸とグリーンランドの氷床に閉じ込められている。残りの3分の1は、ほぼすべて地中に存在し、その大半は人間の手の届かないところにある。このため私たちは、湖や川に淡水として存在するわずかな量の水で、飲み水と、農業や工業用の水の需要をまかなうことになる。

水
生命は海で発生したが、陸地に広がり、陸上のすべての動植物は淡水に依存している

水資源の豊かな国

国の経済は水に左右される。ブラジルで最も人口の多い地域であるサンパウロは、2014年から17年にかけて深刻な干ばつの被害に遭った。国の電力網の3分の2は水力発電に水を供給する貯水池に依存していたため、取水制限をせざるを得なかった。一方、中国は工業生産が拡大しているので、ますます水を必要とする。

水の年間消費量の多い国

ブラジル	8,233km³
ロシア	4,508km³
米国	3,069km³
カナダ	2,902km³
中国	2,738km³

地球の表面は **71%** が水である

液体の水

世界の淡水のうちわずか0.3
％が液体の淡水で、地表の川、
湖、沼からたやすく入手でき
る

「**井戸が涸れた時、
水の価値**がわかる」

ベンジャミン・フランクリン

氷と氷河

淡水の大部分は高山や
極地方を覆う氷床や氷
冠、万年雪に蓄積され
ている

地球上
の水
の総量
14 億 km³

68.9%
氷河と氷の中

地下水

地球に存在する淡水のうち30.8％
は地下水である。米国やアラビア半
島のように、農作物に水を大量に供
給したために地中の化石水が枯渇し
つつある地域もある。

30.8%
が地下水

2.5%
淡水

97.5%
海水

淡水資源

水を蓄える生態系には、健全な土壌や森
林地帯、さらに沼沢地や泥炭地などの湿
地帯も含まれる。寒冷で湿った気候の酸
性の泥炭地帯も水を豊富にたたえる。湿
地の環境は、次に挙げる三つの主な要因
により変化しやすい。すなわち、降水パ
ターンを変え氷河や氷冠を溶かす地球温
暖化、増大する需要を満たすための過剰
な取水、水資源の汚染である。

オーストラリア北部の湿地

水の循環

陸上の生命や経済発展、農業に不可欠な淡水は地球上を無限に循環し、繰り返し再生利用されている。循環のプロセスは海や湖、森林から蒸発して雲を形成する水とともに始まる（次頁の囲み図を参照のこと）。雨が降ると、水は森や土壌や岩に蓄えられ、川や湖へ流出する。一部は雪のまま残り、春から夏にかけて溶け出して、乾期に川に流れをもたらす。森林伐採や気候変動、土壌の損失など、さまざまな人間活動の影響が水の循環のはたらきを妨げており、北アフリカや中東など世界各地に水不足をもたらしている。

4
雲は、温度に応じて、水滴か氷の結晶から形成される。気温が低ければ、雪が降る。

5
水滴が集まって雲にまとまり、雨やみぞれ、雪、雹となって降る。

氷河は固まっていた積雪が夏に解ける時に水を蓄える。気候変動によって氷河が失われるのは水資源の供給問題にかかわる。

6
水が土壌に浸透する。この作用は、地を覆う植生と健全に成育している植物の根によって促進される。

7
土壌に浸透した水の一部は地下深くで地下水として蓄えられる。地球の淡水の30％以上は地下水として蓄えられている。

雲が形成されるしくみ

雲は暖かい空気が上に押し上げられた時に形成される。上昇する空気の中で水が濃縮する時、水は熱を発する。温められた空気の塊はさらに上昇する。上昇すると空気は冷え、相対湿度が増す。上昇する空気は飽和状態になるので、水蒸気が浮遊している粒子の周りに集まり、雲を形成する。

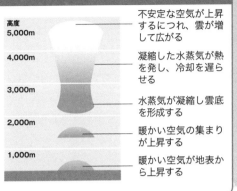

高度	
5,000m	不安定な空気が上昇するにつれ、雲が増して広がる
4,000m	凝縮した水蒸気が熱を発し、冷却を遅らせる
3,000m	水蒸気が凝縮し雲底を形成する
2,000m	暖かい空気の集まりが上昇する
1,000m	暖かい空気が地表から上昇する

③ 水蒸気は上昇するにつれ、冷やされ、水滴に凝結する。

② 草や木は根から水を取り入れる。水のほとんどは葉の気孔から水蒸気となって出ていく。

雲霧林が雲から水を取り入れ、水の流れを作り出す。寒冷で雲の多い高地では葉の表面積が大きく、雲から水を得るので、雨が降っていない時でも水が滴っている。

① 水は太陽に温められて水蒸気に変わる。微小なプランクトンが、水蒸気の凝縮を早めて雲に「種をまく」、硫化ジメチルという気体を放出する。

⑧ 地下水の大半は川を経由して、最終的に海へ流れ出る。

ウォーター・フットプリント

人間の水消費量の大半を占めるのは、家庭で使う毎日の水ではない。私たちが消費する水の大部分は、食料を生産し、製品を製造し、エネルギーを作り出すために必要な「隠れた」水である。

水資源は世界の貿易にとって石油や金融資本よりも重要である。カーボン・フットプリント（50－51頁参照）と同じように、「ウォーター・フットプリント」は、個人や企業、国によって消費された水の量と場所を示す。こうすることで、「仮想水（ヴァーチャル・ウォーター）」の量を計算できる。これは売買された製品の製造過程で使われた水の量を推定したもので、どの国が国内の需要を満たすために水の輸入に依存しているか——たとえば、限られた水資源の国など——を明らかにするのに役立つ。

仮想水の取り引き

すべての国が食料を輸出入しているので、どの国も仮想水を取り引きしていることになる。1996年から2005年の間に農作物と工業製品を取引するのに必要とされた水の量は年間で2,300km^{3}にのぼったが、これは琵琶湖の水量の約84倍にあたる。仮想水の純輸出量が大きい国は米国、カナダ、ブラジル、オーストラリアである。純輸入量が大きい国はヨーロッパ、日本、メキシコ、韓国、中東である。

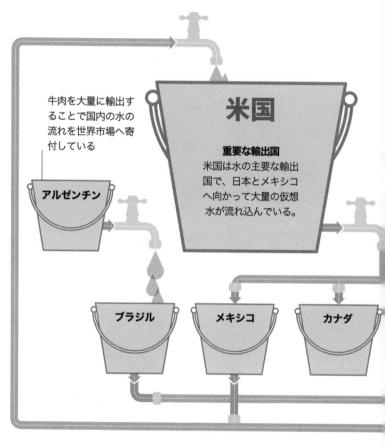

牛肉を大量に輸出することで国内の水の流れを世界市場へ寄付している

アルゼンチン

米国

重要な輸出国
米国は水の主要な輸出国で、日本とメキシコへ向かって大量の仮想水が流れ込んでいる。

ブラジル　**メキシコ**　**カナダ**

製造過程でどれだけの水が使われているか？

英国では毎日一人あたり平均145リットルの水を料理や掃除洗濯に使っている。しかし仮想水を含めるなら、1日3,400リットルというとんでもない量にはねあがる。木綿製品や革製品はウォーター・フットプリントの値が大きい。それらの製品が長持ちするように作られていればいるほど、総合的な影響は低くなる。

水量　🍶 100リットル　🍶 1,000リットル

 マイクロチップ
32リットル

 リンゴ
70リットル

 ハンバーガー
2,400リットル

 木綿のTシャツ
4,100リットル

 革靴1足
8,000リットル

最大のウォーター・フットプリント

水の消費量が多い国の中には、一人あたりの収入が多い国と低い国の両方が含まれるため、経済発展のどの段階でも、水が重要であることを示している。降水量の少ない国は多い国よりも多くの困難に直面する。ブラジルのように、食料生産の需要を満たすために雨水に依存している国もあるが、インドは巨大な農業分野で作物に水を与えるために川の水を大量に利用する。中国のウォーター・フットプリントの約3分の2は農業用水だが、4分の1は大規模な製造業部門に供給されている。

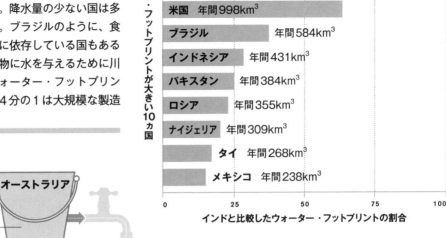

ウォーター・フットプリントが大きい10ヵ国

- インド　年間1,564km³
- 中国　年間1,428km³
- 米国　年間998km³
- ブラジル　年間584km³
- インドネシア　年間431km³
- パキスタン　年間384km³
- ロシア　年間355km³
- ナイジェリア　年間309km³
- タイ　年間268km³
- メキシコ　年間238km³

インドと比較したウォーター・フットプリントの割合

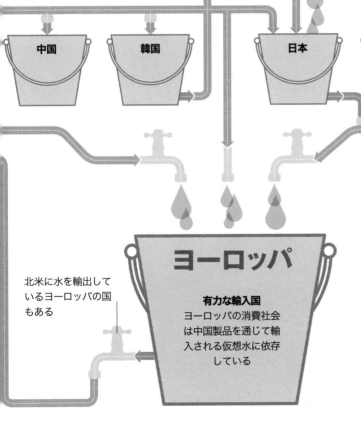

最大の輸出国

人の住む大陸で最も乾燥している大陸が最大の仮想水純輸出国で、その多くは日本の需要を満たしている

オーストラリア

中国　韓国　日本　コートジボワール　ロシア　インドネシア

水の輸出入
- 輸入される水
- 輸出される水
- 国

北米に水を輸出しているヨーロッパの国もある

ヨーロッパ

有力な輸入国
ヨーロッパの消費社会は中国製品を通じて輸入される仮想水に依存している

ヨーロッパのウォーター・フットプリントの

40%

はヨーロッパ域外に存在する

消費欲

20世紀はあらゆる天然資源の需要が劇的に増加した。今日、建設材料、金属や鉱物、化石燃料、バイオマスをすべて合算した消費量は1900年の時点の約10倍に増えている。増大する需要は経済成長を促進するが、その一方で自然のシステムに多大な圧力をかけており、さまざまな環境問題を引き起こしている。私たちが現在とは異なる消費と生産のパターンを選択しない限り、予測される人口増加と経済発展により、今後もさらに需要は増え続ける──そして環境問題はますます深刻化するだろう。

急騰する資源

私たちが使い捨てるものはすべて天然資源からできている。紙を作るために利用される木材のように、自然が補充してくれるおかげで再生可能な資源もあるが、鉱物のように再生不可能な資源もある。原料から製品を作り出すにはエネルギーと水を使い、二酸化炭素などさまざまな産業廃棄物を生み出す。世界的に急激に増加している資源の需要は、大気や生態系にもたらす悪影響との関連から検討されることはめったにない。たとえそうした悪影響が理解されたとしても、資源の供給は経済成長に不可欠なものとして資源供給が優先されるのが一般的である。

> 「**抑制のない大量消費主義**の結果、自然環境に対する**暴挙はやむことがないので**、世界経済に**重大な結果を**招くことになるだろう」
>
> ....
>
> ローマ教皇フランシスコ

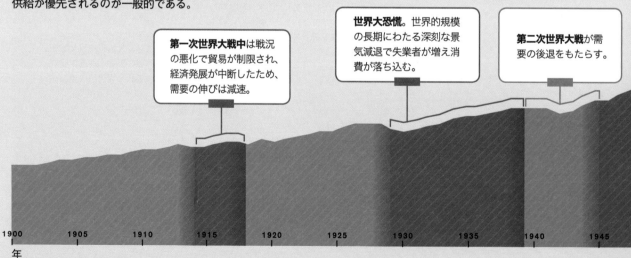

第一次世界大戦中は戦況の悪化で貿易が制限され、経済発展が中断したため、需要の伸びは減速。

世界大恐慌。世界的規模の長期にわたる深刻な景気減退で失業者が増え消費が落ち込む。

第二次世界大戦が需要の後退をもたらす。

| 1900 | 1905 | 1910 | 1915 | 1920 | 1925 | 1930 | 1935 | 1940 | 1945 |

年

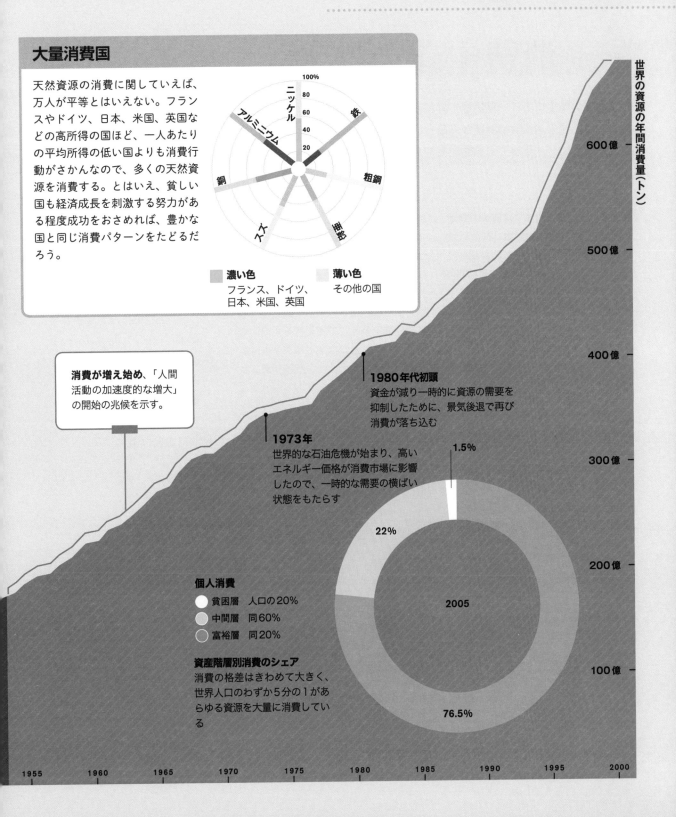

大量消費国

天然資源の消費に関していえば、万人が平等とはいえない。フランスやドイツ、日本、米国、英国などの高所得の国ほど、一人あたりの平均所得の低い国よりも消費行動がさかんなので、多くの天然資源を消費する。とはいえ、貧しい国も経済成長を刺激する努力がある程度成功をおさめれば、豊かな国と同じ消費パターンをたどるだろう。

100%
80
60
40
20

ニッケル
アルミニウム
鉄
銅
粗鋼
スズ
亜鉛

濃い色
フランス、ドイツ、日本、米国、英国

薄い色
その他の国

消費が増え始め、「人間活動の加速度的な増大」の開始の兆候を示す。

1980年代初頭
資金が減り一時的に資源の需要を抑制したために、景気後退で再び消費が落ち込む

1973年
世界的な石油危機が始まり、高いエネルギー価格が消費市場に影響したので、一時的な需要の横ばい状態をもたらす

1.5%
22%
76.5%
2005

個人消費
貧困層 人口の20%
中間層 同60%
富裕層 同20%

資産階層別消費のシェア
消費の格差はきわめて大きく、世界人口のわずか5分の1があらゆる資源を大量に消費している

世界の資源の年間消費量（トン）
600億
500億
400億
300億
200億
100億

1955 1960 1965 1970 1975 1980 1985 1990 1995 2000

消費主義の拡大

生活水準の向上により、使い捨ての包装材から車などの複雑な耐久財まで、あらゆる種類の消費財の需要が伸びている。どの製品の生産にも天然資源が欠かせない——そしてどの製品もやがてはごみとなる。

中流の生活様式の広がりは資源の需要を飛躍的に増大させた。ボトル入り飲料水や自動車は、多方面におよぶ時代の風潮を反映する２つの例にすぎない。どちらもかつては私たちの暮らしに存在しないものであったが、今日では、特に豊かな国と急速に経済が成長している国で広く普及している。

ボトル入り飲料水や自動車、その他の製品の需要の増加は、石油や鉱物などの限りある天然資源に圧力をかける。それらの製品を作るために大量の水とエネルギーが必要とされるが、製品の消費が増えるとともに地球上のごみも増えている。クリーンで効率のよい製造方法を編み出し、新たな製品の製造に再利用することで廃棄物を大幅に削減できれば、豊かな生活様式を維持しながら環境へのダメージを減らすことができる。

水を容器に詰める——本当の損失

ボトル入りの飲料水は通常プラスチックかガラス瓶で売られている。水を汲み上げること自体資源を枯渇させる可能性があり、地域の環境に負荷をおよぼすことがあるが、世界的に一番大きな影響がみられるのは、製品の輸送と容器の製造の際に使われるエネルギーである。ペットボトルによって生み出されるごみはもう一つの深刻な問題である。

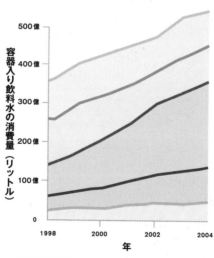

地域別消費量
- ● ヨーロッパ
- ● 北米
- ● アジア
- ● 南米
- ● アフリカ、中東、オセアニア

縦軸: 容器入り飲料水の消費量（リットル）
横軸: 年
500億 / 400億 / 300億 / 200億 / 100億 / 0
1998 / 2000 / 2002 / 2004

増える消費量
ボトル入り飲料水の販売は1990年代以降急激に増加し、2010年には世界全体で2,300億リットルという膨大な量に達した。

1%未満
工場での処理

1%未満
充填、密封、ラベル貼り

4%
冷蔵

ペットボトルの水1本に費やされるエネルギー

水を処理して容器に詰める工程にはわずかなエネルギーしかかからない。プラスチック容器の製造と出荷にエネルギーコスト全体の95％を必要とする。

45%
輸送

50%
プラスチック容器の製造

877本

毎秒廃棄されるペットボトルの数

一台の車に使われている素材

自動車を製造する工程は、金属鉱石の採取から塗料の塗布、複雑な電子機器の取りつけまで、あらゆるものを必要とする。加えて車は製造の過程で大量のエネルギーと水を消費する。自動車メーカーは運転時の燃費だけでなく、生産工程においても、また廃車時には資材の回収により、自動車が環境におよぼす影響をできるだけ低減する方法を追求している。リサイクルしたアルミニウムから軽量で燃費効率の高い車を製造している自動車メーカーもある。

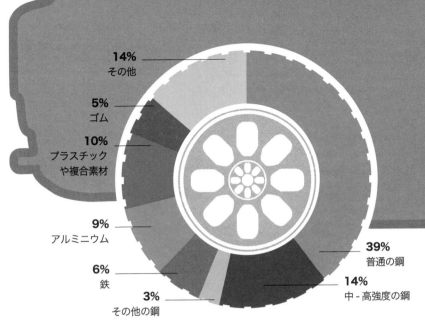

14%
その他

5%
ゴム

10%
プラスチックや複合素材

9%
アルミニウム

6%
鉄

3%
その他の鋼

39%
普通の鋼

14%
中 - 高強度の鋼

自動車の所有

個人が所有する乗用車の台数は世帯収入の増加と関連している。世界一成熟した自動車市場である米国でのみ、ここのところ1,000人あたりの自動車の数が安定している。同国では2012年に住民1,000人あたり約400台を所有していた。

「持続可能な社会を望むのであれば、消費者には自分が購入するものについて考えてもらう必要がある。」

デイヴィッド・スズキ (カナダ人科学者)

乗用車の所有台数
乗用車の保有台数は国の経済が発展するにつれ急速に変化する。2005年、中国の乗用車保有台数は1,000人あたりわずか11台であったが、2012年になるとその数は4倍以上に増えた。

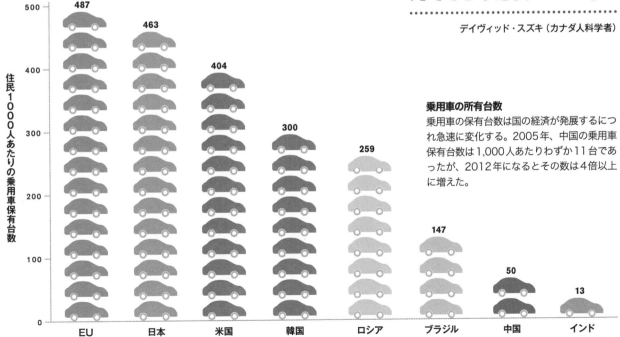

住民1000人あたりの乗用車保有台数

EU	日本	米国	韓国	ロシア	ブラジル	中国	インド
487	463	404	300	259	147	50	13

ごみがあふれる世界

私たちが出すごみはすべて、もともとは天然資源から作り出されたもので、そのほとんどは環境にダメージを与える方法で取り出されている。しかも廃棄物の処理は、汚染や気候変動などの問題も引き起こす。

世界人口の増大と経済成長の結果、資源の需要は拡大している。社会のあらゆる層で消費が増えるに従い、発生する廃棄物の量も劇的に増大している。そうした廃棄物には食料品や木材、金属、建築資材、プラスチックはもちろん、自動車やコンピュータなど多くの部品からなるハイテク製品も含まれる。これらすべての製造が温室ガスの排出につながり、処分する過程でさらに多くの温室効果ガスが排出

される。たとえば、埋立地に捨てられた腐敗した食品は、気候変動の大きな要因であるメタンを放出する。
廃棄物の管理には基本的な3種類の処理法がある。すなわち、地中への埋め立て、焼却（エネルギー再生技術を利用する場合もある）、再生利用（リサイクル）である。しかし環境保護の観点からは、何よりもまず、ごみを出さないようにすることが最良の選択肢である。

1900年

50
万トン／日

増え続けるごみ

1900年、世界は一日あたりおよそ50万トンの廃棄物を出していた。2000年までにその量は6倍に増え、2100年までには、予想人口と社会経済的動向にもとづけば、さらに4倍増加して約1,200万トンになると予想される。とはいえ、もっと環境にやさしい消費パターンを選び、資源の再生量を増やせば、21世紀の半ばまでには一日あたりの最大量をおよそ1,050万トンに減らすことができるかもしれない。

2000年

300
万トン／日

2100年

ごみ箱の中身は？

豊かな欧米諸国が出すごみと、開発途上国で発生するごみとでは大きな違いがある。たとえば、ニューヨーク州と比べると、ナイジェリアの都市ラゴスでは生ごみ（有機性廃棄物）が占める割合が高い。ニューヨークではプラスチック製品の占める割合の方が高い。しかも米国の消費者は毎日一人あたり、自分たちよりも低所得のラゴスの住民の約3倍ものごみを出している。

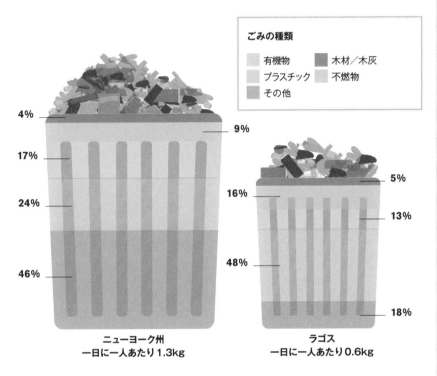

ごみの種類

- 有機物
- プラスチック
- その他
- 木材／木灰
- 不燃物

ニューヨーク州
4% / 17% / 24% / 46% / 9%

ラゴス
16% / 48% / 5% / 13% / 18%

ニューヨーク州
一日に一人あたり1.3kg

ラゴス
一日に一人あたり0.6kg

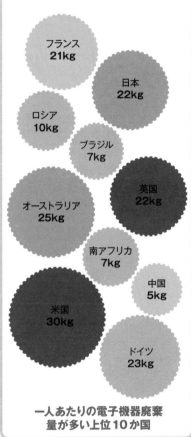

フランス
21kg

日本
22kg

ロシア
10kg

ブラジル
7kg

オーストラリア
25kg

英国
22kg

南アフリカ
7kg

中国
5kg

米国
30kg

ドイツ
23kg

一人あたりの電子機器廃棄
量が多い上位10か国

700年

ペットボトルが地中で
分解されるのにかかる
時間

1,200万トン／日

ごみはどこへいくのか？

私たち人間の消費量が増大し、ますます大量のごみを出しているので、
廃棄物の処理が新たな——しかもますます重要な——問題となって
いる。

現在、固形廃棄物の処理には主に四つの選択肢がある。まず処理場に埋め立てるか、焼却炉で燃やす方法——焼却の際に発生する熱や電力を利用可能な焼却炉もある——、そしてリサイクルである。また有機物であれば、他の処分法では失われてしまう栄養素を回収しながら、たい肥化やエネルギー用のバイオガスを生成する嫌気的処理法がある。埋め立てと焼却は環境への負荷が大きく、持続可能ではな

い。さまざまなプラスチック素材を含め、多くの種類がある合成素材は簡単には分類できないため、リサイクルにまわすのも不可能で、問題を悪化させている。しかし残念ながら今なお、多くの社会が増やし続けているごみの山を解決するためには、埋め立てと焼却が一番費用がかからず簡単な処理方法とみなされている。

ごみは最終的にどうなるのか

ここに挙げた数字は経済協力開発機構（OECD）の加盟国で集計された統計にもとづいている。車輪のような形をした各グラフは、2003年から2005年の間に各国で用いられたごみ処理の方法の割合を示している。この調査が行われた後に、埋め立て処理するごみの量を減らし、リサイクルの割合を増やすことで進展を見せた国もいくつかある。

埋め立て処理
地中にごみを埋め立てると、有毒物質が漏れた場合に地下水が汚染されることがある。腐敗した有機廃棄物も、主要な温室効果ガスの一つであるメタンを排出する。

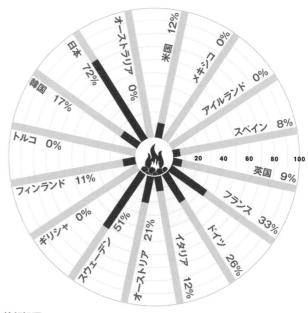

焼却処理
どんなごみも燃やすと大気汚染の原因となる。その上、プラスチックその他の合成物を燃やした灰には有毒な物質が残留しているが、埋め立て地にそのまま埋められることが多い。

私たちにできること

❱ **政府**は廃棄物を堆肥に利用したり、リサイクルにまわしたりするように目標を設定する。

❱ **政府**はごみの埋め立てに税金を課すなど、廃棄物処理業者が変化するよう促す。

❱ **企業**は容器や電子機器をもっとリサイクル可能な製品にする。

自分にできること

❱ **ごみをきちんと分別する。**何がリサイクルできるか理解し、自宅でも集積所でも正しく分類する。

❱ **注意深く購入する。**不必要な包装や使い捨ての製品を避ける。

❱ **プラスチック袋を避ける。**買い物の時にマイバッグを活用する。

土壌汚染
ごみが埋め立て地で分解される時、水分が流れ出て、浸出水と呼ばれる有害な液体となって土壌と地下水に浸透する可能性がある。

90%

回収された**アルミ缶**からリサイクルすることで**原料**から生産した場合よりも節約できたエネルギー

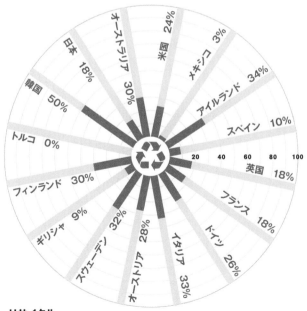

リサイクル
ガラス、金属、紙、段ボール、ある種のプラスチックは新しい製品に再生利用できる。この工程は同じ品物を原料から製造するよりもはるかに少ないエネルギーで済む──しかも資源を節約できる。

堆肥化
食品、農産物、植物材料などの有機廃棄物はバイオガスを生成するために利用可能で、肥料として土壌に戻すことができると同時に、熱や電力を発生させることができる。

化学物質のカクテル

環境に放出される合成化学物質の数は激増している。個々の物質は安全でも、複数の物質が結びついた場合に生じる「カクテル効果」を含め、それらの合成化学物質が今後起こしうる有害な影響について、私たちはまだわかっていない。

残留性有機汚染物質（POPs）はほとんどが環境に分解されにくい人工の化合物である。そのため、環境内に長期間残存し、食物連鎖の中で次第に蓄積していくため、特に大型の生き物に深刻な生物学的影響をおよぼす。残留性有機汚染物質には、殺虫剤のDDTや、かつて電子機器に使用されていたポリ塩化ビフェニル（PCB）など、役に立つ物質として開発された多くの化学物質が含まれる。その他、ごみを焼却炉で燃やす際に発生するダイオキシンのように、燃焼によって発生する物質もある。

新たな化学物質の増加

1940年代以降、何百万以上もの合成化合物が発明・登録されて、工場で大量に製造され環境に放出されている。多くはその生物学的影響について、単体でも、また他の物質と結びついた場合でも、適切に評価されていない。

新たに登録された化学物質の累積登録数

- 2015年
- 2005年
- 1990年
- 1975年

1億
2,500万
1,000万
300万

生物濃縮とは？

食物網に入り込んだ残留性有機汚染物質は、高い栄養段階の種が低い栄養段階の種を捕食する過程で生物の体内に蓄積されていく。たとえば、殺虫剤のDDT（現在では使用禁止）が湖などの水源に混入すると、魚を捕食するタカ科の鳥のミサゴなど、食物連鎖の最上位捕食者の体内に高濃度で蓄積し、親鳥が抱くと簡単に割れてしまうほど薄い殻の卵を産む原因となる。

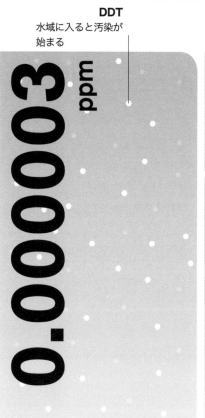

DDT
水域に入ると汚染が始まる

0.000003 ppm

DDTが雨水とともに畑から流れ出る
散布されるやいなや、0.000003ppm（1リットルの水の中に0.000003mg含まれる）の濃度のDDTが川や湖、貯水池などの広い水域に入る。

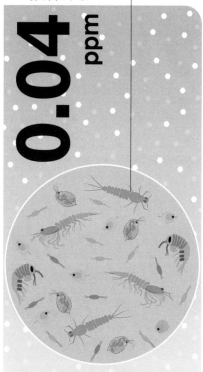

動物プランクトン
DDTで汚染された生物を餌にする

0.04 ppm

極小生物がDDTを摂取する
水中に生息する極小生物の動物プランクトンがDDTで汚染された極小の植物プランクトンを摂取すると、DDTは体内で分解されないため、約0.04ppmの濃度まで蓄積する。

私たちにできること

》 **各国政府が協力し合い、残留性有機汚染物質に関するストックホルム条約**などを通じて、化学物質を規制する。

》 **各国政府は、既存の化学物質と新規の化学物質が生物におよぼす影響を明らかにするため、現在よりも厳格な化学物質の管理体制を導入する。**

 自分にできること

》 **体に有害な可能性が高い化学物質に**できるだけさらされないようにする。商品のラベルに記載されている物質について調べることから始める。

》 **環境に入り込む化学物質の規制を支**援し、より精度の高い新規化学物質検査法を主張する運動に参加する。

小型の魚
動物プランクトンを餌にする

大型の魚
小型の魚を食べる

最上位の捕食者
大型の魚を食べる

0.5 ppm

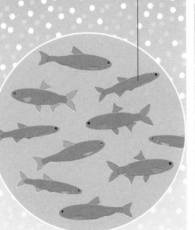

2 ppm

25 ppm

DDTの濃度が強まる
約25ppmという有害な量に達する

小さな魚がプランクトンを餌にする
小さな魚がDDTに汚染された小さな生物を食べると、その体内でDDTは約0.5ppmまで蓄積する。DDTは魚の体内にとどまるが、分解されないので、さらに多くの量が蓄積されていく。

捕食性の魚
小型の魚を食べるマスなどの大型の魚は体内に約2ppmという高濃度のDDTが蓄積されている。これらの魚は食物連鎖の頂点に立つ捕食動物のクマや魚食性の鳥、そして人間の食料となる。

DDTが食物連鎖の頂点に達する
約25ppm──最初に水の中に混入したときの約1,000万倍の濃度──という量は、多くの生物種の生存をおびやかす。たとえばDDTが使われていたとき、北米では多くの地域でハクトウワシの個体群が絶滅した。

「私たち人間はかつてないほどに都市の生活になじみ、自然界とかけ離れている。それでも私たちは**自然がもたらしてくれる資源に100%依存**している。」

 地球規模でつながる時代

 多くの人によりよい暮らしを

 変化する地球の大気

 土地の改変

 海の変化

 生物種の大幅な減少

変化の結果

第**2**章

急速な変化の中には好ましい面もあるが、気候変動や、汚染、土壌の劣化など、人間や自然界に悪い結果をもたらしている面もある。

地球規模でつながる時代

私たちの世界はかつてないほど密接につながりあっている。人々はコンピュータを介して世界中の情報やアイディアやイメージを共有できるようになった。飛行機は無数の旅行客を乗せ、はるか遠く離れた都市へ毎日飛び立っている。かつては少数の選ばれた人々だけに限られていた、手軽な旅行、高速のインターネット、移動通信機器へのアクセスが、今や急速に開発途上国で普及している。インターネットの相互接続は経済成長のスピードを速め、あらゆる形態のビジネスを形作っている。

インターネットの普及

1989年、英国の発明家ティム・バーナーズ＝リーがワールドワイドウェブ（WWW）を考案し、情報革命を始動させた。インターネットに接続すれば、だれもが世界中の出来事をリアルタイムでどこでも見られ、Eメールで安く通信することができる。1990年代には家庭でインターネットの接続が可能になり、毎年何百万という人々が世界規模のデジタルコミュニティに加わった。2005年までにインターネットの利用者は10億人にのぼった。この数はその後わずか5年で2倍になり、2015年までに3倍の約30億人となった。このグラフはインターネットの驚異的な普及率を示したもので、世界人口の40％以上が、家庭のコンピュータか移動通信機器でインターネットにアクセスしている。

> 「私たちは**グローバリゼーションを**、人々を抑圧する力にするのではなく、**苦難や窮状から救う手段**にしなければならない」

コフィ・アナン（元国連事務総長）

2000年
ブロードバンドの
インターネットが
米国で初めて利用
可能に

1996年
インターネット機能
のついた携帯電話が
登場

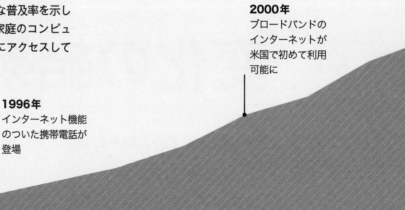

| 1993 | 1994 | 1995 | 1996 | 1997 | 1998 | 1999 | 2000 | 2001 | 2002 | 2003 |

年

拡大する経済

インターネットアクセスは世界中で経済にプラスの影響をおよぼしている。ビジネスの情報をすばやく、広範囲に、費用をかけずに伝えられることで、企業情報の共有、柔軟な働き方の提供、一歩先を行く新企画、効果的な財務管理が可能になる。さらにインターネットは既存メディアの影響力を小さくし、一般市民が自分たちのメッセージを広めたり、研究者同士がデータを共有したりすることを可能にした。

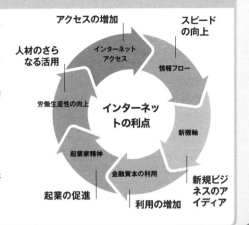

アクセスの増加
スピードの向上
人材のさらなる活用
インターネットアクセス
情報フロー
労働生産性の向上
インターネットの利点
新機軸
起業家精神
金融資本の利用
新規ビジネスのアイディア
起業の促進
利用の増加

インターネットの利用状況

人口増加と経済的繁栄の両方が急速に進んでいることもあり、インターネット利用者の半分近くはアジア地域にいる。

9.8%　　1%
19%　　48.4%
21.8%

利用者の地域別割合（2013年）

- オセアニア
- ヨーロッパ
- アジア
- アフリカ
- 南北アメリカ

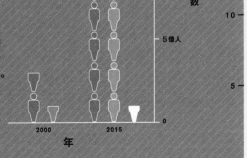

2011年
Googleにアクセスする実訪問者数が1か月で100億人にのぼる

2009年
毎分20時間もの新たなコンテンツがYouTubeに投稿される

先進国

開発途上国

後発開発途上国

開発途上諸国
過去15年間で開発途上諸国におけるインターネットへのアクセスは飛躍的に増加した。今日では先進諸国のインターネット利用者が全体に占める割合は3分の1で、2000年の75%から大きく減少した。

20億人

15億人

10億人

5億人

0

2000　　　2015
年

インターネット利用者数

40
35
30
25
20
15
10
5

インターネット利用人口の割合（%）

2005　　2006　　2007　　2008　　2009　　2010　　2011　　2012　　2013　　2014

移動通信技術の急速な普及

今日、ますます多くの人が電話をかけたり、メッセージを送ったり、インターネットを利用したりするためにヴァーチャルなネットワークに接続しているので、携帯電話は世界中いたるところに——大都市から人里離れた村まで——存在する。

携帯電話はかつてのかさばる贅沢品から日常品に様変わりした。最初の携帯電話は1973年に開発されたが、4,000米ドル——2018年の物価に換算するとおよそ100万米ドル——で販売されたため、その後10年は市販されなかった。多くの人が、単なる高価なおもちゃと考えたのだ。20世紀から21世紀への世紀転換期は、携帯電話の利用はヨーロッパと北米に集中していたが、技術が安くなるにつれ、世界中で利用が急激に増加した。瞬時につながるモバイル技術の通信と情報は、人々の生活様式を一変させている。携帯電話はもはや音声通信の手段だけではなく、金融取引や健康管理に役立てたり、世界のニュースを得たりする手段を利用者に提供している。

人里離れた場所でもつながる
現在では、ケニヤの平原に暮らすマサイ族の戦士のような遊牧民も、移動通信機器をすぐに利用できる。

上昇志向

過去20年間で携帯電話の利用は世界中で飛躍的に増加した。最も顕著な変化はラテンアメリカと中東でみられる。2003年の時点ではラテンアメリカにおける携帯電話の利用はわずか23%で、隣接する北米に後れをとっていたが、わずか10年で115%の普及率（有効市場と比較した携帯電話の回線数）に達し、人口よりも携帯電話の契約数の伸びの方が大きい。

**地域別
世界の携帯電話普及率**

- 1993年
- 2003年
- 2013年

最先端技術
利用の開始は遅かったが、その後多くの開発途上国が4Gネットワークなどの、より高度な通信技術を活用している

不均等な普及率
利用者数は100%近くに達しているが、北朝鮮やミャンマーなどのようにほとんど普及していない国もある

94%
54%
6%
北米

98%
25%
東アジア・太平洋地域

71%
3%
南アジア

66%
5%
サハラ以南アフリカ

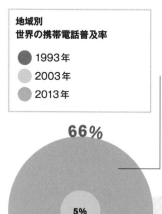

19億人
**全世界のスマートフォン
利用者**の数

手ごろになった端末価格

世界初の通話可能な携帯電話は富裕層以外には手が届かない価格であったが、需要の拡大につれ、どんどん下がっていった。価格が下がるにつれ機能が増え、現在のスマートフォンの成功につながった。それ以来、通信範囲やバッテリーの寿命、端末サイズを絶えず改良することで人気を高めた。ヨーロッパでは標準仕様のスマートフォンの平均価格は約200米ドルだが、新興市場ではさらに安くなり、インターネットを利用可能な端末が50米ドルで手に入る。

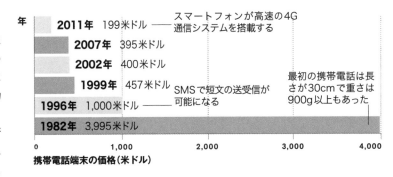

年			
2011年	199米ドル	スマートフォンが高速の4G通信システムを搭載する	
2007年	395米ドル		
2002年	400米ドル		
1999年	457米ドル	SMSで短文の送受信が可能になる	最初の携帯電話は長さが30cmで重さは900g以上もあった
1996年	1,000米ドル		
1982年	3,995米ドル		

携帯電話端末の価格（米ドル）

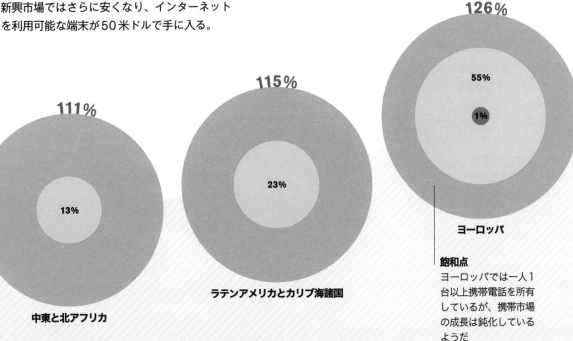

111%

13%

中東と北アフリカ

115%

23%

ラテンアメリカとカリブ海諸国

126%

55%

1%

ヨーロッパ

飽和点
ヨーロッパでは一人1台以上携帯電話を所有しているが、携帯市場の成長は鈍化しているようだ

携帯電話からのインターネット接続の拡大

移動通信機器を使ったインターネット利用は世界中で普及しており、2015年には世界の人口の約70％（2011年は45％）が3Gの通信が可能なエリア内に暮らしていた。このことは特に、固定電話の接続のために必要な施設が欠けている開発途上国で重要な意味を持つ。わずか50ドルでスマートフォンが手に入るので、後発途上国では携帯電話のインターネット加入者数が2012年から17年の間で10倍に増えた。

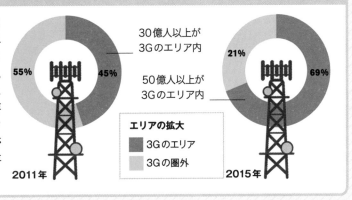

30億人以上が3Gのエリア内

50億人以上が3Gのエリア内

55%　45%

21%　69%

エリアの拡大
- 3Gのエリア
- 3Gの圏外

2011年　2015年

飛行機で飛び立つ

飛行機の旅が飛躍的に増えたことで、かつてないほど世界は結びついている。最新型の航空機が安い長距離運賃を可能にしたので、多くの人が旅行できるようになり、経済成長を促進している。

最初の旅客機が飛び立ったのは1920年代のことで、1950年代には最初の民間定期ジェット旅客機が就航した。以来、多くの路線が開通して、飛行機の旅はどんどん手軽になり、航空技術が改良されるにつれ、乗客の数はほぼ毎年増えている。今日、最新型の飛行機は数百人の乗客を運ぶことができる。2014年には商用飛行が3,000万便以上になり、約50万人が空の上を常時飛んでいる計算になった。現在主要な空港を結ぶネットワークが世界を結びつけている。世界で最も忙しい空港は米国のジョージア州アトランタ市にあるハーツフィールド・ジャクソン・アトランタ国際空港で、2016年には1億400万人以上が利用した。

飛行機旅行の増加

1970年にはのべ3億人ほどの旅行者が飛行機を利用した。2016年までにこの数字は10倍以上の、37億人に増大した。この爆発的な増加は主として、航空運賃が急速に値下がりしたことによる。多くの人が外国で休暇を過ごすことが可能になり、海外出張も一般的になり、遠く離れた地域が直接つながるようになった。航空機産業部門にコストの削減をもたらした大きな要因は、いくつかの路線における独占の廃止と、安全性が高く効率のよい技術の導入であった。

関連項目

》カーボン・フットプリント　50-51頁

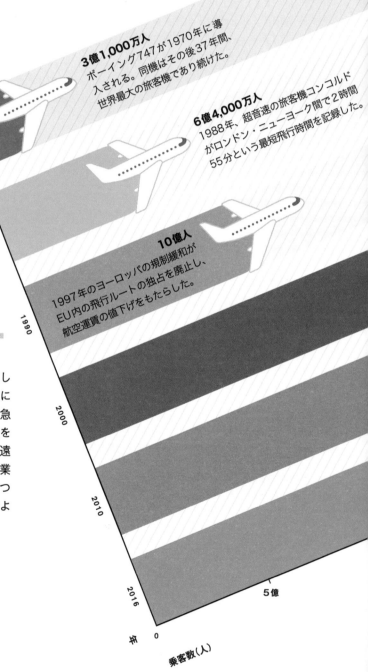

3億1,000万人
ボーイング747が1970年に導入される。同機はその後37年間、世界最大の旅客機であり続けた。

6億4,000万人
1988年、超音速の旅客機コンコルドがロンドン・ニューヨーク間で2時間55分という最短飛行時間を記録した。

10億人
1997年のヨーロッパの規制緩和がEU内の飛行ルートの独占を廃止し、航空運賃の値下げをもたらした。

1970　1980　1990　2000　2010　2016

年　0　　　5億

乗客数(人)

就航数の多い航空路

2016年に最も人気のあった路線はどれも国内線で、上位5路線のうち4路線が韓国と日本と中国の国内線である。これは、比較的豊かな中流層がアジアで急速に増加したことにより、短距離の観光旅行を含めた飛行機旅行の需要が増したからである。最も人気が高かったのは、韓国の首都ソウルと南部にある観光の島、済州島を結ぶ路線である。

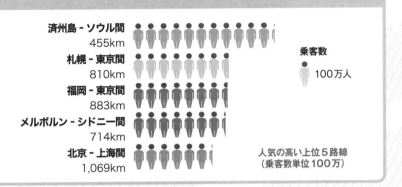

済州島 - ソウル間
455km

札幌 - 東京間
810km

福岡 - 東京間
883km

メルボルン - シドニー間
714km

北京 - 上海間
1,069km

乗客数
100万人

人気の高い上位5路線
(乗客数単位100万)

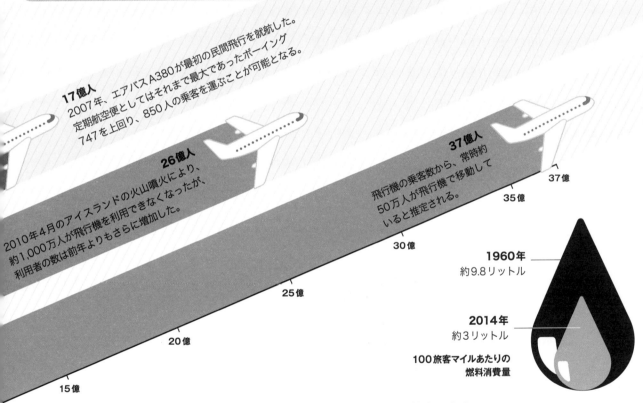

17億人
2007年、エアバスA380が最初の民間飛行を就航した。定期航空便としてはそれまで最大であったボーイング747を上回り、850人の乗客を運ぶことが可能となる。

26億人
2010年4月のアイスランドの火山噴火により、約1,000万人が飛行機を利用できなくなったが、利用者の数は前年よりもさらに増加した。

37億人
飛行機の乗客数から、常時約50万人が飛行機で移動していると推定される。

15億　20億　25億　30億　35億　37億

1960年
約9.8リットル

2014年
約3リットル

100旅客マイルあたりの燃料消費量

航空輸送は燃料消費量と旅客マイルあたりの二酸化酸素排出量を1960年代に比べ70%以上削減している

燃費効率の向上

燃料費の高騰と環境問題に関する圧力、とりわけ大気汚染や騒音、気候を変える要因となる排出物質に関する懸念が、航空機メーカーに、より燃費効率のよい航空機を開発させるきっかけをもたらした。結果として、乗客一人を100マイル（161km）運ぶのに必要とされる燃料（100旅客マイル）は、1960年代以降3分の2以下に減り、排出量も同様に減った。

多くの人によりよい暮らしを

ここ数十年間で、経済成長のおかげもあり、極度の貧困を減らすという目標の達成に向けて大きな進展がみられた。教育を受ける権利、電気の普及、医療設備、清潔な水、公衆衛生は、どれも貧困を減らすのに役立つ。人々が貧困に陥らないようにし、経済を改善することで、これらの要素は社会全体に好循環を作り出す。しかし、全体としては改善が見られたとはいえ、世界には今なお、戦争や紛争、格差の影響を受けている地域がいくつも存在する。すなわち、すべての人によりよい暮らしを保証するために私たちがなすべきことはまだたくさんある。

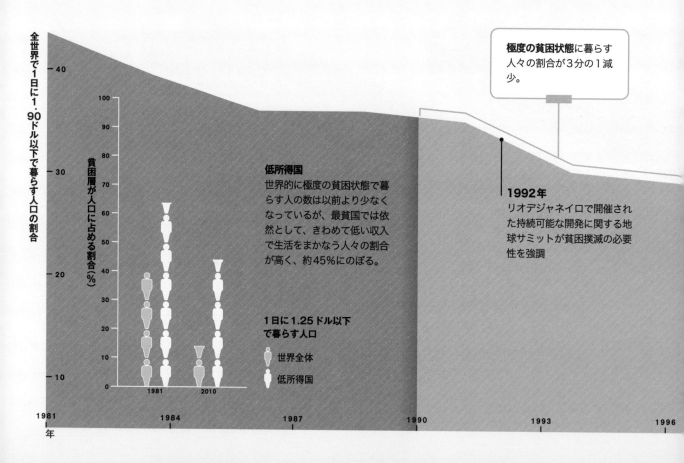

全世界で1日に1・90ドル以下で暮らす人口の割合

貧困層が人口に占める割合（％）

低所得国
世界的に極度の貧困状態で暮らす人の数は以前より少なくなっているが、最貧国では依然として、きわめて低い収入で生活をまかなう人々の割合が高く、約45％にのぼる。

1日に1.25ドル以下で暮らす人口
世界全体
低所得国

極度の貧困状態に暮らす人々の割合が3分の1減少。

1992年
リオデジャネイロで開催された持続可能な開発に関する地球サミットが貧困撲滅の必要性を強調

1981　1984　1987　1990　1993　1996
年

貧困の減少

過去30年間で極度の貧困状態で暮らす人々の数は大きく減少した。極度の貧困とは、一日1.25ドル——最低限度の生活を維持できる所得水準——以下で暮らすことと定義される。この数字は貧困線と呼ばれ、2015年には一日1.90ドルまで引き上げられた。同時期に世界人口が大きく増加したにもかかわらず、極度の貧困層が減少したのは、各国の経済発展により、先進国と途上国の両方で一人あたりの平均収入が増えたことによる。貧困層の急激な減少はアジア、特に中国で飛躍的な経済成長が起きた1997年に始まった。極貧層が急激に減少したことで、同時期に逆に貧困が増加していた2つの地域——共産主義崩壊後の東ヨーロッパと中央アジア——が見過ごされる結果となった。

貧しい国民が多い国はどこか？

所得と生活費にもとづく国際比較によれば、2015年の最も貧しい10か国はすべてアフリカの国である。しかし極度の貧困状態にある国民の数が多いのは主にアジアの国である。人口の多い国がアジアに集中しているからだ。何百万もの住民が都市部の広大なスラムに住み、農村部に住む多くの住民は自給農業で生計を立て、わずかな収入で暮らしている。

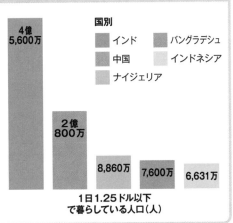

国別
- インド
- 中国
- ナイジェリア
- バングラデシュ
- インドネシア

4億5,600万
2億800万
8,860万
7,600万
6,631万

1日1.25ドル以下
で暮らしている人口（人）

「地球を救うこと、人々を貧困状態から救い出すこと、経済成長を進めること……これらは同じ戦いである」

潘基文（前国連事務総長）

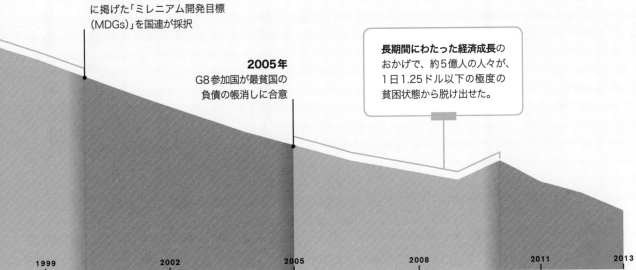

2000年
「飢餓と貧困の減少」を第一目標に掲げた「ミレニアム開発目標（MDGs）」を国連が採択

2005年
G8参加国が最貧国の負債の帳消しに合意

長期間にわたった経済成長のおかげで、約5億人の人々が、1日1.25ドル以下の極度の貧困状態から脱け出せた。

1999　2002　2005　2008　2011　2013

清潔な水と衛生設備

清潔な水と衛生設備は公衆衛生、開発、貧困といった問題の解決にあたり、結果を左右するカギとなる重要な要素である。生活に最低限必要なこれらの設備を何十億もの人々に拡充することに関しては大きな進展がみられている。

清潔な水を得る手段の改善

過去22年間にわたって集計された世界保健機関（WHO）のデータによれば、安全で清潔な飲み水の供給に関して、世界全体とそれぞれの地域ごとの比較で特に大きな改善がみられた国が下の5か国である。もっとも農村部と都市部の間の格差は残っており、農村部に住む住民は都市の住民よりも衛生面で信頼性の高い給水設備を利用できないままでいることが多い。近年は改善しつつあるが、毎年多くの人が不衛生な水を通して感染する病気が原因で死亡している。アジアとアフリカは依然として、飲料水を介して伝染する病気にかかるリスクがきわめて高い地域である。

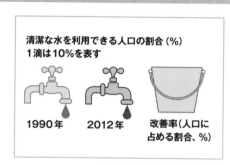

清潔な水を利用できる人口の割合（%）
1滴は10%を表す

1990年　2012年　改善率（人口に占める割合、%）

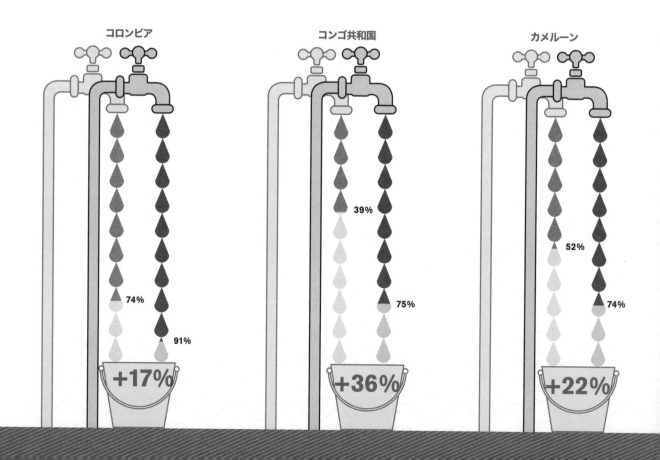

水道設備の普及は最も効率よく公衆衛生を改善させる方法で、たくさんの費用をかけなくても多くの命を救うことができる。水問題を改善するための事業が世界各地で進められた結果、現在世界の人口の91％は安全な飲み水を利用できる——1990年比で26億人の増加である。衛生設備においても同様の成果がみられ、世界の人口の68％は改善した下水処理とごみ処理サービスを利用できる——1990年比で21億人の増加である。しかし2015年の時点でもなお基本的な衛生施設（トイレ）を利用できない人の数は24億人にのぼった。10億人近くの人が野外で排泄せざるを得ず、コレラや下痢症、A型肝炎などの病気に感染している。

世界の
9人に1人
は安全な飲み水を**手に入れ**ることができない

安全な飲料水
インドでは、2012年に清潔な水を利用できたのは国民の70％で、残りの30％はまだ未処理の水源を利用している。

衛生設備の普及率

下に挙げた3か国（ブラジル、ロシア、トーゴ）の衛生設備の改善度にみられる著しい差は、国の発展水準、経済成長の速度、政治腐敗の蔓延度など、それぞれの国の状態を反映している。

普及率
1990年
2012年

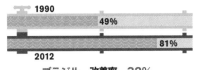
1990　49%
81%　2012
ブラジル　改善率　32%
利用できない住民の割合　19%

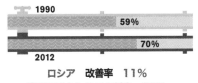
1990　59%
70%　2012
ロシア　改善率　11%
利用できない住民の割合　30%

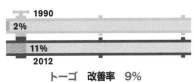
1990　2%
11%　2012
トーゴ　改善率　9%
利用できない住民の割合　89%

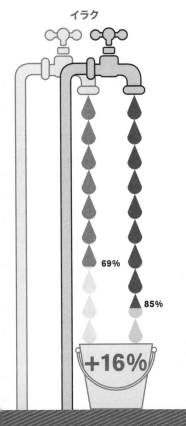
イラク
69%　85%　+16%

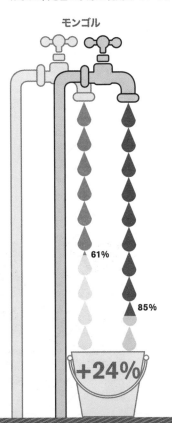
モンゴル
61%　85%　+24%

読み書きの能力

貧困を減らそうとするならば、識字率の向上は欠かせない。読み書きできる人の割合を増やすことに関しては目標が徐々に達成されているが、特にアフリカでは依然として大きな課題である。

2011年の時点でなお、読み書きのできない成人が世界全体で7億7,400万人いた。そのうちの4分の3は南アジア、中東、サハラ以南アフリカ諸国に暮らしていて、3分の2は女性であった。

過去30年間、政府や慈善団体、個人によって、世界で最も貧しく恵まれない地域において識字能力を向上させる努力がなされてきた。読み書きの能力は人々が雇用の口を見つけ収入を得る機会を大幅に広げるので、国の発展に寄与する。

すべての人が識字能力を身につけられるようにする際の課題は、子ども時代に読み・書き・計算の基礎を習得することと初等教育を受ける機会を得ることから始まる。これは「ミレニアム開発目標（MDGs）」——2000年に国連の提唱で設定された8つの目標——の焦点の一つでもあった。今日では世界の児童の91％は初等教育を受けている。

世界の識字率

北米、ヨーロッパ、中央アジアはどこも読み書き能力がほぼ一般に普及している。カリブ海諸国では読み書きできる大人の割合がわずか69％と遅れているが、南米の状況はここ数十年で改善され、識字率は平均92％に達した。識字率の最も低い地域はサハラ以南アフリカ、中東、南アジアである。

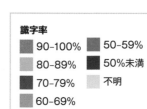

識字率
- 90–100%
- 80–89%
- 70–79%
- 60–69%
- 50–59%
- 50%未満
- 不明

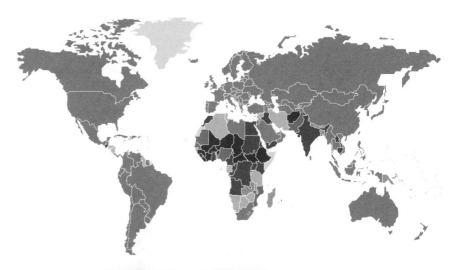

女性の識字率

世界で最も識字率の低い4カ国では、女性の識字率は男性の半分以下である。ニジェールでは最低限の読み書き能力がある女性は9人に1人にすぎず、男性の識字率の方が女性の3倍も高い。こうした識字率の男女格差はほかの問題への対処をいっそう困難にする。たとえば、貧困の減少と人口増加の抑制のどちらの目標の達成も妨げる大きな壁となる（22頁参照）。

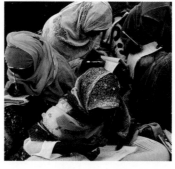

読書の恩恵

ソマリアのこの少女たちは、読み書きを教わっている少数の幸運な者たちである。この国では、読み書きできる割合が男性は約50％であるのに対し、女性はわずか25％である。

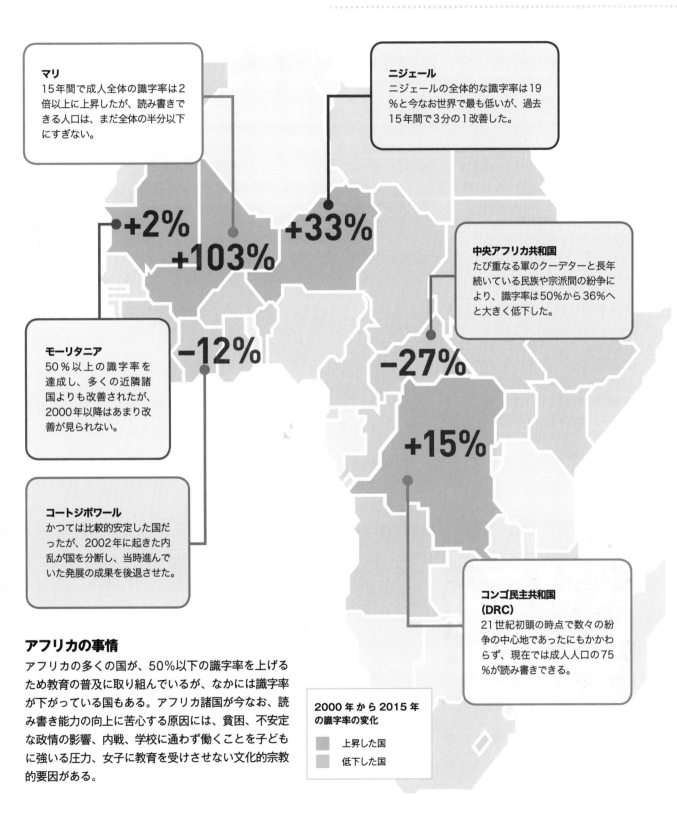

マリ
15年間で成人全体の識字率は2倍以上に上昇したが、読み書きできる人口は、まだ全体の半分以下にすぎない。

ニジェール
ニジェールの全体的な識字率は19％と今なお世界で最も低いが、過去15年間で3分の1改善した。

中央アフリカ共和国
たび重なる軍のクーデターと長年続いている民族や宗派間の紛争により、識字率は50％から36％へと大きく低下した。

モーリタニア
50％以上の識字率を達成し、多くの近隣諸国よりも改善されたが、2000年以降はあまり改善が見られない。

コートジボワール
かつては比較的安定した国だったが、2002年に起きた内乱が国を分断し、当時進んでいた発展の成果を後退させた。

コンゴ民主共和国（DRC）
21世紀初頭の時点で数々の紛争の中心地であったにもかかわらず、現在では成人人口の75％が読み書きできる。

+2%

+103%

+33%

−12%

−27%

+15%

アフリカの事情

アフリカの多くの国が、50％以下の識字率を上げるため教育の普及に取り組んでいるが、なかには識字率が下がっている国もある。アフリカ諸国が今なお、読み書き能力の向上に苦心する原因には、貧困、不安定な政情の影響、内戦、学校に通わず働くことを子どもに強いる圧力、女子に教育を受けさせない文化的宗教的要因がある。

2000年から2015年の識字率の変化

上昇した国
低下した国

健康に暮らせる世界へ

21世紀に入ると、致死性の感染症の発生が急激に減少したので、人間の平均寿命は歴史上かつてないほど延びている。現在の主な死因は循環器疾患とがんである。

2000年から2015年の間でアフリカの死亡率は3分の1以上低下した。これは主にHIV/エイズなどの感染症（ヒトからヒトへ伝染する病気）が原因で亡くなる人の数が減ったことによる。同時期にアフリカでマラリアが原因で亡くなった人の数は半分近くに減少した。これは防虫処理された蚊帳や救急医療の普及など、現地の状況に見合った着実な対策が実を結んだ結果である。

今なお世界では、一日あたり830人の女性が妊娠期や出産時の合併症が原因で亡くなっているが、妊産婦の死亡数は1990年から44％減少した。感染症の予防と治療、そして十分な公的医療保険の普及により、若くして亡くなる人の数の減少に成功したことで、病気と死亡の原因は加齢や生活習慣病、特に循環器系とがんに関連した疾患へと変わってきている。

主な死因

世界のほとんどすべての地域でみられる死亡率の低下は、年間の死亡者数が減っていることと、平均すれば人々が長生きしていることを意味する。アフリカでは感染症が原因で亡くなる人の数が多く、世界のどの地域よりも割合が高い。非伝染性の病気が原因の死亡数は世界のどの地域でも比較的一定である。

HIV専門診療所
ウガンダの首都カンパラにある診療所で、看護師がHIV陽性と診断された赤ん坊をあやしている。途上国の医療分野への投資は、感染症が原因による死亡事例を減らしている。

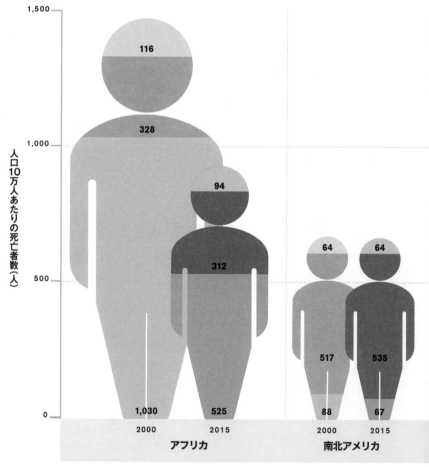

人口10万人あたりの死亡者数（人）

1,500	116		
1,000	328	94	
		312	64 / 64
500			517 / 535
0	1,030 / 525		88 / 67

2000　2015
アフリカ

2000　2015
南北アメリカ

病気と所得

近年では多くの感染症の予防と治療が効果を上げているが、今なお世界で最も貧しい国々における主な死因は肺炎、気管支炎、結核などの下気道感染症である。世界で最も豊かな国々で近年急激に増加している死因の一つがアルツハイマー病などの認知症で、先進国の寿命の延びを反映している。高齢化は、すでに負担のかかっている医療保険にこれまで以上に大きな、しかも長期にわたる圧力をかける。

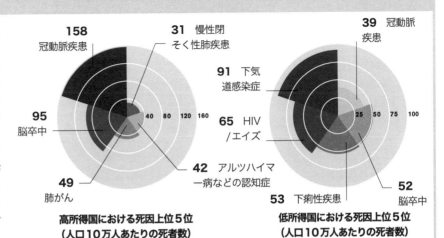

158 冠動脈疾患
31 慢性閉そく性肺疾患
95 脳卒中
49 肺がん
42 アルツハイマー病などの認知症

高所得国における死因上位5位
（人口10万人あたりの死者数）

39 冠動脈疾患
91 下気道感染症
65 HIV/エイズ
53 下痢性疾患
52 脳卒中

低所得国における死因上位5位
（人口10万人あたりの死者数）

死因
- 外傷
- 非感染性疾患
- 感染症、周産期異常、栄養状態に起因する疾患

2012年の**5歳未満児**の死亡数は1990年に比べ

47%減少

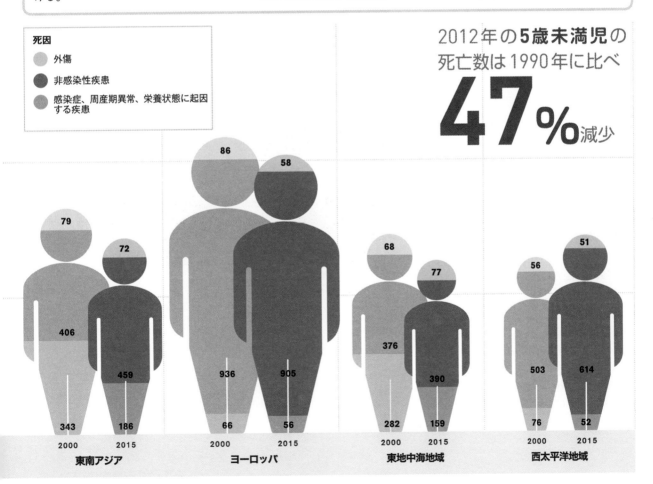

東南アジア
- 2000: 79 / 406 / 343
- 2015: 72 / 459 / 186

ヨーロッパ
- 2000: 86 / 936 / 66
- 2015: 58 / 905 / 56

東地中海地域
- 2000: 68 / 376 / 282
- 2015: 77 / 390 / 159

西太平洋地域
- 2000: 56 / 503 / 76
- 2015: 51 / 614 / 52

不平等な世界

世界の多くの人が昔よりもよい暮らしを享受しているが、格差は著しく拡大している。富と所得の格差は、国家間でも、それぞれの国の内部でも見られる。

国家間の富の格差は、国の一人あたりの国内総生産（GDP）――一国の所得と生活水準を大まかに表す指標――を調べることで明らかにされる。スウェーデンのような裕福な国は、レソトやボツワナなどの後発途上国よりもはるかに暮らし向きがよい。

格差は国内レベルでも存在するが、これは所得の格差をはかる統計手段であるジニ係数を使って定量化される。開発途上国における近年の経済成長は、主に社会の上層部にいる人々に利益をもたらしたので、富裕階級と貧困階級の間の格差を拡大する結果になった――これはすべての人にとって好ましくない状況である。ある研究によれば、社会が不平等になれば、対処すべき社会問題もそれだけ増える。平等が進んだ社会では、暴力犯罪、精神の不調、薬物乱用、十代の妊娠の発生数は減少する。

世界の格差

ジニ係数の順位と一人あたりのGDPを使うことで、最も平等な社会が最も裕福な社会であることを示している。世界で最も平等な国であるスウェーデンは一人あたりのGDPの順位が第6位だが、最も不平等な国であるレソトはGDPが一人あたり996米ドルしかない。

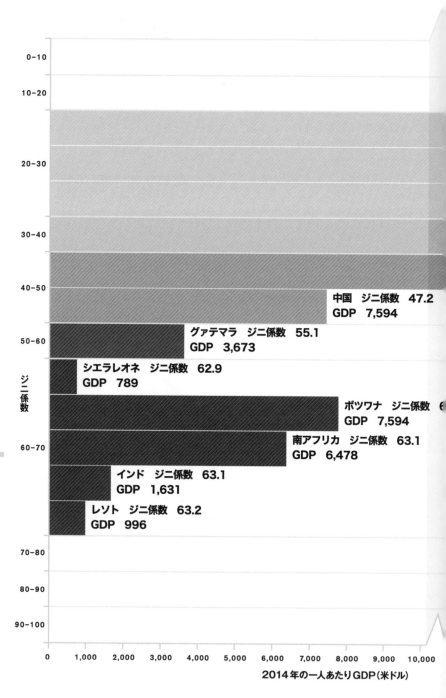

ジニ係数

中国　ジニ係数　47.2　GDP　7,594

グァテマラ　ジニ係数　55.1　GDP　3,673

シエラレオネ　ジニ係数　62.9　GDP　789

ボツワナ　ジニ係数　6　GDP　7,594

南アフリカ　ジニ係数　63.1　GDP　6,478

インド　ジニ係数　63.1　GDP　1,631

レソト　ジニ係数　63.2　GDP　996

2014年の一人あたりGDP（米ドル）

2016年には世界の人口の

1%

が**残りの99%よりも多くの富を所有**

スウェーデン ジニ係数 23.0
GDP 5万8,887

スロベニア ジニ係数 23.7
GDP 2万3,963

デンマーク ジニ係数 24.8
GDP 6万634

英国 ジニ係数 32.3
GDP 4万5,603

米国 ジニ係数 45
GDP 5万4,630

ジニ係数とは？

1912年にイタリアの統計学者で社会学者のコッラード・ジーニ（1884－1965）が開発したジニ係数とは国民の間の格差を測る指標で、国内でどれだけ平等に所得が配分されているか評価することで計算される。完全に所得が平等な国はジニ係数が0で、100は完全に所得が不平等であることを示す。

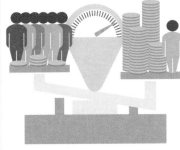

高いジニ係数が意味すること
完全な不平等とは、一人がすべての富を所有して、他の全員が何も持たない状態である。不平等な国では、少数が非常に裕福で、大多数は非常に貧しい。

低いジニ係数が意味すること
完全な富の平等とは、すべての人がまったく同じ額のお金を持っていることなので、低いジニ係数の国は、より平等な所得配分をしている。

富裕階級が所有する財産
億万長者が世界の資産のおよそ10%を保有しているが、その多くは貧しい国の出身である。インドは、国民の3分の1が貧困状態で暮らすが、億万長者の多い上位5カ国に入っている。

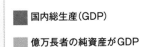

■ 国内総生産（GDP）
■ 億万長者の純資産がGDPに占める割合（%）

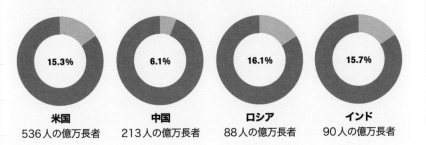

15.3%	**6.1%**	**16.1%**	**15.7%**
米国	**中国**	**ロシア**	**インド**
536人の億万長者	213人の億万長者	88人の億万長者	90人の億万長者

20,000　30,000　40,000　50,000　60,000

政治腐敗

多くの国で、貧困とたたかい、環境の悪化を止めるための努力が汚職の影響によってひどく妨害されている。腐敗行為はその国で一番貧しく困難な状態にある人々に打撃を与えることが多い。

汚職は貧しい人々に使われるべき財源を横取りし、森や希少野生動物などの環境資産を守るために配置された管理官たちをむしばむ。そうした悪習には、贈収賄、公的資金の横領、司法妨害、汚職によって得た収入の秘匿やロンダリングなど、幅広い行為が含まれる。

このどれもが現地の経済発展に壊滅的な影響をおよぼす可能性がある。所得格差が増大し、社会政策が実現化せず、経済成長が停滞するからだ。汚職に見舞われている多くの国で、本来ならすべての国民に開発の恩恵をもたらしてくれるはずの天然資源が搾取され、少数のエリート層が私腹を肥やしている。こうした状況が続けば、1991年にシエラレオネで起きたように、内戦に発展する可能性がある。

汚職で発展が妨げられるところ

世界銀行によれば、毎年、汚職でおよそ1兆ドルの不正流用金が生み出されている。その結果、教育や医療、他の公共サービスのためにどうしても必要な資金が失われ、人々は貧困状態から抜け出せないでいる。

どの部門も汚職の影響をまぬがれることはできないが、特に水道と電力の分野は、どちらも水と電力の供給に多くの公共団体や企業がかかわっているため、汚職にもろい。さらに汚職は、天然資源や生態系を保護するために設定されている法律までも踏みにじり、大規模な環境破壊をもたらす。税関職員への賄賂の結果、野生動物の保護種は密売され、違法に伐採された木材が偽装書類で国際市場に流れ込んでいるからだ。

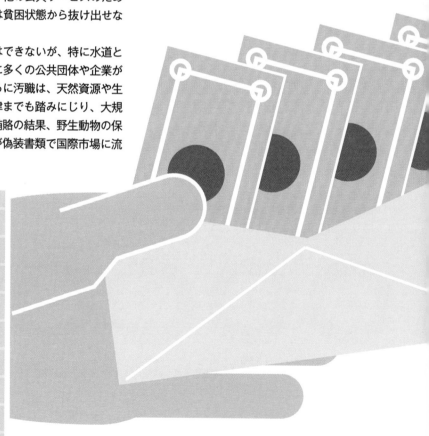

贈る側

賄賂は、密輸業者が自然保護林や漁業資源などの天然資源を入手して、違法に捕獲した商品を市場へ売りに出す手段を確保するうえで不可欠である。企業は公共事業の契約を勝ち取るために賄賂を持ちかける。タンザニアと中国の間でおこなわれていた象牙の違法売買のように、取引が禁止されている品の密輸を見逃してもらうために税関職員にも賄賂が支払われる。

水の供給

自然の水域に廃棄物を処分する許可を得るために賄賂が支払われる。巨大な農業関連産業は灌漑の権利を得るために役人に支払う。

❯ 上水道の接続費用には賄賂が 30－45％加算されている。

重要な公益事業

貧困者向けの薬が民間の薬局を経由して転売されている。そのうえ医療用の基金が動かされ、マラリアや HMV/ エイズなど重大な健康問題に立ち向かうための努力を妨げる。

❯ 世界銀行は、いくつかの国では、給与以外の医療資金の 80％近くが地元の医療施設に届いていないと見積もる。

私たちにできること

❯ 政府は汚職にかかわった企業を国や公共団体の契約の入札から排除する。

❯ 公共団体は不正な慣習に対してどんなに小さな違反も許さない態度を浸透させる。

❯ 政府は国連の反汚職政策を実行に移すことを優先させる。

野生動物の違法な取引

違法な野生動物の取引が前例のないほど増加していて、何十年もかけて築いた保護活動を脅かし、年間 100 億～ 200 億の利益をあげ、麻薬、武器、人身売買に次いで 4 番目に利益をもたらす国際犯罪となっている。

❯ アフリカでは毎年少なくとも 2 万頭のゾウが、象牙を得るために違法に殺されている。

林業と違法な伐採

現在、違法な伐採が世界の木材取引の 30％を占める。木材を切り出して闇市場に出荷するのは複雑な工程なので、賄賂の助けを借りなければ起こりえない。

❯ 世界銀行は毎年 230 億ドル相当の木材が違法に伐採されるため、歳入の損失は 100 億ドルにのぼると推定する。

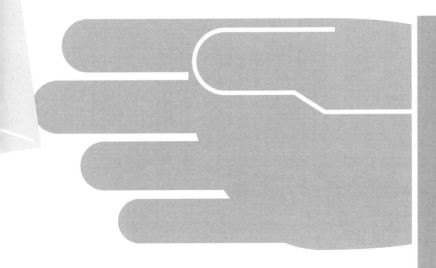

受け取る側

世界のあらゆる地域で、地位の高さに関係なく、役人と政治家は賄賂の誘惑に屈しやすいことが示されている。たとえばサハラ以南アフリカ諸国の多くでは、公務員に支払われる給料が低いため、賄賂が職務の見返りとして公然と認められている。多くの企業にとっては、地元社会に根づいたそうした腐敗行為のために、合法的な商取引をおこなうのが非常に困難なものとなる。

テロリズムの増加

テロリストによる暴力は、政治的、あるいは宗教的な目的を恐怖によって推し進めることをもくろんで、過激な方法を用いることが多い。テロリストの行為は次第にニュースの見出しや市民の自由、社会政策に影響をおよぼすようになる。

国際シンクタンクの経済平和研究所（IEP）によって作成された「世界テロ指数（GTI）」は、テロリズムを「非国家主体が政治的、経済的、宗教的、社会的な目的を恐怖や威圧、脅迫といった手段によって達成する違法な力と暴力」と定義する。この定義には内戦は含まれないため、2011年以降に不当な力の行使によってシリアだけで発生した30万人の死者の大半はテロの犠牲者に含まれない。
GTIはテロリズムと政情不安、（宗派を含めた）異なる集団間の緊張、正当な国家の不在との強い相関関係を示す。貧困、衛生、識字率といった指標はテロ活動に直接関連していないが、テロは持続可能な開発への障害となり、貧困削減対策の財源を減らし、投資を阻む。政情不安定な国は責任のある民主的な政府を選出できないことが多く、環境問題への取り組みはもちろん社会の発展も妨げられる。

関連項目

> 政治腐敗　112−113 頁
> 故郷を追われる人々　116−117 頁
> 極端気象の増加　130−131 頁

数の力による恐怖

2013年には、1万件近くのテロ事件が発生し、およそ1万8,000人の命が奪われた。最も発生件数の多かった上位5か国を除くと、世界の残りの地域で起こったおよそ4,000件の事件で3,236人が殺害された。中東、アフリカ、南アジアにおけるテロリズムの主な原動力は宗教上のイデオロギーである。他の地域の場合、テロリズムは政治や愛国主義、分離独立を求める運動とかかわりがあることが多い。

地域別発生件数

イラク、アフガニスタン、パキスタン、ナイジェリア、シリア

その他の国

合計件数

1,500
1,400
100
2001

900
500
400
2004

2,700
1,550
1,150
2007

4,550
2,400
2,150
2010

13%減少

2015年から2016年にかけて**テロが原因**で死亡した犠牲者の数

テロリズムがはびこるところ

テロリズムは世界的な現象であるが、ここ数年間では80%以上のテロ攻撃が、イラク、アフガニスタン、パキスタン、ナイジェリア、シリアのわずか5か国で発生した。とはいえ、中でもイラクが突出している。2003年の米国と英国の軍隊による侵攻の結果、過激な武装派組織がいくつも設立されるようになり、大量殺戮が繰り返されて市民の間に多くの犠牲者が出ている。

国別犠牲者の数
- 負傷者
- 死者

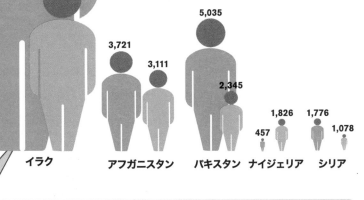

14,947
6,362
3,721
3,111
5,035
2,345
457
1,826
1,776
1,078

イラク　**アフガニスタン**　**パキスタン**　**ナイジェリア**　**シリア**

9,600
6,000
3,600
2013

表に出ないテロの損害

テロ行為で奪われる人的損害は、テロ行為で社会がこうむる損害の一部にすぎない。安全対策の強化には余分な費用がかかるため、社会福祉や環境対策の財源が転用される。経済成長も影響を受ける。事業の見通しが立たなくなり保険料など経費もかさむうえ、投資家は安定した地域へ資本を移すからだ。またテロで国内情勢が不安定になった国は、高等教育を受けた人材が海外へ流出するという事態にもみまわれるため、将来にわたり国の発展に影響がおよぶ。

恐怖の高い代償
2015年11月にパリで起きたテロ事件は世界中に激しい怒りを引き起こし、シリアとイラクでは西ヨーロッパ諸国とロシアによる空爆が激化した。

故郷を追われる人々

難民、政治的亡命者、国内で故郷を追われる人々の数は急激に増えている。戦争や迫害、さらに環境の変化によって住んでいた場所を追われた人の総数は、現在、英国の人口と同じくらいに達している。

数年間にわたる相当数の増加を受けて、2016年に国連難民高等弁務官は、世界の難民の総数が6,500万人に達したと推計した——5年間で50%以上の増加である。これは実質上、「難民の国」を生み出す、前例のない規模での強制移動である。その中には難民、政治的亡命者（庇護申請者）、まだ故国の国境内で暮らす国内避難民が含まれる。原因としては武力紛争、人権侵害、政治的な暴動、干ばつ

の影響があげられる。国境を越えて逃げる人々の主な行き先は、トルコ、パキスタン、レバノン、イラン、ウガンダ、エチオピアである。だがこれらの受け入れ国側は、出身国以外に安全を求める人々を40%以上抱えており、すでに飽和状態に達している施設へのさらなる需要の増加が、難民と受け入れ国の双方に深刻なストレスを引き起こしている。

増大する問題

2000年までに、急速なグローバリゼーションと冷戦の終結によって、犯罪組織によって引き起こされた動きも含め、人々を移動させる新たな圧力が生まれた。2007年の時点で国内避難民が多い国としてエリトリア、コロンビア、イラク、コンゴ民主共和国などが挙げられる——すべて内戦によって増加した。近年になって増加したのは、主としてシリアの紛争と、イラクで続くテロリストの活動が原因と考えられる。

ソマリ族の難民キャンプ
故郷から退去させられた人々はキャンプに避難しなければならないので、その土地の資源に大きな負荷がかかることが多い。

国内避難民

難民と政治的亡命者

国別の割合

シリア	スーダン
アフガニスタン	南スーダン
ソマリア	それ以外の国

難民の出身国
2014年に国境を越えた何百万人もの難民の半数以上がわずか3つの国の出身者であった。シリア、アフガニスタン、ソマリアである。

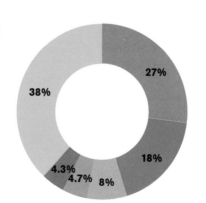

27%

38%

18%

4.3%

4.7%

8%

2,100万人

1,700万人

2000年

2016年には新たに

1,030万人

が**紛争や迫害**のために故郷を追われた

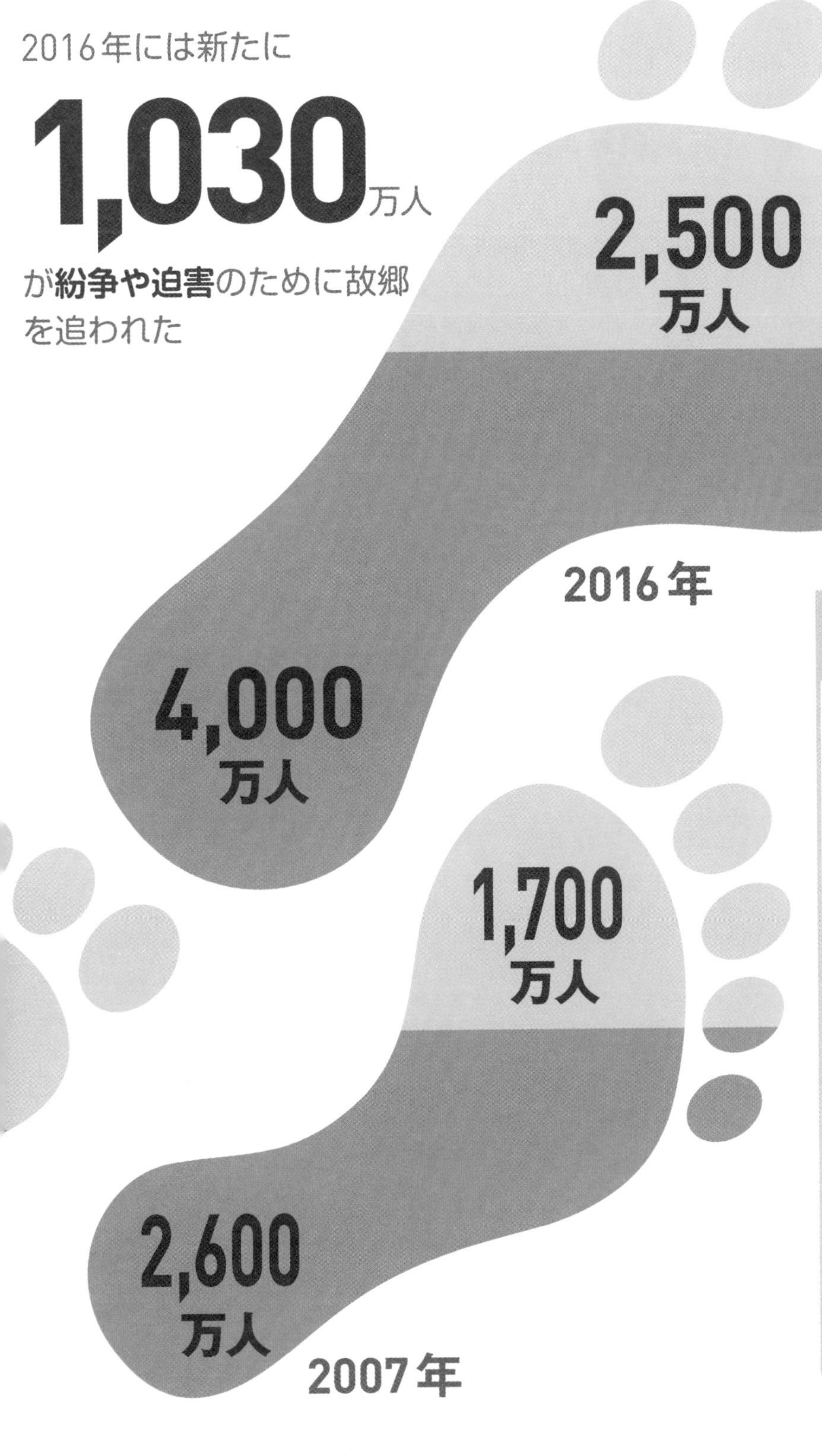

2,500
万人

2016年

4,000
万人

1,700
万人

2,600
万人

2007年

難民の年齢は？

2014年は難民の過半数が18歳未満で、2009年の41％から上昇した。その年亡命申請した3万4,000人が主にアフガニスタンやエリトリア、シリア、ソマリア出身の、大人の同伴者のいない子どもたちであった。統計がとられるようになった2006年以降で最も高い数字である。

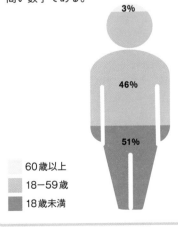

3%

46%

51%

60歳以上
18−59歳
18歳未満

変化する地球の大気

大気圏がなければ、地球上に生命は存在できなかった。地球の表面を覆う薄い気体の層のおかげで私たちは呼吸をすることができる。また私たちが日々経験する気象条件をもたらすのも大気である。地球の長い歴史の過程で、気候は幾度となく変化している。自然の要因がそうした変化を引き起こしたが、近年の気候変動の主な原因は、人間の活動によって作り出された、熱を閉じ込める温室効果ガスの蓄積である（120−121頁参照）。このために、大気は太陽のエネルギーを多くため込み、地球の平均気温が上昇させ、気候を変えている。

二酸化炭素の加速度的な増加

近年の地球温暖化の一番の原因とされる温室効果ガスは二酸化炭素（CO_2）である。この微量ガスは自然に発生し、地球を温かく保ち、生き物に好ましい条件を維持する。大気中のCO_2の濃度は変動するが、近年は加速度的に増加し、少なくとも過去80万年間で最大の濃度に達している。CO_2の量が増える主な原因は化石燃料の燃焼で、森林の伐採と土壌からの放出もいくらか寄与している。

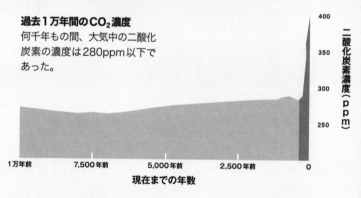

過去1万年間のCO_2濃度
何千年もの間、大気中の二酸化炭素の濃度は280ppm以下であった。

産業革命は石炭を燃やすことで促進されたが、その結果、何十億トンもの二酸化炭素が放出される。

木の成長は二酸化炭素濃度の上昇で促進される。これが二酸化炭素の急速な上昇を抑えたかもしれない。

1859年
世界初の商業油田がペンシルバニアで操業を開始

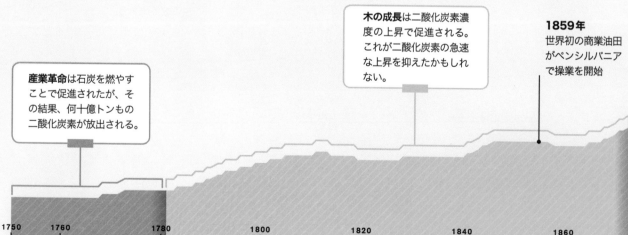

大気圏

地球をすっぽり覆っている薄い気体の層は大部分が窒素と酸素でできている。わずかな種類の微量気体が大気に占める割合は1%にすぎない。その中に、地球の表面から出ていく熱を吸収して、地球表面と下層の大気を暖かく保つ温室効果ガスが含まれる。大気には私たちが呼吸する空気も含まれ、太陽光放射から私たちを保護し、水の循環と気候パターンで重要な役割を演じる。

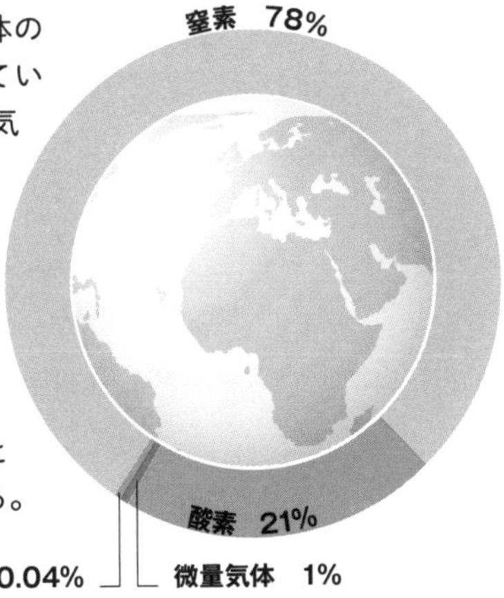

窒素 78%

酸素 21%

二酸化炭素 0.04%　**微量気体 1%**

世界的に経済が急激に成長し、化石燃料によってさらに勢いを増す。これが産業革命以降で最も激しい加速をもたらした。

大気中の二酸化炭素濃度（ppm）

「きれいな空気と水、それに
過ごしやすい気候は、
奪うことのできない基本的人権だ」

レオナルド・ディカプリオ（米国の俳優、環境保護活動家）

工業化が広まり、経済が拡大する。石油とガスからの排出量が石炭からの排出量に加わる。

1908年
T型フォードの生産開始

1913年
英国の石炭生産のピーク

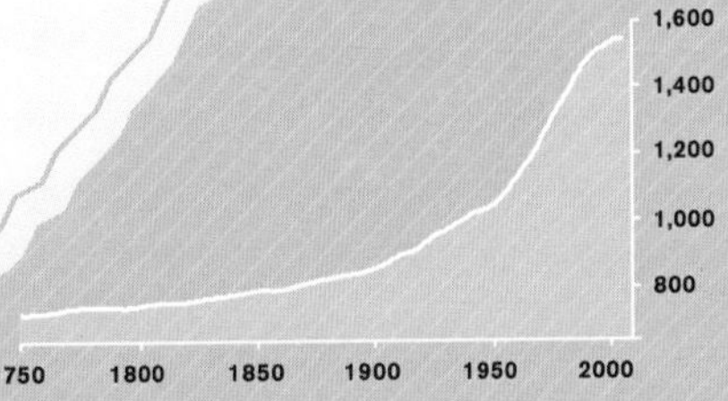

メタンの増加
温暖化の原因のおよそ17%は強力な温室効果ガスのメタンで、大気中の濃度は年々増加している。

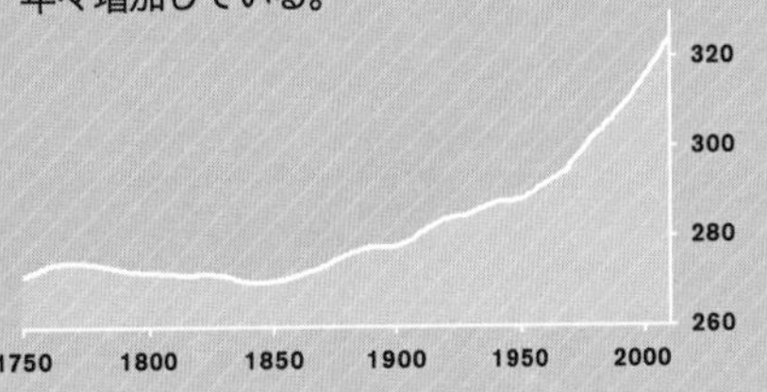

1,600
1,400
1,200
1,000
800
ppb

1750　1800　1850　1900　1950　2000

320
300
280
260
ppb

1750　1800　1850　1900　1950　2000

亜酸化窒素の増加
放出される量は比較的少ないが、この気体が地球温暖化にもたらす影響は二酸化炭素の約300倍である。

390
360
330
300
270

1900　1920　1940　1960　1980　2000

温室効果

太陽から降り注ぐ光のエネルギーは地球の表面に吸収され、地表を温める。結果として生じる熱は、赤外線となって陸地と海から放出され、そのほとんどが再び宇宙に出ていく。しかし大気中に含まれる熱をとらえる気体は、そうした気体がない場合よりも地球をはるかに暖かく保つ。それらの気体が「温室効果」を生み出し、地球の表面から出ていく熱を閉じ込め、そのうちの一部を大気圏の低い層にとどめておく。人間の活動は、急速に温室効果ガスの濃度を上昇させることによって地球の繊細なエネルギーバランスをそこなうため、大気を温める原因となる。

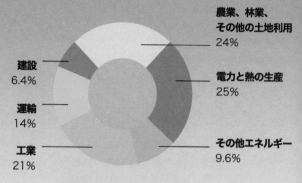

農業、林業、その他の土地利用
24%

電力と熱の生産
25%

その他エネルギー
9.6%

工業
21%

運輸
14%

建設
6.4%

温室効果ガスの発生源
人間の活動はいろいろな方法で温室効果ガスを生み出すが、特に工業活動とエネルギー生産によって大量に生み出される。

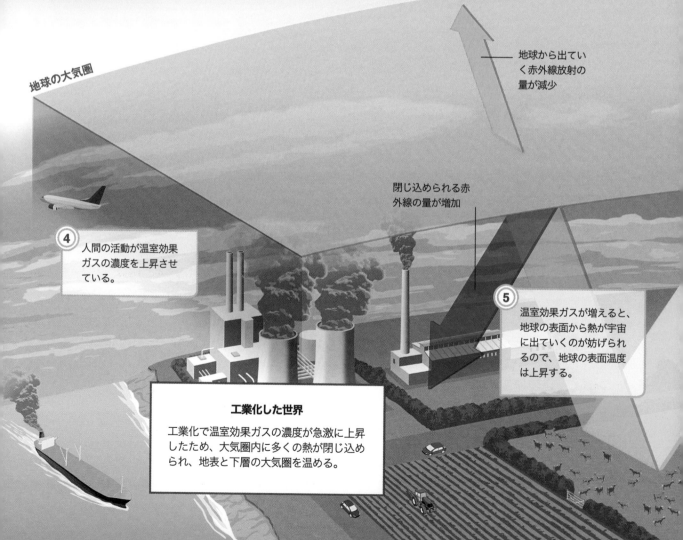

地球の大気圏

地球から出ていく赤外線放射の量が減少

閉じ込められる赤外線の量が増加

④ 人間の活動が温室効果ガスの濃度を上昇させている。

⑤ 温室効果ガスが増えると、地球の表面から熱が宇宙に出ていくのが妨げられるので、地球の表面温度は上昇する。

工業化した世界
工業化で温室効果ガスの濃度が急激に上昇したため、大気圏内に多くの熱が閉じ込められ、地表と下層の大気圏を温める。

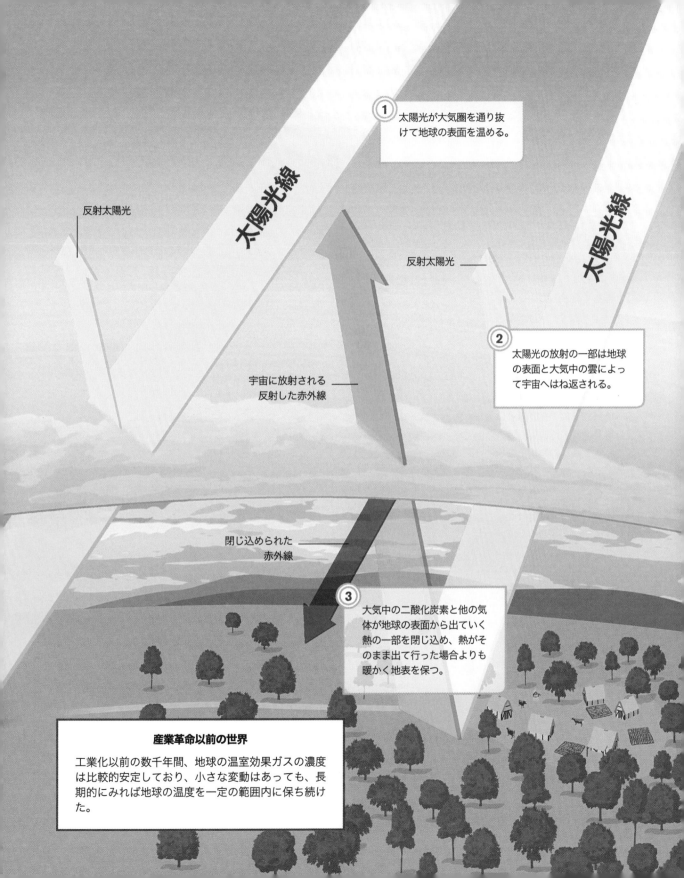

太陽光線

太陽光線

反射太陽光

反射太陽光

① 太陽光が大気圏を通り抜けて地球の表面を温める。

② 太陽光の放射の一部は地球の表面と大気中の雲によって宇宙へはね返される。

宇宙に放射される
反射した赤外線

閉じ込められた
赤外線

③ 大気中の二酸化炭素と他の気体が地球の表面から出ていく熱の一部を閉じ込め、熱がそのまま出て行った場合よりも暖かく地表を保つ。

産業革命以前の世界

工業化以前の数千年間、地球の温室効果ガスの濃度は比較的安定しており、小さな変動はあっても、長期的にみれば地球の温度を一定の範囲内に保ち続けた。

空に開いた穴

地球の大気圏の上層部、地表から数十km上空に、オゾンが広がった層がある。オゾン層の存在が地球上の生命を守っており、地球そのものが正常に機能するためにも不可欠である。

オゾンの形成は大気中の酸素に左右される。太陽から照射される紫外線（UV）が成層圏で酸素原子に当たると、オゾンが形成され、これが今度は植物や動物のDNA（遺伝物質）を傷つける紫外線を吸収する。およそ23億年前にシアノバクテリアという微生物が光合成で増加した結果、大酸化イベントと呼ばれる事象が発生するまで、地球上に酸素はわずかしか存在しなかった。

オゾン層

成層圏のオゾンは地上からおよそ20〜30km上空で最も濃度が高いが、そこは地上付近のおよそ1,000倍も空気が薄い場所である。人間活動によって放出された化学物質がオゾン層を破壊した結果、地表に届く紫外線の量が以前よりも増加した。紫外線照射量の増加は海のプランクトンなど地球上の重要な生物群に悪影響をおよぼす他、皮膚がんのリスクの上昇など、人間の健康もおびやかす。

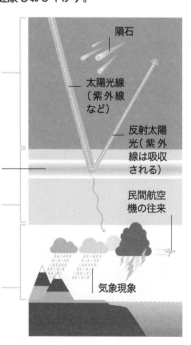

中間圏
地表からの高さは約50−85km──隕石はここで燃えて流星となる

隕石

太陽光線（紫外線など）

反射太陽光（紫外線は吸収される）

オゾン層
地上の生物を保護するオゾンの盾は地表から20−50km上空にあるが、下になるほど薄い

成層圏
地表から約20−50km上空に広がる

対流圏
地表に最も近く、20km上空まで大気の密度が濃い

民間航空機の往来

気象現象

南極のオゾン層

オゾンの濃度はドブソン単位（DU）で計測される。1979年まで220DU以下になったことは一度もなかったが、以来、春に南極上空で地球の「日よけ」が薄くなっていることが明らかになった。オゾンが減少した領域はオゾンホールと呼ばれ、1994年には濃度がわずか73DUまで減少した。

薄くなったオゾン
オゾンを減少させる物質は低温で反応が促進する。これが南極上空で最大の減少が起こる原因である。

110　　220　　330　　440　　550
オゾンの濃度（ドブソン単位）

1979年
地上でのオゾンの測定は1956年に南極のハリー湾で始まった。衛星による観測は1970年代初頭に始まり、1978年に最初の地球全体の測定が、ニンバス7衛星を使って開始された。この観測での発見が全世界に衝撃を与え、政治を動かした。

ニュージーランド
オゾンホールは時折分離し、オゾンが減少した領域が指のような形になり、ニュージーランドなど人が住む地域の上空にまで広がる。

南米
2015年9月、オゾンホールがチリ最南部の港湾都市プンタアレナスまで拡大し、住民たちは強烈な紫外線にさらされた。

40%

2011年に北極上空で**減少した オゾン層**の割合

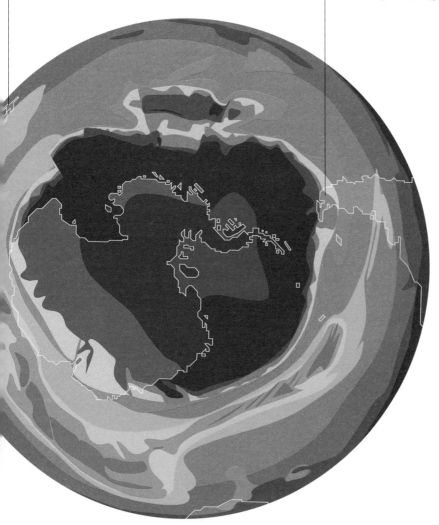

2013年
オゾンを減少させる物質の大半が削減されたにもかかわらず、2013年の時点では、オゾンホールはまだ巨大で深かった。気候変動によって遅れる可能性はあるが、南極のオゾンは21世紀の半ばまでにほとんどが回復すると予想されている。

オゾン層を破壊する物質

オゾン層を激減させている化学物質が判明すると、1987年に国際的な協定、モントリオール議定書が採択された。オゾン破壊物質の生産と放出の削減には成功したが、オゾンの濃度が元の値まで回復するのには時間がかかる。その間オゾン層の監視は継続され、危険な地域には警告が出されることになった。当時産業界はコストを懸念したが、その後代替物質が開発され、現在広く使用されている。

フロン
クロロフルオロカーボン（通称フロン、CFC）類はスプレーや冷蔵庫などに使われていた。代替としてヒドロフルオロカーボン（HFC）類が使われた。

ハロン
強力な温室効果ガスであるこの物質は、消火剤や航空防衛産業のシステムに使われていた。米国の大気浄化法を受けて1994年にハロンの生産は全廃された。

臭化メチル
この物質は害虫駆除の燻蒸剤や農薬として広く用いられていた。現在は代替にさまざまな物質が使われている。

温暖化が進む世界

気温や海面水位の上昇、極地方の氷の融解は、人間が大気におよぼす影響の結果生じている多くの変化の一部にすぎない。温室効果ガスの濃度の上昇によって起きているこうした現象が、経済、社会、環境の各分野でさまざまな影響をおよぼしている。

洪水
バングラデシュでは海面水位の上昇によってすでに市民生活に影響が出ている。問題は悪化する可能性がある。

世界は次第に暑くなってきている。1850年から今日までの間に、地表の温度は全世界で平均0.8℃上昇している。その主な原因が、二酸化炭素などの熱を閉じ込める気体の増加であるのは間違いない（120－121頁参照）。気温の上昇はすでに氷床と氷河の融解をもたらしており、海面を上昇させる原因となっている。こうした変化はまだ続きそうだが、気温の上昇と比べてそう単純ではないかもしれない。危険な「転換点（ティッピング・ポイント）」に達したとき、地球にあるすべての氷の融解が加速する可能性があるからだ——現在グリーンランド氷床やいくつかの南極の氷床で起きているように。

気温の上昇

北半球全体にわたり、1983年から2012年は過去1,400年間で最も温暖な30年間であったかもしれない。この地図は1901年から2012年の地表温度の変化を示している。温度の低下は青色、温度の上昇はオレンジと紫の濃淡で表した。十分なデータが得られなかった地域は白のままである。

1,000万人

が毎年沿岸地域で浸水の**被害**を受けている

温度の変化

+	−0.6℃
+	−0.4℃
+	−0.2℃
+	0℃
+	0.2℃
+	0.3℃
+	0.6℃
+	0.8℃
+	1.0℃
+	1.25℃
+	1.5℃
+	1.75℃
+	2.5℃

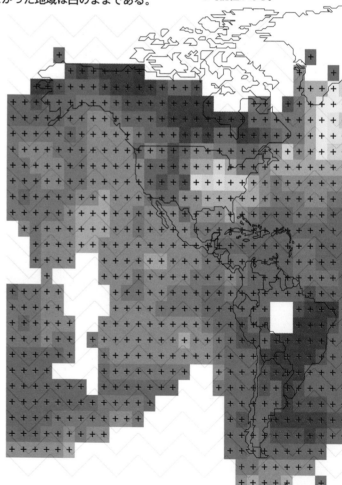

関連項目

水位の上昇

海面水位の上昇の原因は、陸地にある氷が溶け出していることと、水温が上がるにつれ海水が膨張するためである。19世紀半ば以降の海面上昇率は、それ以前の2,000年間の平均を大きく上回る。1880年から2013年までに地球全体の平均海面は23cm上昇した。海水の温度が上がり続けているため、今後も海面はさらに上昇し、氷河や極地方の氷床の融解も増すだろう。海面上昇の結果はバングラデシュなど低地の国で特に深刻である。

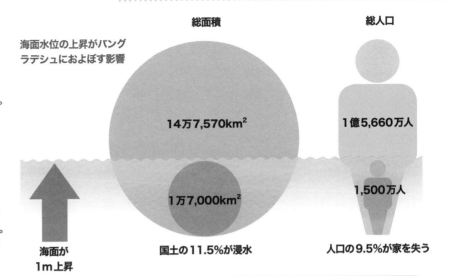

海面水位の上昇がバングラデシュにおよぼす影響

総面積

14万7,570km²

1万7,000km²

国土の11.5%が浸水

総人口

1億5,660万人

1,500万人

人口の9.5%が家を失う

海面が1m上昇

氷の融解

過去20年間で氷床と氷河の両方から大量の氷が消失した。グリーンランド氷床の氷の年間平均消失率は2002年から2011年の間に大幅に上昇した。近年は南極圏でも大規模な氷の消失が報告されている。下図は1970年以降北極圏の氷量が次第に縮小してきたことを示している。2030年には1970年当時のわずか一部となり、2100年までには、北極で夏期に残る氷の量はごくわずかか、完全に消失しているかもしれない。

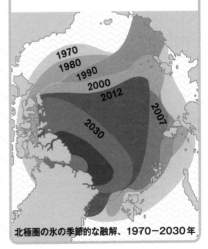

1970
1980
1990
2000
2012
2007
2030

北極圏の氷の季節的な融解、1970−2030年

ずれていく季節

世界各地で気候の変動が季節のパターンに変化をもたらしている。変化は
かすかであったり、数十年にわたって生じている場合もあるが、気候変動
の影響は人類と自然にとって深刻かもしれない。

世界の多くの地域にはっきりとした季節があるが、季節は農業や水の供給、エネルギー需要のためにも、またさまざまな野生動物種の間の複雑な関係を維持するためにも重要である。季節ごとの変化であれば多くはきちんと予測できるが、気候の長期的な変動の場合は、気候パターンと生物種の関係が——たとえば、春の暖かさの到来の早まりと植物の開花時期の早まりのために——均衡を失うことになる。

数十年、時には数世紀前までさかのぼる記録が残っているおかげで、科学者たちは長期的な傾向を立証できる。そうした記録の中には、日本で記録されたイチョウの木の芽吹きと落葉に関するデータ、英国における最初のチョウの飛来日、オーストラリアにおける鳥の渡り、それからもちろん、短い冬と早まる春の到来を徐々に明らかにする気温の記録も含まれる。しかし、こうした個々の変化よりも重要なのは、自然界を構成する要素の間の多様で複雑な関係におよぼしかねない影響の方である。

全世界にわたる影響

自然界と、それに依存している人類の文明は季節のサイクルに大きな影響を受けている。このサイクルは比較的安定していて、何千年もの間、予測が可能であった。しかし今では、現在進行中の変化に左右され、予測が困難になっている。気温変化や降雨のタイミングと強度が地球温暖化に反応して、人間と野生生物にさまざまに影響をおよぼしているからだ。

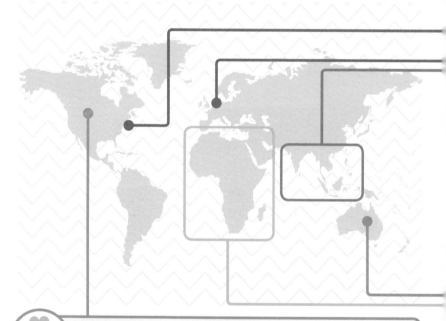

早まる春の到来

米国の大半の地域で春の訪れが早まっている。この地図は、各州の芽吹きの日を概算し、1991年から2010年の平均を1961年から1980年の平均と比較して州ごとに色分けしたものである。そうした変化は、季節と結びついた植物と動物のライフサイクルに潜在的な作用をおよぼす可能性がある。

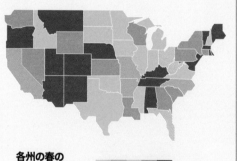

各州の春の
到来の変化　　0−1 2 3 4 5+　早まった日数

海水温の上昇

1982年から2006年までの間に、北大西洋は10年ごとに約0.23℃上昇した。1960年代から継続している調査が、市場価値の高い夏のカレイの群れが北に移動していることを明らかにし、漁船の繰業にも支障をきたしている。

ニュージャージー州、2015年

米国

カレイの年間漁獲高は **3,000万ドル以上** にのぼる

↗ カレイの群れの移動

バージニア州、1970年

飢える鳥類

オランダのある研究によれば、シジュウカラの繁殖時期が、ヒナに餌として与えられる幼虫の豊富な時期と一致しなくなってきている。昆虫は繁殖の時期を早めることで、早まる春の到来に適応したが、鳥の方はまだ適応していなかった。このためにヒナの生存率が低くなる可能性がある。

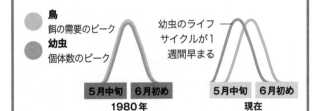

- 鳥 餌の需要のピーク
- 幼虫 個体数のピーク

幼虫のライフサイクルが1週間早まる

| 5月中旬 | 6月初め | 5月中旬 | 6月初め |
1980年 / 現在

1955年から2002年までの間に北半球では芽吹きと開花の日が **10年ごとに1日早まった**

インドのモンスーン

インドのモンスーンは例年だいたい決まった時期に訪れる、ある程度予測可能な天候パターンであるが、気候が温暖になるにつれ、毎年の降水量が定まらなくなってきた。今後は洪水と（乾期に起きる）渇水が増加すると予想される。降水量が10%異なっても農業や食料の値段、さらには経済に大きな打撃を与えかねない。

モンスーン期の降雨量が **5−10%増加**

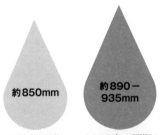

約850mm
2015年の雨期の降水量(6−9月)

約890−935mm
2050年の雨期の予想降水量

農業

アフリカの農家の70%以上が、食物を生産するために(灌漑よりは)雨に依存している。雨季の時期と降水量の変化が生産高の減少と収入の低下をもたらしている。

降水量

オーストラリアは人が居住している大陸の中で最も乾燥しているため、平均降水量の変化は農業に大きな影響をおよぼす。少雨による被害を明らかにしている近年の干ばつとともに、オーストラリアの気候はすでに変化していると科学者たちは考える。以前よりも激しい豪雨が各地に被害をおよぼしている。

高温化

オーストラリアでは高温年の上位10位のうち7年が2002年以降の13年間で発生し、2005年から2014年までは毎年観測史上最高の記録を更新した。高い気温は少雨の影響を悪化させる。

森林火災

オーストラリア南東部の乾燥した気候は森林火災のリスクを高めている。1973年から2007年までで火災の危険の高い天候の日が全体的に増加している。

気候パターンのしくみ

気候は微妙に均衡の取れたさまざまな要素の相互作用で決定される。太陽光エネルギーは海洋と大気を温めるが、大気の圧力と温度の違いが風と海流を発生させる。気候は緯度だけでなく海からの距離や海面からの高さによっても影響される。気候条件は数十年を通した平均で判断される。天気はもっと短い周期で、一日一日変化する。太陽の熱が地球の大気圏の空気を、大気のセルと呼ばれる3つの巨大な環状の流れ——ハドレー循環、フェレル循環、極循環——にして地球の周囲で循環させている。この3つの循環が、地球の自転によってやわらげられた南北の空気流を生み出すので、斜めに吹く風（貿易風）を作り出す。

冷たい高層の空気が南へ吹く

涼しい風が亜熱帯地方に下降する

熱帯地方の高層にある冷たい空気が北へ吹く

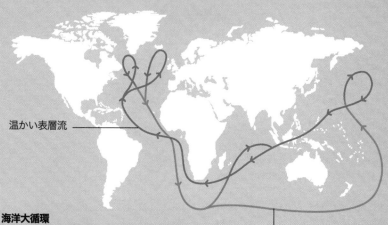

温かい表層流

冷たい深層流

海洋大循環
海は太陽から降り注ぐエネルギーを吸収し、それを表層の海流で動かす。海流は熱帯の温かい水を寒い地域へ運ぶため、陸地の気候にも影響をおよぼす。

冷たい空気が北へ引き寄せられる

季節

地球は傾いた地軸を中心に自転しながら、太陽の周囲の楕円軌道を一年かけて回る。地域により太陽に面する時間と反対側を向く時間は異なるので、一日の長さと気温が異なる。このため夏は昼が長くて夜が短く、冬は昼が短くて夜が長い。季節の変化は北極と南極付近で最も顕著である。

赤道周囲の熱帯地域は季節の差が少ない

北半球は春、南半球は秋

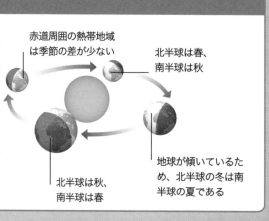

北半球は秋、南半球は春

地球が傾いているため、北半球の冬は南半球の夏である

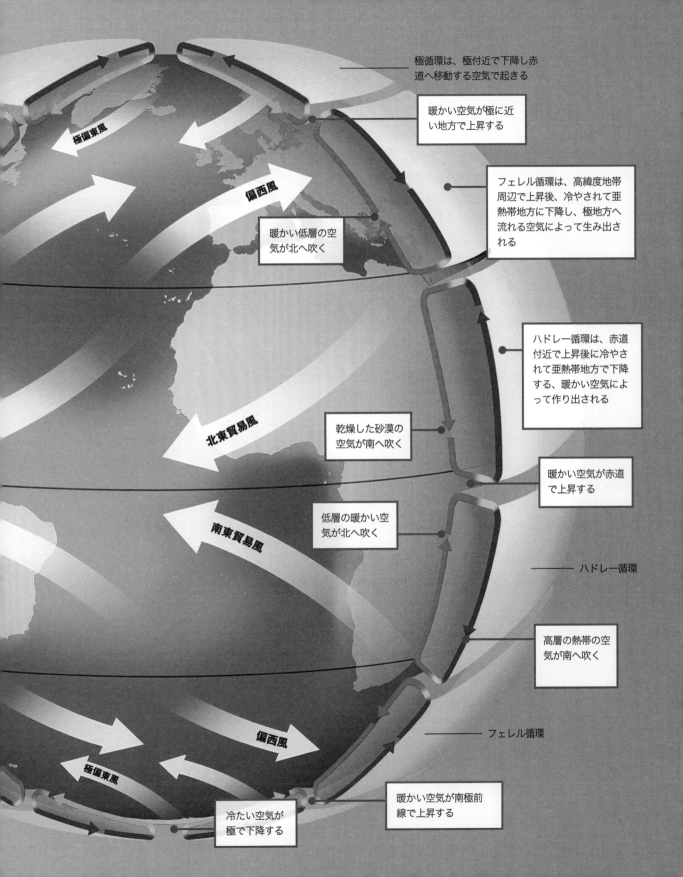

極循環は、極付近で下降し赤道へ移動する空気で起きる

暖かい空気が極に近い地方で上昇する

フェレル循環は、高緯度地帯周辺で上昇後、冷やされて亜熱帯地方に下降し、極地方へ流れる空気によって生み出される

暖かい低層の空気が北へ吹く

ハドレー循環は、赤道付近で上昇後に冷やされて亜熱帯地方で下降する、暖かい空気によって作り出される

乾燥した砂漠の空気が南へ吹く

暖かい空気が赤道で上昇する

低層の暖かい空気が北へ吹く

ハドレー循環

高層の熱帯の空気が南へ吹く

フェレル循環

暖かい空気が南極前線で上昇する

冷たい空気が極で下降する

極偏東風

偏西風

北東貿易風

南東貿易風

偏西風

極偏東風

極端気象の増加

世界の各地で気象の記録が破られている。気候が温暖になるにつれ、極端な気象現象が頻繁に起きるようになり、次々と壊滅的な影響をもたらしている。

大気中に多くの熱が蓄積されると、以前と異なる蒸発と大気循環のパターンがもたらされる。これが極端気象を引き起こす。天候は短期間できわめて変わりやすいが、気候の傾向は数十年にわたる平均にもとづく。極端な気象現象が発生しやすくなる傾向は、現在進行中の温暖化によって予想される結果と一致する。このまま温暖化が進めば、さらにいっそう過酷な状況をもたらすことになり、経済、社会、環境の広い範囲に影響をおよぼすようになるだろう。森林破壊をはじめとする環境の変化がそうした事態を深刻化させている。

極端気象への備え

この先極端な気象現象の発生が増えれば、食料の生産量は次第に減り、救急や消防の現場への圧力は増し、人道支援の需要が高まり、治安維持部門で緊張が生じ、紛争を激化させるだろう。将来の経済計画で重要なのは、悪影響を軽減して早期に復旧できるよう、極端気象がもたらす災害に備えておくことだろう。このことは雨水の備蓄や森林の保全と再生、インフラに対する新たな基準の適用、土壌の状態の改善、多様な農業の発展を通じてかもしれない。

干ばつ
オーストラリア、カリフォルニア州、東アフリカの一部、ブラジル南部、すべて近年深刻な干ばつの影響をこうむった地域である。このため、工業、農業、生活、野生生物、発電用の水の利用が制限されることになった。

洪水
近年、西アフリカ、タイ、ヨーロッパ西部、南アメリカの一部が大洪水に見舞われている。これにより命が奪われ、財産が損害を受け、経済活動がひどく滞っている。農業が原因による土壌劣化が洪水の被害をより深刻な規模にしている。

暴風雨
海水の温度が上がると、海から湧き上がる暖かい空気によって強化され、暴風雨はいっそう激しさを増す。観測史上最も強烈な熱帯のサイクロンは過去10年の間に発生している。世界が温暖になると、激しい暴風雨がもっと頻繁に起きると予想されている。

ハリケーン
2007年にメキシコの沿岸部を襲ったハリケーン・ディーン（写真）のように、北大西洋のハリケーンの強度、発生頻度、持続期間は1980年代初め以降増す一方である。

食料の不足

洪水、干ばつ、暴風雨は食料の生産量を減らす可能性がある。このために食料不足と価格の高騰が起き、貧しい人々が飢える。近年、干ばつと熱波が米国とオーストラリアの収穫量に打撃を与えている。

飲み水の不足

近年の深刻な干ばつにより、オーストラリア、ブラジル、米国の一部では給水制限がおこなわれている。洪水や台風、ハリケーンなどの被害によって、汚染された飲み水が供給される可能性がある。

住家の損失

パキスタンで起きたような大洪水は多くの住宅を破壊する。近年は、サイクロンが島や海岸地域に壊滅的な被害をもたらし、多くの人々が家を失っている。

インフラの損害

道路、港、鉄道、配電システムはすべて悪天候の影響を受ける。こうした損害が天候関連の保険の請求を増やしている。

大量移住

ここ数年の間にヨーロッパに到着した移住者の多くは、土地の砂漠化により、降水量が減少したか不安定になっているアフリカの地域の出身である。将来、海水面の上昇によって移住せざるをえない人々も出てくるだろう。さらに、紛争から逃れた多くの人々が、移住先で厳しい気象事象の影響を受ける可能性もある。

紛争

極端な気象の影響が紛争に関連することがある。シリア内線は深刻な干ばつの時期に発生した。干ばつのため、農村地帯に住んでいたおよそ150万人が都市部へ移住せざるをえなかったとき、政治的緊張が悪化した。異常なほど長く続いた干ばつは、次第に地中海東部地域の降水量が減少するとの気候変動の予測と一致した。

人的損害

1998年にハリケーン・ミッチがもたらしたように、ハリケーンや台風が多くの人命を直接奪うこともある。この尋常でないハリケーンの結果、約1万8,000人が亡くなったが、さらに中米の広い範囲にわたりインフラが破壊された。予想を超える被害をもたらす大災害——飢餓、被曝、紛争など——は後々まで人々の生活に影響をおよぼし、人的損害の原因ともなる。

2℃未満に抑える

2009年に各国政府は、地球の気温を産業革命以前の時代と比較して2℃未満の上昇にとどめる義務に合意した。2015年には、より実現の難しい1.5℃未満を目標にすることが合意された。

2℃未満の制限は、気候システムに対する「危険な」人為的干渉を避けるため、1992年の国連気候変動枠組条約の中心目標を達成するために採択された。何をもって「危険」とするかについて科学的な意見はなに一つ存在しないが、2℃は政策を導くために広く一般に承認された上限である。この値の根拠には水の安全（78−70頁）、食料生産（74−75頁）、海洋の酸性化（160−161頁）への予想される影響が含まれ、さらにこの値をどのくらい超えれば気候に根本的な変化を引き起こす可能性があるかという点も考慮された。全体目標として2℃の制限を採択することで、目標の達成を助けるための「カーボン・バジェット（炭素予算）」を作成することができる。気温の上昇を1.5℃未満という、より安全な範囲内に抑えられれば、カーボン・バジェットははるかに小さくなるだろう。

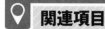 **関連項目**

> 温暖化が進む世界
> 124−125 頁
> どれだけ化石燃料を使えるのか? 136−137 頁
> 炭素削減の岐路
> 138−139 頁
> 未来のための目標
> 142−143 頁

私たちが使える予算

炭素予算は人為的な二酸化炭素排出量に制限を設ける。もし私たちが66％の可能性で温暖化を2℃未満に抑えられるなら、（1870年から2050年までに）全部で960ギガトン分の炭素（GtC）が放出されることになる。他の温室効果ガス（メタンや亜酸化窒素など）が加われば予算は870GtCまで縮小する。図は二酸化炭素だけにもとづいて、永久凍土の融解など付随して起きる可能性のある反応については考慮しない楽観的なシナリオを示している。

英国は**法的拘束力のあるカーボン・バジェット**を制定した最初の国で、**2050年までに1990年の水準から80％削減**することを義務づけている。

二酸化炭素と気温の関連
もし私たちが二酸化炭素を現在のまま大気に排出し続けるなら、2050年までに世界の平均気温は、19世紀半ばと比べて2℃上昇するだろう。

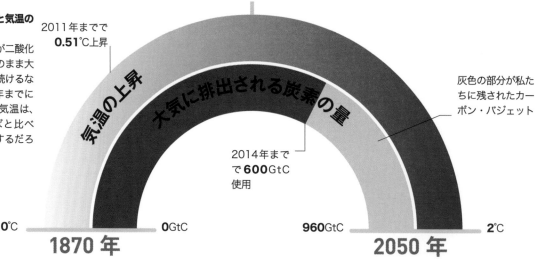

1℃上昇

2011年までで
0.51℃上昇

気温の上昇

大気に排出される炭素の量

灰色の部分が私たちに残されたカーボン・バジェット

2014年までで**600**GtC使用

0℃   0GtC   960GtC   2℃

1870 年   **2050 年**

2014年、私たち には 358GtC の カーボン・バジェットが 残っていた

2045年

50GtC

2040年

110GtC

2030年

110GtC

2020年

55GtC

2014年

2020年に残って いると予想される カーボン・バジェ ットは270GtC

行動を起こす時

2014年の時点では、残りのカーボン・バジェットは約30年もつよう設定されていた。私たちが「支出」するスピードが速ければ、予定よりも早く世界を2℃の制限の不履行に追いやることになる。

1870年の カーボン・ バジェットは 960GtC あった

2014年までに、 私たちは 600GtC 使い果たした

正しい道を見つける

2℃未満の気温上昇と調和する排出量の方針に従うためにはさまざまな戦略が必要とされる。多くはエネルギー源の選択と関連するが、乱伐、土地利用、経済政策とも関連がある。すでに有望な成果が現れている分野もあるが、もっと多くの行動が緊急に必要とされている。

省エネ機器
電力を効率的に利用すれば排出量は減らせる。工場では最新の電気モーター、家庭ではLEDを取りつけるなど。

再生可能な電力
化石燃料から再生可能なエネルギーに変えるのは、2℃未満に抑えるための排出量の方針に沿う大きな要素だろう。

二酸化炭素回収
排出された二酸化炭素の回収と貯留(136-137頁参照)は、まだ技術面での進展は限定的だが、発電所からの排出量を減らすことができる。

自動車の効率
エネルギー効率のよい従来のエンジン、ハイブリッド電気技術、電気自動車は排出量を減らし、空気をきれいにする。

低炭素燃料
自動車を動かすためのガソリンやディーゼルにバイオ燃料を組み合わせ、持続可能に供給されたバイオマスを製造業で使えば、化石燃料への依存を減らせるだろう。

賢明な成長(スマート・グロース)
会社や学校、商店に近いところに住宅地と持続可能な交通手段を建設すれば、環境を保護し、地域経済を支えるだろう。

炭素税
汚染している産業に炭素排出量の代金の支払いを義務づけることで、明確な経済的合図を送ることになり、クリーンなエネルギー源に投資を促すだろう。

森林土壌有機炭素
伐採の中止と森林の保全は2℃の目標を達成するだけでなく、野生動物の保護と水源の保全に大きく貢献するだろう。

補助金の交付先の切り替え
化石燃料交付金の廃止により排出量を約13%削減できる。この貴重な交付金で再生可能エネルギーを財政的に支援できるだろう。

フィードバック・ループ

化石燃料の排出量と土地利用の変化は人間の力である程度制御できることだが、地球の温暖化が進行するにつれ次第に、いわゆるフィードバックが、気候の変化に重要な役割を演じるようになっている。

気候フィードバックとは、温暖化を速める（正のフィードバック）、あるいは温暖化のスピードを緩める（負のフィードバック）気候変動の影響である。たとえば、気温が高くなると多く発生するある種の雲は、冷却効果をもたらすので、気候変動のスピードを弱める可能性がある。世界が温暖になればそれだけ、排出量削減のためにどんな行動を取ろうとも、主要な正のフィードバック要素によって気候変動が促進されるリスクが増していく。

2010年の**アマゾンの干ばつ**によって約**220億トンの炭素**が**放出**された

フィードバック・ループとその影響

地球温暖化を加速する深刻な正のフィードバックと考えられる現象が各地で起きている。このことが2009年に平均気温の上昇を2℃未満に抑える目標を各国政府が採択した理由の一つである。気温が2℃以上上昇した場合、フィードバックにより気候変動が加速する可能性がある。正のフィードバックには、地表を覆う氷の減少、熱帯雨林の枯死、海底メタンの放出、永久凍土の融解がある。

二酸化炭素が排出される

北極の海氷の融解

氷の表面にぶつかった太陽エネルギーの大部分は反射して宇宙に出ていく。北極やその他の地域の氷が溶けるにつれ、海洋とツンドラの、これまで氷で隠れていた部分が太陽光にさらされるようになる。海洋とツンドラはより多くの太陽エネルギーを吸収するようになるので、地球の温暖化のスピードが増し、その結果ますます氷が溶ける。

海底メタンの放出

海底には大量のメタンが蓄えられている。このメタンは低い温度で安定するが、地球温暖化により大気中に放出されようとしている。この強力な温室効果ガスは温暖化のスピードを速め、海底と永久凍土からさらに多くのメタンを放出させる。

永久凍土の融解

極地域に近い高緯度地方では、永久凍土として凍った泥炭土の広大な地域がある。そこには二酸化炭素とメタンが閉じ込められている。気候が温暖になり、永久凍土が溶けていくにつれ、これらの温室効果ガスが放出される。気体が放出されるにつれて、融解と放出の量は増えていく。

熱帯雨林の枯死

降水量の減少と熱ストレスは広大な熱帯雨林を乾燥させ、サバンナ、すなわち草原地帯へと変える原因になりうる。草原地帯の生態系は密林よりも保持する炭素の量が少ないので、大気中の炭素濃度は増す。森林に起きる変化はそこに生息する多くの野生生物にも影響をおよぼすことになる。

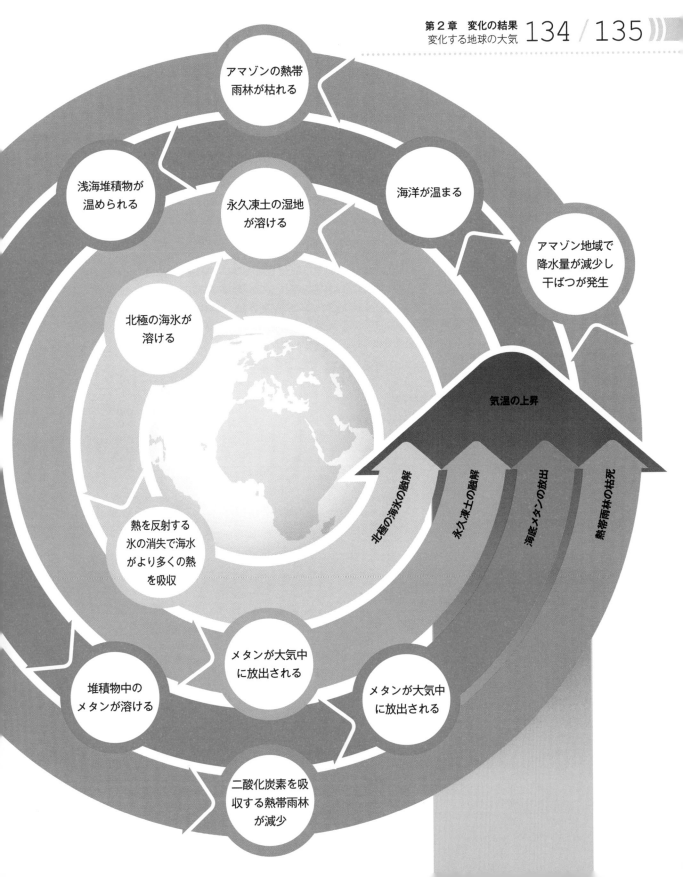

どれだけ化石燃料を使えるのか？

現在では、気温上昇幅の制限を超過することなく、あとどのくらいの量まで温室効果ガスを排出できるか計算することが可能である。これを念頭に入れて、地球に存在する化石燃料をどう利用したら最適かを決定しなければならない。

カーボン・バジェットは、各国が合意した、大気中に放出できる温室効果ガス、とりわけ二酸化炭素（CO_2）の量を表示する。これは、危険なレベルまで気温を上昇させることなく燃やすことが可能な石炭、石油、天然ガスの量を決定するために、既知の化石燃料の埋蔵量で比較されている。2009年には、温暖化の危険なレベルが、産業化以前の時代の世界の平均気温よりも2℃以上の上昇であることが合意された（132−133頁参照）。世界全体の気温の上昇を80％の可能性で2℃未満に保つには、埋蔵量の3分の2まで燃やすことが可能と見積もられている。

予算の範囲でまかなう

地中には私たちが安全な範囲で燃やせるよりも多くの量の化石燃料が存在する。既知の全埋蔵量から排出されるCO_2の量は762GtC（ギガトン炭素換算）と推定される。この数字にはまだ発見されていない新たな鉱床の分は含まれていない。したがって、気候変動に対する効果的な行動とは、石炭、石油、天然ガスの企業の資産を地中に放置させるか、「取り残す」ように仕向けることである。

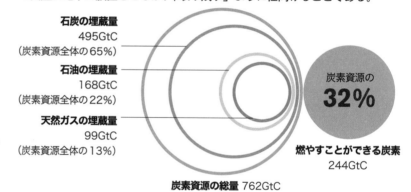

石炭の埋蔵量
495GtC
（炭素資源全体の65%）

石油の埋蔵量
168GtC
（炭素資源全体の22%）

天然ガスの埋蔵量
99GtC
（炭素資源全体の13%）

炭素資源の
32%

燃やすことができる炭素
244GtC

炭素資源の総量 762GtC

炭素回収技術

試験段階の炭素回収技術が実現すれば、2℃のカーボン・バジェットを超えることなしに化石燃料を使うことが可能になるかもしれない。この方法は発生源で排出された二酸化炭素を吸収し、圧縮して液体にする。その後地層に流し入れて貯留する。

非可採炭層
二酸化炭素は貯留のために人が接近しにくい地下深部か非可採石炭鉱床へ注入されるかもしれない。この処置をおこなう間に温室効果ガスのメタンが放出される。その時メタンを回収して、エネルギー源として使うこともできる。

枯渇した石油鉱床
生産が終了に近づいている油田と天然ガス田を炭素の貯留に使うことができる。石油増進回収法と呼ばれる技術で二酸化炭素を油層に注入すれば、既存油田からさらに多くの石油が回収できる可能性がある。

地下深くの塩分を含んだ地層
塩水を含んだ砂岩と石灰岩でできている深い地層は、他の種類の層に覆われているために、不浸透性の場合がある。つまり、注入された二酸化炭素を保つことができる。

23.4%

2014年の中国の**二酸化炭素排出量**が**世界全体の排出量**に占めた割合

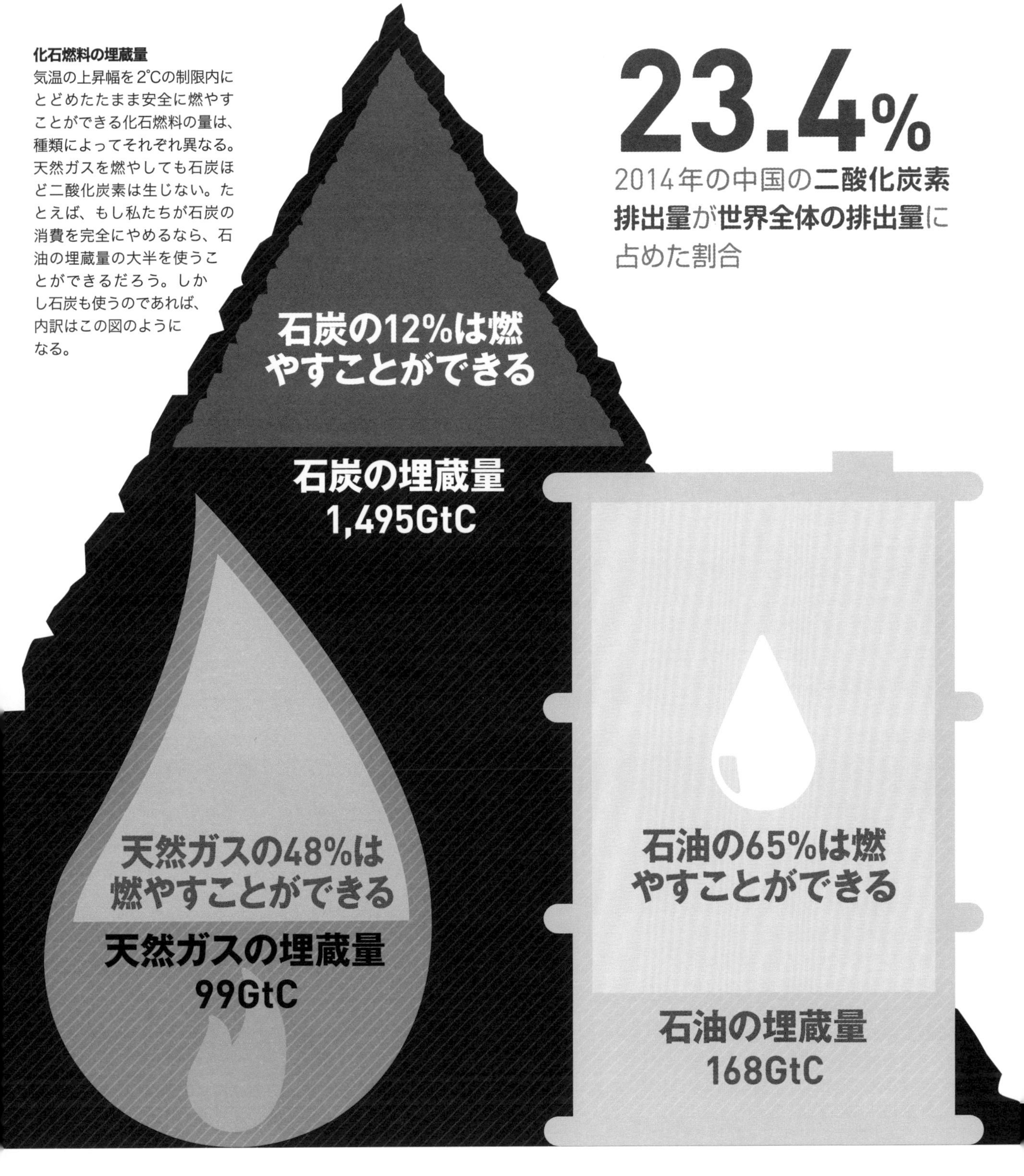

化石燃料の埋蔵量

気温の上昇幅を2℃の制限内にとどめたたまま安全に燃やすことができる化石燃料の量は、種類によってそれぞれ異なる。天然ガスを燃やしても石炭ほど二酸化炭素は生じない。たとえば、もし私たちが石炭の消費を完全にやめるなら、石油の埋蔵量の大半を使うことができるだろう。しかし石炭も使うのであれば、内訳はこの図のようになる。

石炭の12%は燃やすことができる

石炭の埋蔵量
1,495GtC

天然ガスの48%は燃やすことができる

天然ガスの埋蔵量
99GtC

石油の65%は燃やすことができる

石油の埋蔵量
168GtC

炭素削減の岐路

現在、世界は岐路に立っている。地球の平均気温の上昇を工業化以前の平均より2℃未満の上昇に抑えるために、今、行動が求められている。

二酸化炭素（CO_2）と、他の温室効果ガスの将来の大気中濃度は、エネルギー源、人口の動態、個人消費の動向などさまざまな要因で決まる。緊急に行動を起こさなければ、21世紀の後半まで地球の温暖化を2℃未満に制限するのはほとんど不可能になるだろう。

過去、現在、未来

2014年に最終的に承認された、気候変動に関する政府間パネル（IPCC）第5次評価報告書は、気候変動に関する包括的な評価である。この重要な報告の中でもとりわけ重要なのは、人間の活動、とりわけCO_2の放出が、疑いもなく地球の気温を長期にわたり上昇させている原因としたことである。たとえ大気中への排出をただちにやめたとしても、すでに大気中に存在する温室効果ガスの結果、気温はなおも上昇し続けるだろう。気温の上昇を緩和するには、今後永久に、相当量の温室効果ガスの排出を削減する必要がある。

RCP とは？

IPCCは第5次評価報告書の中で、将来起こりうる気候変動の道筋として4種類のシナリオを示した。代表的濃度経路（RCP）と名づけられたそのシナリオは、温室効果ガスの蓄積と、それが21世紀の間に地球の平均気温におよぼす影響を予測している。各経路は、社会や経済のさまざまな動向と政策の選択にもとづいた、対照的なシナリオと一致している。

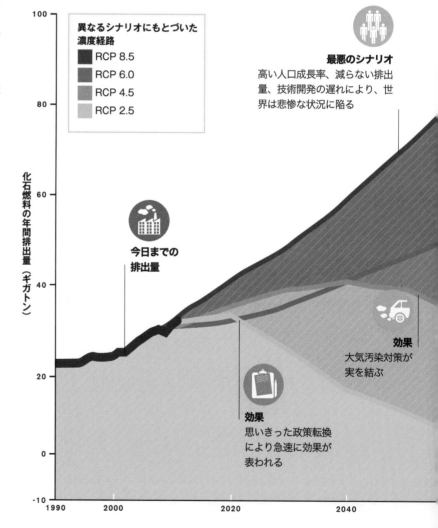

異なるシナリオにもとづいた濃度経路
- RCP 8.5
- RCP 6.0
- RCP 4.5
- RCP 2.5

化石燃料の年間排出量（ギガトン）

最悪のシナリオ
高い人口成長率、減らない排出量、技術開発の遅れにより、世界は悲惨な状況に陥る

今日までの排出量

効果
大気汚染対策が実を結ぶ

効果
思いきった政策転換により急速に効果が表われる

> 「私たちはこの世界を……**未来の世代から預かっているだけなので、い**ずれ彼らに**この世界を返さなければならない」**

ローマ教皇フランシスコ

最高度の濃度経路

RCP8.5は、人口成長率の上昇や開発途上国の貧困拡大、技術開発の遅れ、化石燃料の燃焼による排出量増加が続いた場合のシナリオである。排出量は最終的に安定するが、世界の平均気温は最高約5℃上昇する。

生態系の衰退
広大な面積の熱帯雨林をはじめ、多くの生態系が崩壊するので、さらに多くのCO_2が放出される。

高度の濃度経路

RCP6は、さまざまな技術の進歩で、2080年代に大規模な効果を表し始めるシナリオである。これによって2100年頃までに二酸化炭素や他の温室効果ガスの濃度が安定する。このシナリオのもとでは地球の平均気温は約3℃の上昇である。

食料不足
降水量と気温の変化により、食料の生産高、とりわけ穀物の生産高が減少する。

中程度の濃度経路

RCP4.5は、気候変動と大気汚染に関する対策をほどほどに講じた場合に起きるシナリオである。森林の保護と再生が2040年代から60年代にかけてかなりの成果をもたらし、2080年代には排出量が1980年代と同じ水準になる。気温の上昇は2〜3℃である。

サンゴ礁の減少
世界のサンゴ礁の約3分の2が長期にわたり深刻な被害をこうむる。

低度の濃度経路

RCP2.5は、ただちに政策を抜本的に改め、再生可能エネルギーや省エネ、大規模な森林保護を奨励することで、排出量が早くにピークを迎え、その後減少していくシナリオである。この場合、地球の平均気温は危機的な2℃の限界内におさまる。

牛乳生産量の減少
牧草の質の低下と高温が牛に与えるストレスのため、オーストラリアなど主要な乳製品輸出国が影響を受ける。

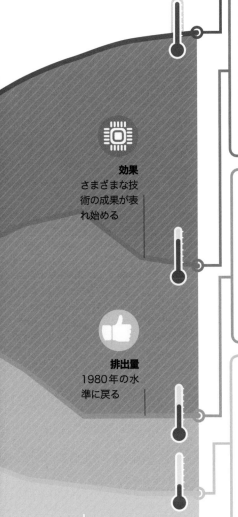

効果
さまざまな技術の成果が表れ始める

排出量
1980年の水準に戻る

2080　　　　2100年

炭素の循環

炭素は生命にとって大変重要な物質で、あらゆる生物に存在する。岩石、植物と動物、大気、海洋の間を二酸化炭素（CO_2）などに形を変えながら、地球のシステムをくまなく循環している。二酸化炭素は呼吸を通じて、また燃焼の結果として大気に加えられる。そしてほとんどが光合成（172頁）と海水への吸収（160−161頁）によって大気から取り出される。過去2世紀の間、人間の活動、主に化石燃料の燃焼と森林伐採によって炭素の循環がひどく乱れたために、多くの二酸化炭素が大気中に蓄積するようになった。イラストは、炭素が地球のシステムのさまざまな要素を循環する様子を示している。

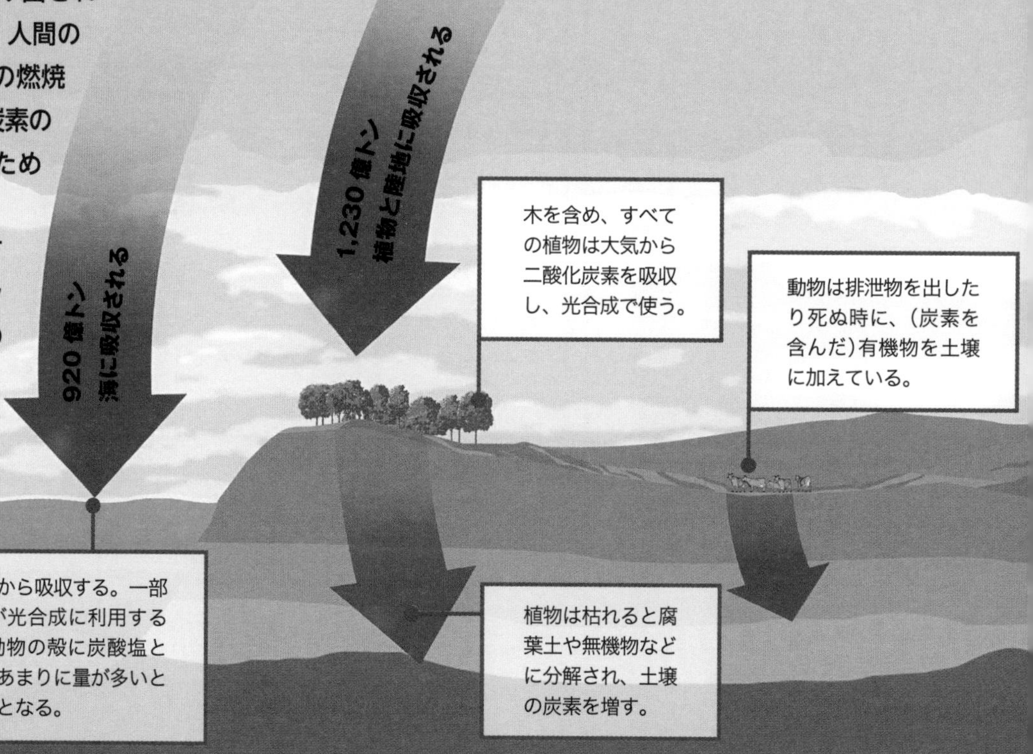

920億トン
海に吸収される

1,230億トン
植物と陸地に吸収される

木を含め、すべての植物は大気から二酸化炭素を吸収し、光合成で使う。

動物は排泄物を出したり死ぬ時に、（炭素を含んだ）有機物を土壌に加えている。

海は二酸化炭素を大気から吸収する。一部は植物プランクトンが光合成に利用する——あるいは、海生動物の殻に炭酸塩として蓄積する。しかしあまりに量が多いと海水が酸性化する原因となる。

植物は枯れると腐葉土や無機物などに分解され、土壌の炭素を増す。

森林破壊による損失

森林伐採は、人間活動で排出される温室効果ガスの約5分の1を占める——これは全世界の輸送機関から排出される量を上回る。森林伐採を中止し、伐採された森林を回復させれば、気候変動に立ち向かうために必要な作用の3分の2をもたらすことができる。

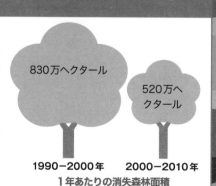

830万ヘクタール

520万ヘクタール

1990−2000年　　2000−2010年

1年あたりの消失森林面積

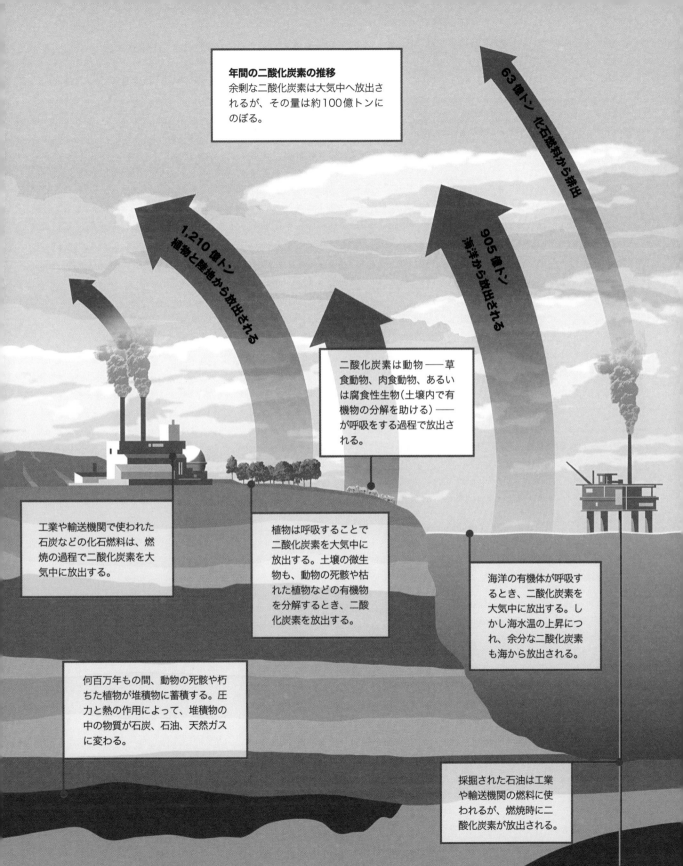

年間の二酸化炭素の推移
余剰な二酸化炭素は大気中へ放出されるが、その量は約100億トンにのぼる。

63 億トン　化石燃料から排出

1,210 億トン　植物と陸地から放出される

905 億トン　海洋から放出される

二酸化炭素は動物 —— 草食動物、肉食動物、あるいは腐食性生物（土壌内で有機物の分解を助ける）—— が呼吸をする過程で放出される。

工業や輸送機関で使われた石炭などの化石燃料は、燃焼の過程で二酸化炭素を大気中に放出する。

植物は呼吸することで二酸化炭素を大気中に放出する。土壌の微生物も、動物の死骸や枯れた植物などの有機物を分解するとき、二酸化炭素を放出する。

海洋の有機体が呼吸するとき、二酸化炭素を大気中に放出する。しかし海水温の上昇につれ、余分な二酸化炭素も海から放出される。

何百万年もの間、動物の死骸や朽ちた植物が堆積物に蓄積する。圧力と熱の作用によって、堆積物の中の物質が石炭、石油、天然ガスに変わる。

採掘された石油は工業や輸送機関の燃料に使われるが、燃焼時に二酸化炭素が放出される。

未来のための目標

2015年、パリで開催された国連気候変動枠組条約第21回締約国会議（COP21）において、各国は地球の平均気温上昇を2℃未満に抑える公約を正式に承認し、さらに、実現が難しいとされる1.5℃の制限を目標にすることにも合意した。

国連気候変動枠組条約は、1992年にブラジルのリオデジャネイロで開かれた地球サミットで採択された。この法的拘束力のある条約のもとでの交渉により、2015年、新たな協定がパリで締結されることになった。各国はこのパリ協定のもとで、温室効果ガスの排出量を削減するために国内で進める自発的な行動計画を採択した。これは大きな前進となったが、全体の削減量は、地球の気温上昇を2℃未満に制限するという目標をかなえるには不十分である。とはいえ各国には、削減状況の進捗を再検証し、より大幅な削減が必要かどうか検討するため、5年ごとの見直し作業が義務づけられている。

関連項目

› 2℃未満に抑える　132−133頁
› 炭素削減の岐路　138−139頁
› どんな対策が有効か
　　188−189頁

歴史的な経過
1992年以降、重要なサミットが何回も開催され、気候変動問題への対策が各国首脳の間で議論されてきた。しかしこれまでのところ成果はみられない。

主要排出国

2011年には、二酸化炭素排出量の多い上位10か国で、地球全体の排出量の約3分の2を占めた。これらのすべての国（とその他の175か国）が、2015年のパリ協定の一環として排出量の削減に取り組む。図の中の数字は2011年に各国が排出した二酸化炭素の量（単位100万トンCO_2換算、$MtCO_2$）である。各国が提案した削減量は2020年から2030年までの分である。

10位　メキシコ
2030年までに22%の排出量削減を計画。また国際炭素価格に取り組む世界的な取り決めなど、条件が満たされれば、さらにこの値を引き上げる方針

8位　日本
財政難と原発問題にもかかわらず、2013年比で26%の排出量削減を目標にしている

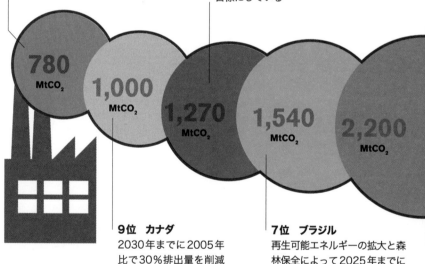

780 $MtCO_2$

1,000 $MtCO_2$

1,270 $MtCO_2$

1,540 $MtCO_2$

2,200 $MtCO_2$

9位　カナダ
2030年までに2005年比で30%排出量を削減する意向

7位　ブラジル
再生可能エネルギーの拡大と森林保全によって2025年までに37%排出量の削減に対処する計画

3位 ヨーロッパ連合(EU)
2030年までに1990年比で少なくとも40%排出量削減の目標を掲げる

4位 インド
GDPあたりの排出量（排出原単位）を2005年比で33－35％削減する計画

「**私たちが**志を最大限高く保って**結束するなら**、そして、未来の世代のために最大限努力して**地球を保護する**なら、**この問題を解決することはできる**」

··
バラク・オバマ（第44代米国大統領）

2,500 MtCO$_2$

4,250 MtCO$_2$

6,780 MtCO$_2$

2,430 MtCO$_2$

11,300 MtCO$_2$

5位 ロシア
1990年比で25－30％の排出量削減を計画

2位 米国
2025年までに2005年比で26－28％の排出量削減を誓約

6位 インドネシア
森林火災にもかかわらず、2030年までに無条件の29％排出量削減という目標をかかげたが、達成は不可能な状況

1位 中国
2030年までに二酸化炭素排出量を減少に転じさせる目標。さらに排出原単位を2005年比で60－65％減少させる計画

2009年
コペンハーゲンサミットでは拘束力のない不十分な合意に終わる

2011年
ダーバンで開催された国連気候変動枠組締約国会議（COP17）で、2015年にパリで合意に達することになる、新たな法的拘束力のある気候変動条約のための交渉を始めることに合意

2014年
IPCC第5次評価報告書が「気候システムに関して人間の影響は明らか」で、「人間による温室効果ガスの排出量は史上最大」と結論づける

2015年
パリで開催されたCOP21で、気温の上昇幅を2℃未満、可能であれば1.5℃未満に抑えるという、法的拘束力を有する世界的な取り組みに各国が合意

有害物質を含んだ大気

大気汚染は早死にの主な原因である。巨大都市の増加が、エネルギーや車の需要の増加と組み合わさって、事態を悪化させている。

さまざまな汚染物質が空気に入り、人間の健康をそこなう原因となっている。自動車の排気ガス、発電所がもたらす排出物質、森林火災が主な汚染源である。健康をおびやかす悪名高い有害大気汚染物質には、微小粒子状物質、窒素酸化物、一酸化炭素、私たちが呼吸する空気に含まれると有害なオゾンがある。乗用車やトラックは特に問題が多い。ディーゼルエンジンから放出される窒素酸化物と微小粒子状物質、さらに日光がガソリンの排気ガスに作用することによって生じる光化学スモッグが多くの命を奪っている。

悪影響をおよぼす粒子
汚染粒子は粒子の直径によりPM2.5とPM10に分類される。WHOは最大限安全な範囲を、24時間平均値でPM2.5の粒子を1立方メートルあたり25μg以下と定めている。

汚染源
大気汚染の主な原因は発電所、工場、自動車から排出される有害物質である。汚染物質と認識されているにもかかわらず、排出を削減するための措置は十分におこなわれていない。その結果多くの人が亡くなっている。

大気汚染が原因の病死
大気汚染が悪化すると、命にかかわる病気の発症例が増える。燃焼によって放出される粒子状物質は直径2ミクロン（μm、1μm＝1,000分の1mm）以下の場合もあるので、肺の奥深くまで達し、血流に入り込む。世界保健機関（WHO）は2012年、大気汚染関連の死者370万人を病気の種類別に分類した数字を公表した。

人間の髪の太さ
（50－70μm）

ちりや花粉など、**PM10**
粒子の直径（10μm）

有毒粒子PM2.5の直径（2.5μm以下）

有害粒子

有害物質を含んだ空気

脳卒中　40%
汚染物質は脳の血管にダメージを与えるため、脳の組織の酸素欠乏と死をもたらす

COPD　11%
慢性閉塞症肺疾患（COPD）は気道を狭くするので、死に至ることもある

肺がん　6%
粒子状物質を含め、大気汚染にさらされる状態が増えることでリスクが高まる

急性下気道感染症　3%
世界中の幼い子どもたちの最大の死亡原因

心疾患　40%
大気汚染は血管の健康をそこなうため、血液の流れを妨げ、心筋梗塞を起こす可能性がある

世界で最も大気汚染がひどい地域

大気汚染が原因による死亡事例の約88%は低・中所得国で起きているが、これらの国には世界の人口の82%が居住する。2012年の時点で、太平洋東部と東南アジア地域の死者数がそれぞれ167万人と93万6,000人で最も多い。化石燃料を大量に消費する巨大都市（人口1,000万人以上の都市、40-41頁参照）では、2050年までに大気汚染による死者の数が2012年比で2倍に増加と予想する専門家もいる。実のところ、大気の汚染度が改善した地域もある。下の図で青く塗られているのは、1850年代以降、大気汚染による死者数が減少した地域である。

大気汚染が原因の早期死亡者
（400平方マイルあたりの年間の死者数）

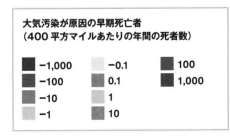

−1,000	−0.1	100
−100	0.1	1,000
−10	1	
−1	10	

私たちにできること

電気自動車で走る
ガソリンやディーゼルを燃料に走る車ではなく電気自動車を選ぶことで、大気の質の改善と公衆衛生の向上に貢献できる。

木を植える
汚染された都市部に木の数を増やすことは大気の浄化に役立つ。樹木の葉は、雨が降ると地面に流される粒子や他の汚染物質を吸着・捕捉してくれる。

ロンドン
1950年代に厚く垂れこめるスモッグを阻止するための議案が提出された結果、大気の状態は改善された

ニューヨーク
光化学スモッグその他の汚染は減少しているが、今でも死亡原因の約6%を占める

北京
汚染物質はしばしばWHOによって推奨されている上限の20倍に達する

デリー
粒子状汚染物質のため世界で最も大気汚染がひどい首都

メキシコシティ
メキシコの首都は汚染された空気にかけてはラテンアメリカ随一である

37億人
2012年に大気汚染が原因で早死にした人の推定数。その大半は開発途上国の住人であった。

酸性雨

酸性雨は二酸化硫黄と窒素酸化物などの大気汚染物質が原因である。それが大気中の水と反応して、植物、水生動物、建造物に有害な酸を作り出す。さらに人間の場合は重い呼吸器系の病気の原因となる。酸性雨（および酸性雪やみぞれ）の主な発生源は発電所と、鉄鋼やセメントなどの製造業の工場設備における大規模な石炭の燃焼である。酸性雨は汚染物質の発生源から何百キロメートル、さらには何千キロメートルも離れたところで降ることもある。対策が取られた地域、特に北米とヨーロッパでは、酸性雨をもたらす大気中の汚染物質は減少している。しかしその他の、中国とロシアを含めた国々では、今なお酸性雨は大きな問題である。

2 雲の中の水滴と混ざり合わない酸性の粒子と気体が、酸性の乾性降下物として地面に落ちる。

1 石炭が工場や発電所で燃やされる。

酸性雨が水域に流れ込み、湖や川を汚染する。川や湖は酸性になるので、魚などの淡水生物が死ぬ。

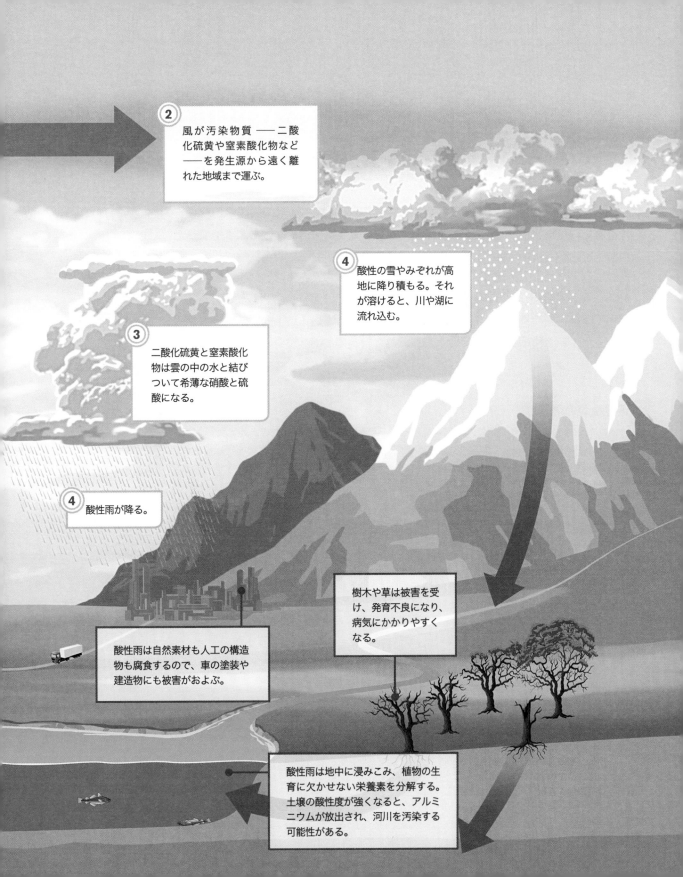

② 風が汚染物質 ── 二酸化硫黄や窒素酸化物など ── を発生源から遠く離れた地域まで運ぶ。

④ 酸性の雪やみぞれが高地に降り積もる。それが溶けると、川や湖に流れ込む。

③ 二酸化硫黄と窒素酸化物は雲の中の水と結びついて希薄な硝酸と硫酸になる。

④ 酸性雨が降る。

樹木や草は被害を受け、発育不良になり、病気にかかりやすくなる。

酸性雨は自然素材も人工の構造物も腐食するので、車の塗装や建造物にも被害がおよぶ。

酸性雨は地中に浸みこみ、植物の生育に欠かせない栄養素を分解する。土壌の酸性度が強くなると、アルミニウムが放出され、河川を汚染する可能性がある。

土地の改変

20世紀に拡大した家畜飼料栽培用の農地や牧草地と、木材や紙の需要の増加を支えるための森林開発が、次第に地球の自然環境に大きな負荷をかけるようになった。同時に私たち人間は、自分たちの需要をまかなうために野生生物を犠牲にして、森林を伐採したり土地を利用したりすることで、地球のさまざまな生態系を破壊してきた。その結果起こっている現象のひとつが、かつては実り豊かであった土地の砂漠化である。国によっては、土地が貴重な資源となっている。世界の多くの国が今、食料やバイオ燃料を生産するため、遠く離れた外国の土地へ投資し始めている。

天然資源の消費

科学者たちは「第一次生産量の人間による占有率（HANPP）」と呼ばれる、地球資源の全般的な使い道を測る指標を開発した。この指標は、現在人間が第一次生産量をどれだけ過度に消費しているかを割合で示す。（第一次生産量とは光合成によって植物が作り出した有機物質、植物バイオマスの総計。）　私たちは植物バイオマスを食料として収穫し、燃料として燃やすことで土地の生産性を活用している。土地利用におけるこの変化が、生態系のダメージと、野生生物の多様性と個体数の減少の主な原因である。下の大きなグラフは、私たち人間による第一次生産量の消費（HANPP）が過去1世紀にわたり劇的に増加した結果、他のすべての種を支えるのにわずかしか残っていないことを示している。

> 農業生産性が上昇したおかげで、戦後は増産のために新たに農地を増やす必要がそれほどなかった。

「森林は…**地球規模の巨大な公共設備**として機能し、
きわめて重要な公共サービス
を**人類全体**に供給している」
....
チャールズ英皇太子

| 1910 | 1920 | 1930 | 1940 | 1950 |

年

バイオマスの変化

地球の生産力をどれだけ人間が消耗しているかを測る指標の中で最も劇的な変化を見せたのが、人間と、牛や羊、豚などの家畜で構成されるバイオマスと比較した、陸に住む野生の脊椎動物のバイオマスの割合である。1万年前は、ごくわずかな人間しか存在せず、動物バイオマスは家畜よりも野生生物で大部分構成されていた。今日、陸生脊椎動物のバイオマスの96%は人間と家畜で構成される。

陸生脊椎
動物の
バイオマス

野生
動物

人間と
家畜

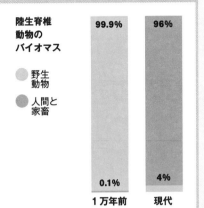

99.9%

0.1%

1万年前

96%

4%

現代

収穫量の増加はゆるやかであったため、人口と消費量は増加し続けているにもかかわらず、HANPPの増加率は横ばい状態になる。

第一次生産量の人間による占有率（ギガトン炭素換算／年）

急速な人口増加と、人間による土地と植物バイオマスの占有率の急激な増加が同時に起きた。

1990年代
新興国の急速な経済成長が、肉類と乳製品の需要と、それらを生産するための土地の需要を一層高めることになった。

1960年代
農業生産量が増加したにもかかわらず、人口の激増により、人間の需要をまかなうためにますます多くの土地が利用されることになった。

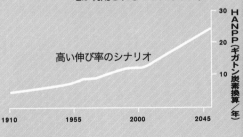

高い伸び率のシナリオ

HANPP（ギガトン炭素換算／年）

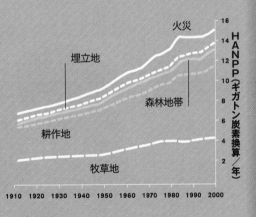

火災

埋立地

森林地帯

耕作地

牧草地

HANPP（ギガトン炭素換算／年）

将来の傾向
バイオエネルギー（燃料用の穀物など）の高い伸び率に基づいた予測が、HANPPは2050年までにさらに上昇し、自然環境と、生命を守るのに必要な生態系サービスにさらなる圧力が生じることを示唆する。

増加の原因
過去100年間のHANPPの増加の大部分は、耕作地や放牧地へ改変された自然環境によって説明される。森林火災も、森林資源の消費と同様に、相当の割合を占める。

森林伐採

世界の自然植生の大部分は、人間の活動の結果、すでに消失してしまったか、はなはだしく改変されている。地球全体の変化は、自然林の面積が急激に減少したことが原因である。

森林は地球の健全な状態を維持するためにきわめて重要である。温室効果ガスを回収するという大切な役割を果たす以外にも、多くの人間の要求（次頁右上の囲みを参照）を満たしてくれる。しかし定住農業が始まって以来、広大な面積の森林が失われている。1700年以降、森林消滅のスピードは、人類史上かつてなかったほど速まっている。ヨ

ーロッパとアジアで始まったこのプロセスは、北米、さらに熱帯地方にも広がった。ヨーロッパ、西アフリカ、東南アジア、ブラジル南東部の大半では、自然林はほとんど残っていない。農業が森林消失の主な原因であるが、その前に木材の伐採が起こることが多い。

時とともに消失した森林

20世紀初頭まで、森林伐採の割合が高かったのはアジア、ヨーロッパ、北米の温帯の森林であった。20世紀半ばまでにこのパターンが変化した。森林伐採は温帯の森林ではほぼ止まった（その後再開した地域もある）が、熱帯地方で急速に増加した。熱帯の森林伐採のスピードはその後も減速せず、アフリカ、アジア、ラテンアメリカの国々では広大な面積を占めていた森林が消失し続けている。

森林の消失面積
（単位ヘクタール＝Ha）

● 温帯林　● 熱帯林

4億Ha

1億7,000万
Ha

1億
1,000万
Ha

1,000万
Ha

1億4,000万
Ha

7,000万
Ha

2億4,000万Ha

1億Ha

1700年以前

1700-1849年

1850-1919年

1920-1949年

森林が増えた国と減った国

森林伐採が急速に進んでいる国もあれば、木陰が
プランテーションに広がる国もある。ここに挙げ
たのは、森林被覆率に近年大きな変化が起きた国
の一部である。

大幅に増した国
中国
ベトナム
フィリピン
インド
ウルグアイ

大幅に消失した国
マレーシア
パラグアイ
インドネシア
グアテマラ
カンボジア

私たち人間に森林が必要な理由

森林は木材獲得のために荒
らされ、農地に変えるため
に切り払われる。こうした
営みから社会は対価を得る
が、もっと重要な森林の価
値が失われつつある。

 燃料
多くの人が薪を得る
ために森林に依存し
ている。

炭素の貯留
森林は炭素の循環
（140-141頁参照）
に重要で、気候変動
に立ち向かうのに役
立つ。

 水の供給
森林は雨雲を作り出
すので、水の安全保
障に欠かせない。

 紙
森林が世界に紙を供給す
る。

 土壌の保護
森林地帯は土壌の浸食と
砂漠の拡大を抑えるのに
役立つ。

 洪水の予防
樹木の茂った地形は土壌
に水を保つので洪水のリ
スクを減少させる。

薬と食料
人間がかかる病気の多く
は、森林の植物や動物で
発見された薬で治療され
る。さらに森林は食料も
もたらす。

生物多様性
陸上の野生生物種の約
70%が森林地帯、特に熱
帯林に生息する。

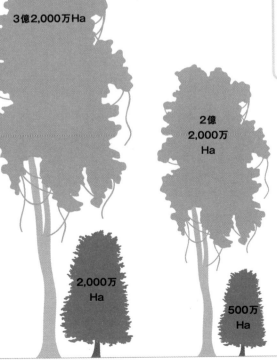

3億2,000万Ha

2億
2,000万
Ha

2,000万
Ha

500万
Ha

1億
1,000万
Ha

0

1950-1979年　　　1980-1995年　　　1996-2010年

自分にできること

‣ 森林管理協議会（FSC）に認
証された木材や紙製品を購入
する。

‣ 「森林破壊ゼロ」や「森林破壊
差し引きゼロ」の方針を採用
している企業について調べる。

‣ 自宅の近くや旅行先で自然林
を訪れて金銭的な支援をする。

砂漠化

世界各地で半乾燥地域の土地が砂漠に変化している。これは主に、繊細な生態系、特にサバンナの土壌の荒廃が原因で、土壌流出と砂漠化をもたらしている。

砂漠化とは、草原や森林など、半乾燥、乾燥地域における生態系の永続的な劣化である。気候の変化などの自然的要因と、人間活動による人為的要因で引き起こされる。世界の陸地の3分の1以上は砂漠化しやすく、すでに乾燥地域全体の10−20％は拡大する砂漠で失われた。最も広範囲におよぶ砂漠化の影響は、北アフリカ、中東、オーストラリア、中国南西部、南米西部の亜熱帯の砂漠周辺でみられる。その他に危機に瀕している地域として、地中海周辺諸国と、アジアの亜熱帯地域に広がるステップ（草原）が挙げられる。

砂漠化により、かつては生産力の高かった土地が植物の生えない不毛の地となる。生物多様性、貧困の撲滅、社会経済的安定、持続可能な開発に深刻な影響をおよぼす、地球全体の問題である。

関連項目

> 食糧安全保障への脅威
> 74−75 頁

> 極端気象の増加　130−131 頁

事例研究

チャド湖

> 1963 年当時、アフリカのチャド湖は 2 万 6,000km² におよぶ巨大な湖であった。2001 年には 5 分の 1 の大きさになり、その後 1,300km² まで縮小した。かつては沿岸に住む何百万もの人がここで漁業や農業を営んでいた。

> 森林伐採と過放牧に加え、灌漑用に水を転用したことが、砂漠化が進行した原因で、地域の住民の生活は貧しくなった。

湖の変化
■ 1972年　■ 1987年　□ 2007年

砂漠化の影響

森林伐採や農業など、人間が営むさまざまな活動によって砂漠は拡大し、その過程で次々と問題が生じている。その影響をこうむることになるのは世界で最も脆弱な国々だが、実際には砂漠化の影響はもっと広範囲にわたる。気候変動の影響が事態をますます深刻なものにしており、干ばつが土地に対する人間の直接的影響を一層悪化させている。

換金作物の栽培
海外へ輸出する作物の栽培は、地元の市場へ出荷する作物よりも集約的な農業になりやすく、土壌を劣化させる原因となる。

不適切な灌漑
灌漑によって食料の生産性を高める試みが、かえって土の表面に塩類を上昇させ、塩が表層に集積して植物の生育を困難にすることがある。

原因

過剰な伐採
燃料のために木を伐採しすぎると、樹林被覆が減るため、土壌が侵食されやすくなる。

過剰な放牧
長期間にわたり一か所で多くの家畜を放牧しすぎると、土壌を保護する植物が取り除かれるため、水や風により浸食されやすくなる。

干上がった川
土壌がそこなわれると、水分を保つことができなくなり、河川の水量が減少する。植物が減ると大気中に蒸発する水分が少なくなるので、降水量が減る。

土壌の劣化
❱ **ひからびて、割れ目の入った土壌**
きびしい太陽の熱にさらされた土壌はひからび、わずかな雨水も通さなくなる。
❱ **土壌侵食**
森林の覆いが取り除かれるにつれ、表土が乾燥し、風や水の浸食にもろくなる。

生物種の減少
砂漠化が進行するにつれ、乾燥した草原地帯に固有の野生生物がいなくなる。

極端な気候
❱ **鉄砲水**
雨水が地中に浸透するかわりに、固くなった土壌の割れ目から流出するため、鉄砲水を引き起こす。
❱ **ガリー浸食**
洪水の水が集まって流れとなり、表土をはがして大きな谷状の溝（ガリー）を形成するため、土地はますます劣化する。
❱ **砂嵐の増加**
はがれた土は砂塵になる。風が強い日は砂塵が空気中に巻き上げられ、視界をさえぎるほどの砂嵐を形成する。

住民への影響
❱ **作物は枯れ牛は死ぬ**
家畜は死に農作物は枯れるため、人々はますます貧しくなる。
❱ **都市への移住**
砂漠化の進行によって農業が不可能になるので、人々は都市へ移住せざるをえない。
❱ **社会不安**
都市部の人口が増加して公的サービスを圧迫するようになると、社会不安が広がる。
❱ **死**
食料の生産が減少するため栄養不足が広がり、死亡者が出る。

砂漠化

自然界におよぼす影響

人間におよぼす影響

私たちにできること
❱ **政府は**、国連砂漠化対処条約（1992年合意）の目標を達成する計画に資金を供給することで、乾燥地に住む人々の生活状況の改善と、土地と土壌の生産性の維持や回復のために行動することができる。

海外農地の収奪

世界には、人口が増大しているにもかかわらず、食料を自国だけで生産する能力が限られる国がある。また食糧安全保障への懸念から、海外の農地を直接管理しようとしている政府や投資家もいる。

食料やバイオ燃料にする農作物の栽培に適した土地の不足が、水不足とあわせて、ますます多くの国にとって重要な問題となっている。過去には交易が、限られた土地しかない国に食料を供給する手段として利用されたが、現在では農業生産の直接の管理がより望ましいとされている。政府が地元の人々に意見を聞くことなく外国の大企業に土地を割り当てたために、対立が起きたり、暴力行為へ発展したりすることもある。外国の大手食品メーカーへの大規模な土地の割り当ては、森林などの自然環境に余計な負荷をかけるばかりでなく、受け入れ国の食糧安全保障をおびやかすことにもなる。大規模な土地買収の3分の2は、深刻な飢餓の問題を抱える国で起きている。

土地の争奪

海外農地の収奪は世界的な現象で、ヨーロッパや中東諸国、韓国、中国の大企業が、アジアやラテンアメリカ、東ヨーロッパの土地を直接管理下に置くために資金を投じている。とはいえ、資金の大半が集中しているのはアフリカである。

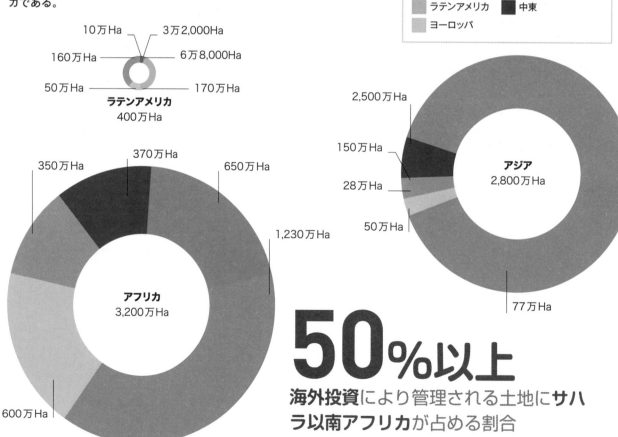

地域別海外投資国

- アフリカ
- アジア
- ラテンアメリカ
- ヨーロッパ
- 北米
- オセアニア
- 中東

ラテンアメリカ
400万Ha
10万Ha / 3万2,000Ha / 160万Ha / 6万8,000Ha / 50万Ha / 170万Ha

アジア
2,800万Ha
2,500万Ha / 150万Ha / 28万Ha / 50万Ha / 77万Ha

アフリカ
3,200万Ha
370万Ha / 650万Ha / 350万Ha / 1,230万Ha / 600万Ha

50%以上
海外投資により管理される土地にサハラ以南アフリカが占める割合

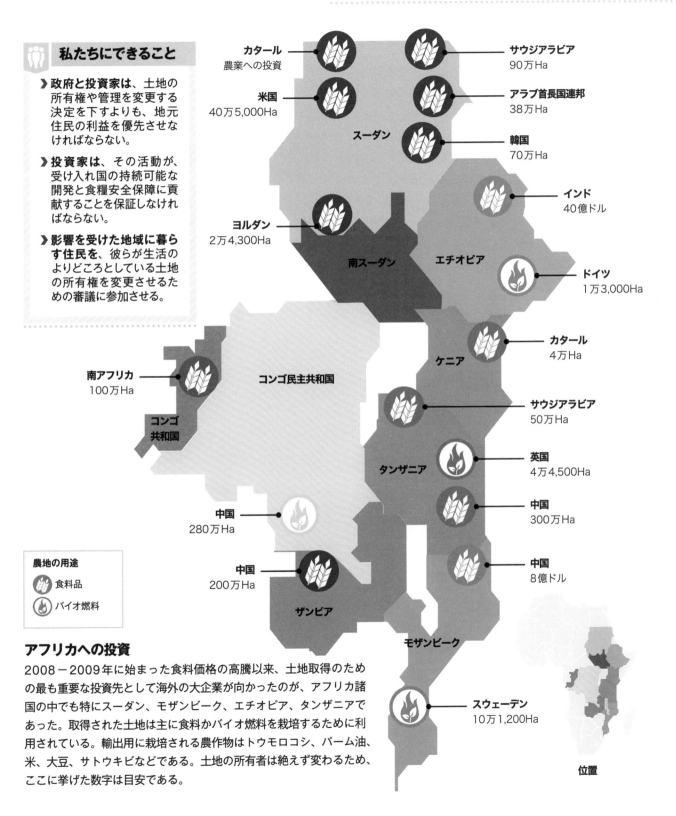

私たちにできること

▶ **政府と投資家は**、土地の所有権や管理を変更する決定を下すよりも、地元住民の利益を優先させなければならない。

▶ **投資家は**、その活動が、受け入れ国の持続可能な開発と食糧安全保障に貢献することを保証しなければならない。

▶ **影響を受けた地域に暮らす住民を**、彼らが生活のよりどころとしている土地の所有権を変更させるための審議に参加させる。

カタール
農業への投資

米国
40万5,000Ha

スーダン

サウジアラビア
90万Ha

アラブ首長国連邦
38万Ha

韓国
70万Ha

インド
40億ドル

ドイツ
1万3,000Ha

ヨルダン
2万4,300Ha

南スーダン

エチオピア

ケニア

カタール
4万Ha

南アフリカ
100万Ha

コンゴ民主共和国

サウジアラビア
50万Ha

コンゴ
共和国

英国
4万4,500Ha

タンザニア

中国
280万Ha

中国
300万Ha

中国
200万Ha

中国
8億ドル

ザンビア

モザンビーク

スウェーデン
10万1,200Ha

位置

農地の用途

🌾 食料品

🔥 バイオ燃料

アフリカへの投資

2008－2009年に始まった食料価格の高騰以来、土地取得のための最も重要な投資先として海外の大企業が向かったのが、アフリカ諸国の中でも特にスーダン、モザンビーク、エチオピア、タンザニアであった。取得された土地は主に食料かバイオ燃料を栽培するために利用されている。輸出用に栽培される農作物はトウモロコシ、パーム油、米、大豆、サトウキビなどである。土地の所有者は絶えず変わるため、ここに挙げた数字は目安である。

海の変化

海で捕獲される魚は経済発展の重要な源である。世界の漁獲高が世界経済に寄与する金額は、年間推定2,780億米ドルにのぼり、さらに造船業などの関連業界から1,600億米ドル以上もたらしている。世界の天然水産資源は何億人もの人々に雇用をもたらしているが、その圧倒的大多数は開発途上国に暮らす。また漁業は世界の食料安全保障に寄与している——世界全体でおよそ10億人が主要なタンパク源として、天然の魚に頼っている。これらの恩恵を今後も維持できるかどうかは、水産資源を今後どれだけ維持していけるかどうかにかかっている。

海の略奪

1950年代、海洋水産資源の漁獲高が急速に増えた。これはソナー装置など新しい技術の利用に加え、大型漁船の数が増えたことによる。政府の補助金が魚の乱獲を誘発したため、今日では資源の半分以上が持続可能最大収量——資源を減らすことなく捕獲できる最大限の漁獲量——に達しており、3分の1は乱獲のしすぎで衰退していると言っていいほどだ。右のグラフは世界の海域における年間水揚げ量を1950年から2016年まで示したものである。世界銀行は、水産資源が適切に管理されるならば、毎年500億ドル以上の経済価値を生み出すことができると予測する。

「食物連鎖の頂点で**乱獲**をし、最下層で**海洋を酸性化**しているなら、**地球全体のシステムを崩壊**しかねないほどのっぴきならない状況を生み出していることになる。」

テッド・ダンソン（米国の俳優、海洋保護活動家）

1950	1955	1960	1965	1970	1975	1980

年

絶滅の危機に瀕している魚類

英国の海洋保護協会や米国の環境保護基金など多くの組織が、どの魚を食べるべきか勧告している。クロマグロやチョウザメなどの絶滅の危機に直面している種の消費に反対し、ニシンやサバなどの資源の豊富な魚を選ぶよう呼びかけている。海洋管理協議会（MSC）は、消費者が賢い選択をすることができるよう、持続可能な魚類を認定している。

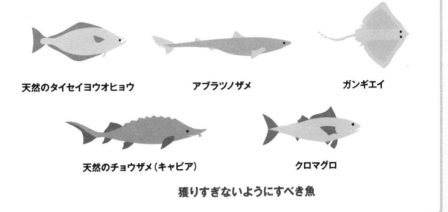

天然のタイセイヨウオヒョウ　　アブラツノザメ　　ガンギエイ

天然のチョウザメ（キャビア）　　クロマグロ

獲りすぎないようにすべき魚

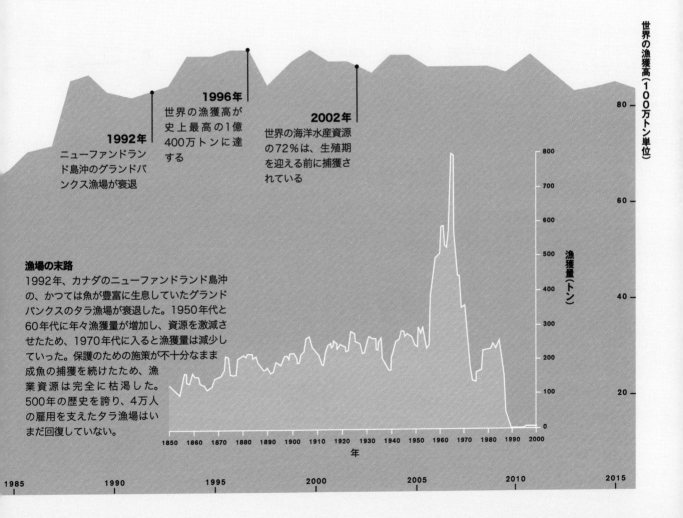

1992年
ニューファンドランド島沖のグランドバンクス漁場が衰退

1996年
世界の漁獲高が史上最高の1億400万トンに達する

2002年
世界の海洋水産資源の72％は、生殖期を迎える前に捕獲されている

漁場の末路
1992年、カナダのニューファンドランド島沖の、かつては魚が豊富に生息していたグランドバンクスのタラ漁場が衰退した。1950年代と60年代に年々漁獲量が増加し、資源を激減させたため、1970年代に入ると漁獲量は減少していった。保護のための施策が不十分なまま成魚の捕獲を続けたため、漁業資源は完全に枯渇した。500年の歴史を誇り、4万人の雇用を支えたタラ漁場はいまだ回復していない。

世界の漁獲高（100万トン単位）

漁獲量（トン）

年

養殖漁業

天然の水産資源に対する圧力が増すなか、養殖魚の生産が急速に拡大している。養殖魚は栄養摂取と食糧安全保障という目標の達成に向けて重要な貢献をする一方で、新たな問題も生じている。

過去50年間で、栽培漁業とも呼ばれる魚の養殖は大幅に拡大してきた。1970年には食用魚の5%を占めるにすぎなかった養殖魚だが、今日では世界で消費されている魚の約半分を占める。その割合は2030年までに3分の2近くまで上昇すると予想される。現在、魚の養殖業は、タラ、サケ、スズキ、ナマズをはじめとする海水魚と淡水魚の両方を大量に供給する世界規模の産業となっている。またエビやロブスター、ムール貝といった貝類の供給も増えている。

1980年から2010年の間の養殖魚の生産高の伸びは、天然魚の漁獲高の伸びを上回った──2010年に平均的な消費者は養殖魚を1980年のほぼ7倍食べていたほどである。魚は比較的効率よく餌を人間の消費用のタンパク質へ変えることができるが、養殖魚の増加とともに、多くの環境問題が生じている。

60%
世界の**養殖魚の生産**における**中国のシェア**

養殖の影響

養殖漁業の発展のおかげで、健康によいタンパク質が安く手に入るようになった。しかし養殖魚の生産が増えるにつれ、網や柵の中で飼育されているにもかかわらず、周辺海域に生息する天然の魚介類に寄生虫が広がるなど、環境への悪影響が明らかになってきた。

魚と魚油

サケ類の養殖には野生の稚魚などの小魚が餌として与えられる

生息環境の消失

養殖場の建設が生息環境をそこなう可能性がある。エビの養殖のため、生態学的に重要なマングローブの森が大量に伐採されている。

寄生虫

サカナジラミなどの寄生虫は、狭い場所に閉じ込められている魚の集団の間ですばやく広がると、今度は周辺の海域へ移るため、野生魚の間にも感染が広がる。

水質

捕獲された魚の健康を維持するために添加された抗生物質などの薬物が流出すると、海洋生態系に影響をおよぼす。

汚染

食べ残しの餌や魚の排泄物が水質を悪化させるため、水中の酸素を枯渇させて植物と動物を死滅させる。

養殖魚の増加

過去30年間に、天然魚の漁獲高は6,900万トンから9,300万トンに増えている。養殖魚の生産高は500万トンから6,300万トンに増加した。養殖魚は特に、2030年までに世界全体の消費の38％を占めると予想される中国で、増え続ける魚の需要をまかなうのに役立つだろう。

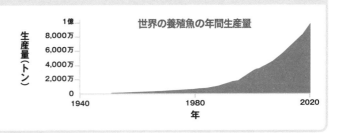

世界の養殖魚の年間生産量

生産量（トン）

1億
8,000万
6,000万
4,000万
2,000万
0

1940　　　　1980　　　　2020

年

空中の捕食者
ミサゴなどの魚を捕食する鳥は囲いに引き寄せられるため、有害生物として標的にされるようになる。

薬品
病気の予防と治療のために抗生物質が使われる。成長ホルモンや色素が添加されることもある。

除草剤
囲いの内部や近辺には、藻類の異常増殖を防ぐための除草剤が加えられることが多い。

病気
狭い空間に大量の魚が詰め込まれるため、病原菌の繁殖に理想的な環境を作り出し、天然魚が感染する可能性がある。

逃げ出した魚
外来種や遺伝的に改変された魚が逃げ出した場合、天然魚との餌の競合や、天然魚の捕食、病気の媒介、固有種との交雑など、悪影響をおよぼす可能性がある。

水中の捕食者
アザラシやサメ、イルカが中の魚を捕えようとしている間に網にからまってしまい、死ぬことがある。

酸性化した海

人間活動が原因で放出された二酸化炭素の半分までは海に吸収されてきた。このため海洋環境は急速に酸性化し、2,000万年以上もの間経験したことのない状態を地球上にもたらしている。そしてカキ、二枚貝、ウニ、サンゴ、プランクトンなど、生態学的に重要な多くの種に深刻な影響をおよぼしている。これらの生物が減少すれば、食物網全体のバランスの崩壊を引き起こし、魚介類に依存している産業にも甚大な被害をもたらすだろう。酸性化がこのまま進むと、海水に溶けている炭素を利用して殻を形成する生物が衰退していくので、炭素を貯留する海の能力まで制限されることになる。

産業革命前の世界（1850年）
産業化以前の時代、今よりも大気中の二酸化炭素（CO_2）の量は少なく、海水に吸収されていた。その時以来、化石燃料からの排出物質と森林伐採が原因で、海水の酸度は30％上昇（pHが0.1低下）した。

二酸化炭素

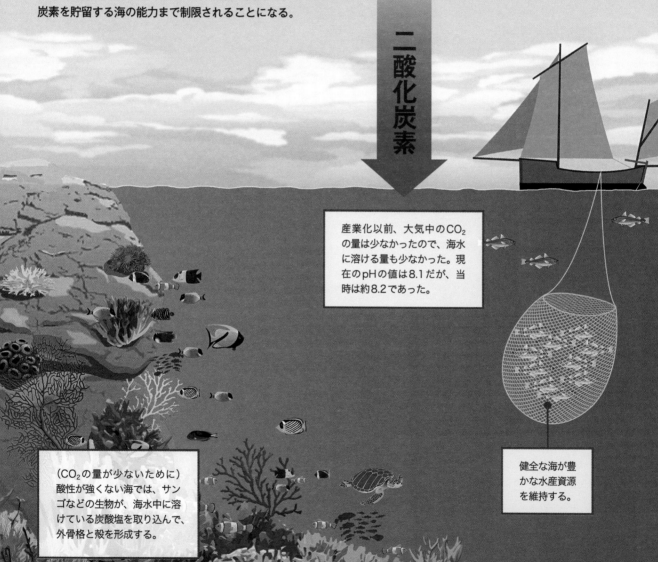

産業化以前、大気中のCO_2の量は少なかったので、海水に溶ける量も少なかった。現在のpHの値は8.1だが、当時は約8.2であった。

（CO_2の量が少ないために）酸性が強くない海では、サンゴなどの生物が、海水中に溶けている炭酸塩を取り込んで、外骨格と殻を形成する。

健全な海が豊かな水産資源を維持する。

将来の傾向（2100年）
CO_2排出量を抑制できないままであれば、2100年までに海水の酸度は現在からさらに150％上昇すると予測されている——pHがさらに0.4低下することになる。

二酸化炭素の増加

酸性化の化学反応

二酸化炭素（CO_2）が水（H_2O）に溶けると、2つの分子がともに反応して炭酸（H_2CO_3）になる。すると炭酸は解離して水素イオン（H^+）と炭酸水素イオン（図の右上）を放出する。水中の水素イオンが多くなるにつれ、それだけ水は酸性に傾き、pHが低くなる。水素イオンは海水中の炭素（右下）と反応するので、殻を形成するのに利用できる炭素が減る。また殻に含まれる炭素とも反応するので、海洋生物の殻を溶解させる。

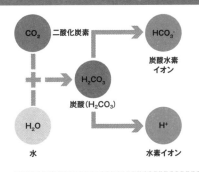

将来は大気中のCO_2の量が増えるので、海水も酸性に傾き、pHは7.7まで下がるだろう。

クラゲは温暖な酸性の海でも耐性がある。また他の海生物と餌を争い、魚の卵を食べる。クラゲの種は広い範囲に分布しており、多くの海域で数が急激に増えている。

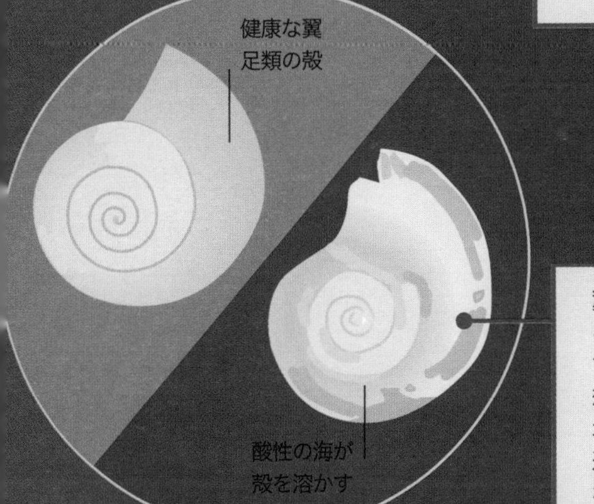

健康な翼足類の殻

酸性の海が殻を溶かす

翼足類は水中を自由に泳ぎ回る小型の巻貝である。実験室での実験から、2100年に予想されるのと同じ酸性度の海水では、殻が溶解するのに6週間もかからないことが示された。

サンゴの骨格はもろくなり、形を変化させ、砕け、再生できない。海がさらに酸性化すると、サンゴ礁全体が崩壊する可能性がある。

生き物が死滅した海域

人間活動によって生じた汚染物質が海に高濃度に蓄積すると、海洋生物に壊滅的な打撃を与える可能性がある。窒素やリンなどの物質が富栄養化と呼ばれる作用を引き起こし、海水中に溶け込んでいる酸素が大量に消費されるため、酸素不足で生物が死滅した「デッドゾーン」を作り出す。

窒素とリンが豊富な農業用肥料、家畜の排泄物、洗剤、汚水などが河川に流れ込むと、汚染水は最終的に海に到達するため、そこでデッドゾーンを形成する可能性がある。特に、大きな河川が注ぎ込み、もはや生物が生息できないほど酸素濃度が低い沿岸海域でデッドゾーンが広く認められる。デッドゾーンは野生生物の生物多様性の減少から漁場の崩壊まで、多くの被害をもたらす。原因となる汚染物質の流入が止み、その海域に酸素を含んだ水が供給されるなら、やがて元の健全な状態に回復するだろう。

デッドゾーンができるしくみ

富栄養化は湖沼や河川、海など、どの水域でも起こりうる。一般に、大量の農薬が散布される農耕地やゴルフコース、芝生など、人間が管理する流域の土地から過剰な栄養が河川に流れ込む時に発生する。

🔍 事例研究

メキシコ湾のデッドゾーン

▶米国本土のほぼ半分にあたる地域がミシシッピ川に排水している。この川はメキシコ湾に流れ込むので、農業用の肥料が流出する春になると、毎年広大なデッドゾーンを作り出す。2015年、この酸素の乏しい海域が約1万7,000平方kmまで拡大した。海洋生物は水中酸素量が2mg/ℓ以下になると生存できない。

酸素不足の海域
低層溶存酸素量(mg/ℓ)

5mg以上(正常値)	2−3mg
4−5mg	1−2mg
3−4mg	1mg 未満

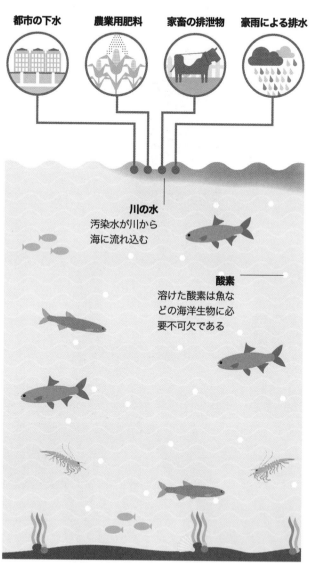

都市の下水　　農業用肥料　　家畜の排泄物　　豪雨による排水

川の水
汚染水が川から
海に流れ込む

酸素
溶けた酸素は魚などの海洋生物に必要不可欠である

汚染された水が流れ込む
（下水や肥料などから）栄養が豊富な水が海に流れ込み、塩分濃度の高い海水の上に層を形成する。

405か所

世界各地で沿岸域に発生
している**デッドゾーン**の
総数

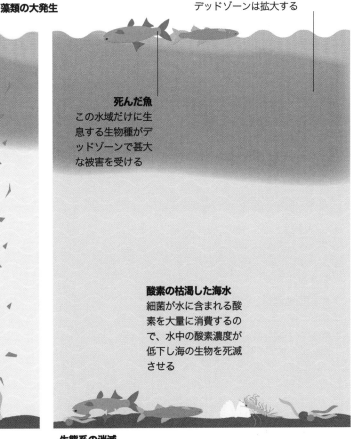

**太陽光が水
面を温める**

藻類の大発生

淡水
栄養の豊富な淡水がさらに
この海域へ流れ込むので、
デッドゾーンは拡大する

淡水
海水より比重が軽く、
温かいので、海水の
表面で層を形成する

死んだ魚
この水域だけに生
息する生物種がデ
ッドゾーンで甚大
な被害を受ける

酸素の枯渇した海水
細菌が水に含まれる酸
素を大量に消費するの
で、水中の酸素濃度が
低下し海の生物を死滅
させる

藻が淡水の層で繁茂する
暖かい日光が藻類の形成に最適な条件をもたらす。ライフサイクル
の最後で藻類は枯れて海底に沈み、細菌に分解される。分解の過程
で水中の酸素が消費されるので、溶存酸素量が減少する。

生態系の消滅
酸素濃度が低下すると海洋生物はこの海域を去るか、突然変異を起
こすか、死ぬ。海底に沈んだ死骸の分解で大量の酸素が消費される
ため、酸素不足で生物は死滅し、デッドゾーンが形成される。

プラスチック汚染

海に捨てられるプラスチック製品には、包装材、消費財、魚網などがある。海を漂っているこうしたごみが海の生物を殺している。一方、微小プラスチック粒子（マイクロプラスチック）は汚染物質を吸着・濃縮し、濾過摂食性のプランクトンを介して食物連鎖に入り込む。

現在海に存在するプラスチックの大部分は、もともと陸上で捨てられたごみが川を経て海の環境に入り込んだものである。地球の海全体ですでに約8,000万トンのプラスチックごみが存在し、毎日さらに800万個以上のプラスチック製品が加わる。プラスチックごみの量は、消費生活様式が世界に広がるにつれ急増している。海を漂流するプラスチックを食べ物と間違えて摂取してしまう野生生物も多く、毎年何百万という数の哺乳類や鳥類が死んでいる。国連環境計画は、プラスチック汚染が海洋生物に与える影響で世界経済は年間130億ドルを損失していると推定する。

漂流物の集積所

還流は、流れの遅い海流が集まる広大な海域である。軽いプラスチックは海流に乗って還流まで運ばれると、そこで一か所に集められ、膨大な面積にわたる漂流プラスチックごみの一部となる。地球上には北太平洋還流をはじめ5つの大きな還流がある。膨大な量のプラスチックごみがこれらの還流の中心で漂流している。ベンガル湾にある別の還流には、ガンジス川などのアジア最大級の河川から運ばれたプラスチックごみが海に供給される。

私たちにできること

> **レジ袋**など、使い捨てプラスチック製品の販売を制限する。

> **ペットボトル**に対するデポジット制を奨励する。

> **廃棄物処理場と再生処理施設**に投資する。

> **開発途上国**は最新の再生処理に投資すべきである。

自分にできること

> **プラスチック製品**を買うのをやめる——再使用可能な製品を選ぶ。

寒流

暖流

環流

汚染国上位5か国
（単位メガトン／年）

北太平洋環流——西側
東側とあわせて世界最大の環流を形成している

1位　中国
9.72

4位　ベトナム
2.02

5位　スリランカ
1.75

3位　フィリピン
2.07

2位　インドネシア
3.55

インド洋還流
東南アジア諸国から流れる川が莫大な量のプラスチックごみを海に運ぶ

海面を漂っているごみの
90%
はプラスチックである

プラスチックの分解

プラスチックごみを分解するには何年も、いや何世紀も時間がかかる。大きなごみから分解された微小なプラスチック粒子は、食物連鎖に入って生物に害をもたらす有害な化学物質を吸着させる。

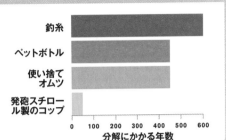

釣糸
ペットボトル
使い捨てオムツ
発砲スチロール製のコップ

0　100　200　300　400　500　600
分解にかかる年数

北大西洋還流
赤道近くからアイスランド近くまで、また北米の東海岸からヨーロッパとアフリカの西海岸まで伸びている

北太平洋還流——東側
この還流の一部には、平方マイルあたり4万個近くのごみが漂う海域がある

南太平洋還流
どの大陸からも遠く離れて豊かな海域であるにもかかわらず、南太平洋還流はたくさんのプラスチックの漂流物を抱えている

南大西洋還流

野生生物への影響

プラスチックの残骸は野生生物に甚大な影響をおよぼす——以下の例が示すように、直接または間接的に。

鳥
多くのアホウドリの群生地では、海を漂流する使い捨てライターなどのプラスチック製品がヒナに餌として与えられるため、ヒナの死亡率が高くなっている。

カメ
魚網、釣糸、プラスチック袋などのプラスチックごみがからまって、カメ、イルカ、鳥などの動物が溺死する可能性がある。

プランクトン
プランクトンがマイクロプラスチックを摂取すると、プランクトンを餌にする動物の体内にも汚染物質が蓄積する。

クジラとイルカ
クジラとイルカの種の56%にプラスチックの摂取が認められる。クジラはレジ袋をイカと間違えやすく、体内から17kgのプラスチックが発見されたこともある。

生物種の大幅な減少

野生生物の種の消滅は、環境にかかわるさまざまな問題の中でも、貴重な自然の「恩恵」（172－173頁参照）を失う恐れがあるうえ、結果として人類を衰退させることにつながるため、最も急を要する深刻な問題である。現在、恐竜の絶滅以降の6,500万年間で地球が経験したことのないほどの規模で、自然の多様性が失われつつある。すでに種の減少のスピードは速まってきているが、この先も人口増加、農業の拡大、経済発展によって生物の生息環境の破壊が進めば、いっそう加速する可能性がある。

消滅しつつある野生生物

人類による動物の絶滅は、マンモスやドウクツライオンなど、大型の哺乳動物が狩猟採集民によって絶滅させられた1万年前から始まった。人類はその後、狩猟だけでなく、別の方法でも生物を絶滅させていった。ヨーロッパ人の探検と植民地化の時代には、人間の手で世界各地に持ち込まれた攻撃性の高い外来種によって在来種が絶滅に追いやられた（170－171頁参照）。今日では、地球全体にわたる生物圏（148－149頁参照）の衰退が、種の減少を加速させている。

「私たちが、いまだかつてない
スピードで種を絶滅させている
のは間違いない」

・・・・・・・・・・・・・・・・・・・・・・・・・・・・・

デイヴィッド・アッテンボロー卿
（英国の放送プロデューサー、動物学者）

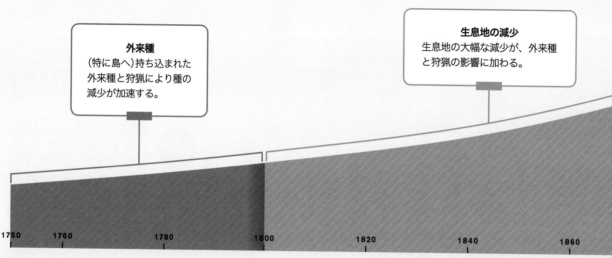

外来種
（特に島へ）持ち込まれた
外来種と狩猟により種の
減少が加速する。

生息地の減少
生息地の大幅な減少が、外来種
と狩猟の影響に加わる。

1750　　1760　　　　1780　　　　1800　　　　　1820　　　　1840　　　　1860

年

種をおびやかす主な原因

絶滅の危機に瀕している生物種（絶滅危惧種）のリストは国際自然保護連合（IUCN）によって作成される。絶滅が危惧される動植物に最も大きな影響を与えるのが農業生産の拡大と集約化である。作物の栽培を目的として、より多くの土地を開墾し、森林破壊を進行させるからだ。林業は、自然林の伐採やプランテーションへの転換の両方につながるため、生物多様性の保持という観点から大きな脅威である。

種に対する危機要因（IUCN）

動物種
植物種

1450	2000	インフラ
3200	4850	乱獲
5200	6200	外来種
6800	9250	都市化
9400	13400	林業
10600	16000	農業

累積減少率

30
25
20
15
10
5

地球規模の大量絶滅
化石記録から明らかな、地球上で過去に5回起きた生物の大量絶滅に匹敵する地球規模の大量絶滅が、気候変動の影響によって現在進行中である。

無脊椎動物の減少
多くの昆虫の種が、生息地の減少と化学物質の汚染にくわえ、気候変動の影響により急激に減少している。

個体数の変化
減少
横ばい
増加

カブトムシ
ミツバチ、スズメバチ、アリ
チョウ、ガ
トンボ
バッタ

0　20　40　60　80　100
昆虫種別の割合

脊椎動物の減少
哺乳類、鳥類、爬虫類、両生類、魚類の間で、種の減少の割合が急上昇していることがIUCNのデータで明らかにされた。ここに示した絶滅の割合は控えめな数字とみなすべきである。実際の割合はもっと高いだろう。

哺乳類
鳥類
脊椎動物全体
爬虫類、両生類、魚類

累積絶滅率（種に占める割合%）
2.0
1.5
1.0
0.5

1500　1600　1700　1800　1900

1900　1920　1940　1960　1980　2000

生物多様性ホットスポット

野生生物の種の多様性は地球上に均等に広がっているわけではない。動物と植物の多様性がきわめて豊かな地域が世界各地に存在する。しかしそうした地域の多くは現在脅威にさらされている。生物多様性ホットスポットと呼ばれる地域である。

生物多様性ホットスポットは、自然が最も多様で独特な場所であるが、自然破壊の脅威にさらされている場所でもある。自然の多様性が人類の繁栄を多方面で支えている。私たちが食べている食物と多くの薬は野生の種に起源がある。さらにバイオミミクリー（生物模倣）の手法からは大きな恩恵を得られる可能性がある。これは、たとえば工学やデザインの難題に対する解決策を見つけるために、他の生物の形態を模倣する考えである。こうした豊かでかけがえのない地域を、森林破壊などでそこない、そこに生息する生物種を絶滅させることによって、私たちは自然がもたらすこれらの恩恵を失う危険を冒すことになる。したがって、生物多様性ホットスポットに残る自然の生息環境を保護することは、野生生物の保護だけではなく、人類の未来を保証するためにも、きわめて重大である。

カリブ海諸島
カリブ海の島々は、3,000m級の山から低地の砂漠まで広がる、一つの大きなホットスポットを形成している。6,550種の固有植物が生育し、危機に瀕した固有脊椎動物種が200種以上生息する地域である。

自然が最も多様性に富む場所
国際NGOのコンサベーション・インターナショナルがこれまで認定したホットスポットは36か所ある。その総面積は地球の陸地の2.3%にすぎないが、世界の植物種の50%以上と陸生脊椎動物種の42%以上がそこに生息する。これらのホットスポットはどこも人間の活動によっておびやかされている。全体として、自然植生の70%以上がすでに失われている。農業の拡大、木材の切り出し、採鉱が原因による森林破壊が主な脅威である。

マドレア高木森林

カリフォルニア植物相地域

中央アメリカ

トゥンベス・チョコ・マグダレナ

熱帯アンデス

セラード

ヴァルディヴィア森林

大西洋岸森林
大西洋岸森林はブラジルの海岸地帯に広がる。南米の他の熱帯雨林帯から長い間孤立していたため、ここでは、約8,000種にのぼる固有植物種を含む、きわめて多様かつ独特の植生と森林のタイプが見られる。何世紀にもわたる木材の切り出し、牛の飼育、採鉱、サトウキビのプランテーションのための伐採によってこの固有の環境が荒廃している。

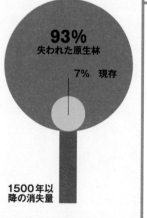

93%
失われた原生林

7% 現存

1500年以降の消失量

36か所のホットスポット全体で自然植生の

70%

以上が失われている

コーカサス
この地域には、草地、砂漠、湿地林、乾燥した森地帯、広葉樹林、山岳針葉樹林、低木地など、さまざまなタイプの重要な自然環境がある。合わせて約1,600種の固有植物の生育地である。

スンダランド
インド＝マレー群島西半分のこの地域には、ボルネオとスマトラという世界最大級の島が2つある。海面の上昇で大陸から分離したため、この2島と他の島々の熱帯雨林は、絶滅危惧種のスマトラトラなど、多くの珍しい種の存続を支えている。森林破壊は1万5,000種の固有植物の生育環境をおびやかし、森林の減少で162種の脊椎動物が危機に瀕している。

スマトラトラ

イラン・アナトリア高原

西ガーツ山脈

中央アジア
山岳地帯

地中海沿岸

東ヒマラヤ
山脈

西アフリカの
ギニア森林

中国南西
山岳地帯

インド・
ミャンマー

東アフリカ
山岳地帯

日本

フィリピン

ポリネシアと
ミクロネシア

スリランカ

東メラネシア
諸島

東アフリカ
沿岸林

アフリカの角

ウォーレシア

ニュー
カレドニア

カルー多肉
植物地域

マダガスカルおよび
インド洋群島

オーストラリ
ア東部の森

ニュー
ジーランド

マピュタランド・ボンドランド・
オーバニー

ケープ植物相地域
アフリカ大陸の南西端に、花の種類が豊富なフィンボスをはじめとする、きわめて多様な植生の灌木地帯がある。この独特の自然環境には6,210種の固有植物が生育する。

オーストラリア南西部
オーストラリアのこの地域にはユーカリの林、低木密生林、スクラブ＝ヒース、ヒースが混合している。こうした植生が、ここにしか生育していない2,948種の植物と12種の絶滅の危険のある脊椎動物の存続を支えている。

私たちにできること

▶ **ホットスポットの自然環境を維持するには**、環境と野生生物を保護する規則を遵守させながら、現時点で最良の状態に保たれている区域だけでも法律で保護する必要がある。さらに、自然保護地域に侵入しなくても地元の農民が生計を立てていける方法を見つけなければならない。

自分にできること

▶ 自宅周辺と旅行先の両方で、自然が保護されている区域を定期的に訪れる。そこが多様性ホットスポットであろうとなかろうと、頻繁に利用すればそれだけ、保護区域をそのままの状態に保つために政府や個人に働きかけようという気持ちが強くなる。

外来種

本来生息していなかった場所への生物種の伝播は、その地域固有の生態系を崩壊させる恐れがある。これら外来種の出現によって固有の野生生物が減少あるいは絶滅することがある。

いわゆる外来種の影響は、生息環境の減少と劣化と同じくらい、地球規模で生態系と野生生物の多様性にダメージを与える可能性がある。すでに数多くの種が人間の手によってあちこちに運ばれた動植物で絶滅に追いやられている。オーストラリアへ持ち込まれたウサギのように、外来種が人為的に導入されることもある。ウサギがオーストリア固有の植生にもたらしたダメージにより、同大陸の鳥類と哺乳類の多くが減少することになった。

新たな土地へ偶然運ばれる種もある。何百万年も前に島に棲みついた後、飛ぶ能力を失った鳥類種の多くは、船とともに島にやってきたネズミに捕食されたため、絶滅に追いやられた。

関連項目

❯ 生物多様性ホットスポット　168−169頁
❯ 自然保護地域　190−191頁

陸上の外来種

外来種が在来生物種に取って代わるのは、捕食、病気の蔓延、食料をめぐる競争といった要因である。在来種はその土地で孤立して進化してきたため、攻撃的な外来種が入り込むと、うまく対応できないことが多い。国際貿易の増加にともなって広がった外来種が原因と考えられる深刻な被害が各地でみられる。

つるは1日26cmも伸びることがある

メスは毎年18−30匹の子どもを生む

成虫は小枝や葉を餌にし、幼虫は木の内側深くに潜っている

体長6m以上に成長することもある

ツヤハダゴマダラカミキリ

中国と朝鮮半島原産のこの昆虫はヨーロッパの一部と米国で木を荒廃させている。米国では1996−2006年に駆除を試みたが、その費用は8億ドル以上にのぼった。

アナウサギ

ウサギは世界中で自然生息地を変化させている。繁殖力が旺盛なため、1894年にオーストラリアに持ち込まれたウサギの数は24匹だったが、1920年代までに100億匹に増えた。在来種と食料を争う。

ビルマニシキヘビ

もともと南アジアや東南アジアからペットとして輸入され、逃げ出したこの巨大なヘビが、フロリダ一帯の希少な野生生物をおびやかしている。在来種を捕食し、駆逐する。

クズ

このつる性植物は東南アジア原産だが、米国からニュージーランドまでの生態系を覆いつくしている。つるが急速に草や木を覆って成長するので、ほかの植物種を駆逐する。

私たちにできること

❯ 外来種の輸入を防ぐために各国はもっと手を打たねばならない。特定のガーデニング用植物の貿易の規制や、船のバラストタンクに入って運ばれる海洋種の管理を含めた、効果的な貿易統制によって成し遂げられるかもしれない。

 自分にできること

❯ いらなくなったペットや庭の植物を野外に捨てない。現在、最も多くの害をもたらしている外来種の多くがこのルートでやってきた。いったん外に出ると、繁殖を止めるのは不可能なことが多い。

❯ 庭から出たごみを処理する際は気をつける。

毎日推定

7,000種

が船舶のバラスト水に入ったまま**世界中に運ばれている**

水生の外来種

海を航行する船舶は海洋の野生生物を世界中に運んでいる。船体の外側に付着するばかりでなく、底荷として海水をためておくバラストタンクの内部にも入り込んでいるからだ。豊かで多様性に富んだ淡水の生態系の多くも外来種によって深刻な被害を受けている。これが、絶滅の危機に直面している動物群に淡水魚が含まれている理由の一つである。

イチイヅタ
熱帯魚の水槽に人気の海藻であるイチイヅタは地中海一帯で大きな問題となっている。土地固有の海藻と無脊椎動物を覆いつくすために、多くの種が減少している。

ナイルパーチ
アフリカの多くの河川に生息していたこの大食の捕食動物がアフリカ各地の湖に持ち込まれたことで、直接捕食されたか、食料が競合したかで、数百種の魚が絶滅した。

カワホトトギスガイ
この二枚貝は1700年代に西アジアから広がり、1980年代にカナダの五大湖に到達した。魚の幼生が摂取する植物プランクトンの数を減らし、食物連鎖全体を破壊する可能性がある。

海底で密集した藻場を形成し、他の海洋生物を締め出す

体長2mにも成長する

1日に2ℓもの水をろ過する

自然の恩恵

自然のシステムと野生生物種は美しいばかりでなく、人間に欠くことのできない、経済的に価値のある恩恵をいろいろともたらしてくれる。それらの恩恵は生態系サービスと呼ばれることもある。森林による洪水の予防から湿地における炭素の貯留まで、また野生の昆虫による作物の受粉から湿地による真水の補給まで、その範囲は幅広い。しかし、経済成長は、自然のシステムの活力を犠牲にして達成されることが多い。たとえば、私たちが食料にしているすべての動植物と、摂取している薬の多くは、もともと野生生物種である。したがって、野生生物種の絶滅を黙認することにより、食料と医療の分野に革新をもたらすことになるかもしれない将来の機会を閉ざしている。海洋の食物網の健全な状態はプランクトンにかかっている——プランクトンがいなくなれば、水産資源は大幅に減少するだろう。

光合成

光のエネルギーが葉の細胞に吸収される

酸素が副産物として放出される

葉の細胞が二酸化炭素と水を吸収する

光合成がブドウ糖などのエネルギーと成長のための栄養素を作る

観光業
砂浜、山、森などの自然の生息環境が数十億ドルにのぼる観光業の基盤である。自然のあふれる地域を訪れれば心身の健康が増進する。

沿岸地域の保護
マングローブや塩生湿地などの生態系は沿岸地域を海による浸水から守っている。

頂点捕食者のシャチ

海洋の食物連鎖

植物プランクトンは食物連鎖の底辺に位置し、太陽光からエネルギーを利用する

大型魚は小型魚を獲物にする。小型魚はプランクトンを餌にする

動物プランクトンは植物プランクトンを餌にする一次消費者である

捕獲漁業
海に生息する「太陽エネルギーで動く」プランクトンは、年間9,000万トンもの漁獲を支える食物網の土台である。世界で約10億人が魚を主なタンパク源としている。

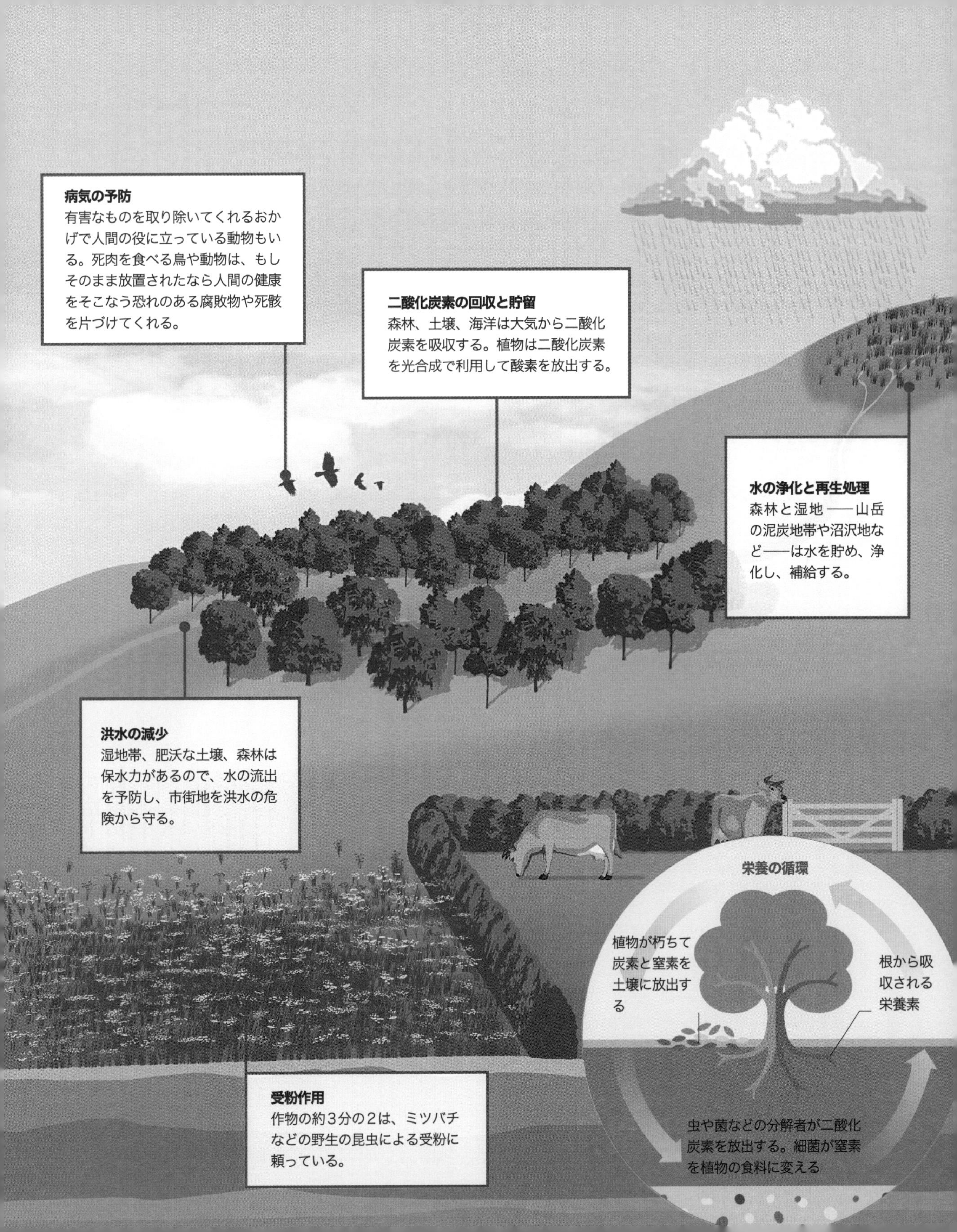

病気の予防
有害なものを取り除いてくれるおかげで人間の役に立っている動物もいる。死肉を食べる鳥や動物は、もしそのまま放置されたなら人間の健康をそこなう恐れのある腐敗物や死骸を片づけてくれる。

二酸化炭素の回収と貯留
森林、土壌、海洋は大気から二酸化炭素を吸収する。植物は二酸化炭素を光合成で利用して酸素を放出する。

水の浄化と再生処理
森林と湿地 ——山岳の泥炭地帯や沼沢地など——は水を貯め、浄化し、補給する。

洪水の減少
湿地帯、肥沃な土壌、森林は保水力があるので、水の流出を予防し、市街地を洪水の危険から守る。

栄養の循環

植物が朽ちて炭素と窒素を土壌に放出する

根から吸収される栄養素

虫や菌などの分解者が二酸化炭素を放出する。細菌が窒素を植物の食料に変える

受粉作用
作物の約3分の2は、ミツバチなどの野生の昆虫による受粉に頼っている。

虫媒受粉

陸生植物のおよそ10種に9種——ほとんどの農作物が含まれる——は、そのライフサイクル（生活環）を完了するために、動物、特に昆虫による受粉に頼っている。しかし野生の花粉媒介昆虫の生息数が減少しているため、食糧安全保障に危機をもたらしている。

ミツバチ、スズメバチ、ハナアブ、チョウ、カブトムシといった昆虫は花粉を運んで受粉し、植物が種や実をつけられるようにする。私たちが食べる果物と野菜のほとんどが、受粉を昆虫に依存している。しかし世界には、野生の花粉媒介昆虫の減少で食料生産現場に混乱が生じ、刷毛を用いた手作業で作物を受粉させるといった面倒な作業が増えたため、農家の負担が大きくなっている地域がある。そうした問題は、花粉媒介昆虫が担っている、食物連鎖に欠くことのできない役割だけでなく、巨大な経済価値を明らかにした。昆虫の年間貢献額は、米国の146億ドルと英国の6億ドルを含め、世界全体で約1,900億ドルにのぼると推定される。

関連項目

❯ 自然の恩恵　172-173頁

花粉媒介昆虫の種類

虫媒という受粉様式は最初に約1億4,000万年前に進化し、生態系の働きで重要な役割を担っている。花粉媒介昆虫にはさまざまな種類がいる。一種類の植物だけを訪れる高度に分化した種もいるが、多種の顕花植物を餌にする種類が一般的である。

ミツバチ
マルハナバチ、単生ミツバチ、カベヌリハナバチ、クマバチ、セイヨウミツバチなど、さまざまなミツバチが受粉を請け負っている。

スズメバチ
7万5,000種いるスズメバチの多くは1種類の特定の植物だけに送粉する。群生する種と、独居性の種がいる。

ハナアブ
成虫は蜜と花粉を餌にして、幼虫はアブラムシを捕食するので、花粉媒介と害虫駆除の両方の役割を担っている。

チョウとガ
これらの昆虫は長い吻を使って花の奥深くにある蜜を餌にする。そうすることで花から花へと花粉が運ばれる。

花粉媒介者をおびやかす原因

世界の多くの地域で、主に農業の結果として、花粉を媒介する野生の昆虫の数が激減している。農業による生息地の減少で食料にしている植物と繁殖地域が奪われたうえ、多くの殺虫剤は花粉媒介昆虫にも有害である。他の野生生物と同じように花粉媒介昆虫も、宅地やインフラの開発といった脅威に加えて気候変動の影響を受けている。ここに挙げたのは、ヨーロッパに生息するミツバチをおびやかす主な要因である。

農業
農業の集約化が進むにつれ、ますます多くの種が農地から姿を消していった。殺虫剤が花粉を媒介する昆虫の群れを絶滅させている一方で、農薬は野草を枯らして、受粉昆虫から食料を奪っているからだ。

主に肥料が発生源である窒素堆積物は、草原地帯、湿地、その他の環境で植物の多様性を低下させるため、花粉媒介者から食料の供給源を奪う

汚染

家畜
家畜飼育の集約化で、伝統的な牧草地での放牧がサイレージの生産に取って代わった。英国やスウェーデンなどのように、花が豊富な牧草地の95%以上が消失し、花粉媒介者の重要な生息地が奪われた国もある。

私たちにできること

〉 政府は、ハナバチや鳥に有害なネオニコチノイド系殺虫剤を含め、最も悪影響をおよぼす殺虫剤を禁止にすることができる（69頁参照）。

〉 **農家への助成金は**、花粉媒介者の生息環境の保護や復元を条件として支払うようにする。

自分にできること

〉 庭で花粉媒介昆虫に適した顕花植物を育て、そこで昆虫が越冬と繁殖できるよう、自然に近い区画を残しておく。

〉 **有機栽培の果物や野菜を購入する**。花粉を受粉してくれる昆虫に害を持たらす可能性のある殺虫剤を使用せずに生産されているからだ。

ミツバチと他の花粉媒介者の推定経済価値は年間1,900億ドルである

市街地の拡大とインフラの発展は、自然の残る地域を分断してさらに孤立させると同時に、自然のままの地域や部分的に自然の残る地域を縮小する

激しい降雨、干ばつ、熱波、季節のずれは花粉媒介昆虫の数を減少させる可能性がある

沿岸部の生息環境に影響をおよぼす海岸の堤防は、特にそこの生息環境に適応してきた種に影響をおよぼす可能性がある

気候変動

火災と鎮火

他の生態系の変化

受粉
ミツバチなどの花粉媒介昆虫は花粉を花から花へ運び、植物が繁殖できるようにする。

宅地開発と商業の発展

火災は乾燥地域に住む生物種に大きな影響をおよぼす。火災の危険を減らすための土地の管理が植物の多様性を減少させることもある

観光業による攪乱
アルプスへのスキー旅行などのように、自然のままの地域、あるいは部分的に自然が残る地域での観光事業は本来の生息環境を乱し、ミツバチや他の花粉受粉者にとって脅威となる

鉱山業と採石場
鉱物の採掘は植生の減少をもたらすが、自然が回復した鉱山や採石場は昆虫にすばらしい生息地を提供できる

ハチの重要性
健康によい食物にはさまざまな野菜や果物が含まれる。そうした農産物を将来にわたり安定して供給し続けるには、健康な昆虫の群れが欠かせない。飼育ミツバチも作物の受粉で役割を演じているが、多くの作物品種は野生のマルハナバチなど他の種に頼っている。英国では作物の受粉の70％以上が野生の昆虫によっておこなわれる。

手作業による受粉
中国南西部の一部では、殺虫剤により野生の花粉媒介昆虫が絶滅したために、果物栽培農家は花を人の手で受粉させなければならない。

自然の価値

生態系の破壊は進歩の避けがたい代償とみなされることが多い。しかし自然がもたらしてくれる無償の恩恵を失うことは、大きな犠牲とリスクを生み出している。

自然は人間社会の発展を支える、欠くことのできない恩恵をさまざまにもたらしてくれる。たとえば、作物の受粉におけるミツバチのはたらき、暴風雨から沿岸部を守るサンゴ礁の重要性、淡水の補給における湿地や森林の役割など、その経済的価値を評価するのは可能である。自然の恩恵の経済的価値は莫大で、世界のGDP総額よりも大きな価値があると評価されている。

自然のたまもの

米国出身の環境経済学者ロバート・コスタンザ率いる研究チームは、自然の価値と、1997年から2011年までの間にどれだけ生態系サービスの経済的価値が変化したかを示した。彼らはさまざまな評価手法を用いて、自然が世界経済にもたらす年間貢献額が世界のGDP総額よりも大きいことを証明した。つまり、人間社会の持続的な発展は自然がどれだけ健全な状態にあるかにかかっている。人間が生態系を破壊すればするほど、かつて自然が無償でもたらしてくれたことを人間社会が代わりにおこなうのにかかるコストは増大していく。

世界の
GDP総額

66兆9,000億ドル

39兆7,000億ドル

私たちにできること

> 政府と企業は、自分たちが自然資産におよぼす影響と、自然資産への依存度に関する情報を集める。この情報が、重要な生態系の健全性を低下させるよりは、状態を向上させる経済的意思決定を形作るかもしれない。

「陸地、河川、海、森林、無数の天然資源がなければ、**人間の経済活動は一切生じなかっただろう**」

サティシュ・クマール（インドの環境問題活動家）

自然のシステム

地球上のすべての生態系と野生生物種が人間の繁栄を支えている。森林は大気から二酸化炭素を除去して気候変動を遅らせるはたらきがある。天然の水産資源は、光合成でエネルギーを作り出す植物プランクトンから始まる食物網で補給され、人間に栄養と仕事をもたらしている。新しい医薬品や品種は、野生種で発見される遺伝物質で開発されている。自然の貢献はコスタンザの研究チームが作成した評価に示されている。

GDPの価値

各国はGDPを増やそうと努力するが、自然が衰えている状況を経済計算に含めようとはしない。環境破壊が進み、生態系が崩壊していくにつれ、私たちが自然から得る経済価値は減少していく。

2007年の米ドル換算額
◎ 1997年
◎ 2011年

世界全体の自然の価値

海洋の自然　陸上の自然

124兆8,000億ドル

生態系の経済価値の内訳、2011年

13%
22%
15%
40%
18%
60%
21%
2%
7%
2%

森林
経済価値は年間16兆ドル以上である。酸素を補給し、水をもたらし、大半の陸上生物種のふるさとである。

草原
さまざまな種類の草原が、世界の家畜の大半を支えることで、18兆ドル以上の価値をもたらすとされる。

湿地
洪水のリスクの減少、炭素の回収、水の浄化に役立つ。湿地の生態系は26兆ドル以上の価値をもたらす。

湖と川
水の供給は、涸れることのない湖や川に依存している。年間の貢献額は2兆ドルを超える。

耕地
食用農作物を栽培する耕地は、植物に栄養を供給する土壌に左右される。年間9兆ドル以上の恩恵をもたらす。

都市
都市部の自然に近い環境は貴重な恩恵をもたらす。これらの環境が持つ価値は世界全体で年間2兆ドル以上になる。

外洋
地球の酸素のほとんどを生み出す海洋の植物を含め、地球全体で年間22兆ドル近くの価値をもたらす。

沿岸
海が陸地と接するところに位置する生態系は、観光や暴風雨からの防護など、28兆ドルの経済価値がある。

「持続可能な開発を下から支える**基本理念――相互依存、共感、平等、自分自身の責任、世代間正義――**は、**実現可能なよりよい世界の姿**をなんとか描くことができる唯一の土台である。」

ジョナサン・ポーリット卿（英国の環境保護活動家、作家）

 人間活動の加速度的増大

 地球規模の目標とは

 未来を形作る

現状を変える

第3章

相互に関連した地球規模の問題に対処するため、さまざまな試みがなされているが、もし私たちが安全で持続可能な未来を実現することができなければ、今よりもはるかに多くの行動が必要とされるだろう。

人間活動の加速度的増大

人間が多くの資源を枯渇させながら地球におよぼした影響で、地球の大気、生態系、生物多様性に根本的な変化が生じている。さらなる人口増加と経済成長が、互いに関連しあっている変化の背景にある需要を牽引している。人間活動の規模は、地球上の生命の未来を方向づける因子の中で、最も影響力が強い。科学者たちは、地球は今、新たな地質年代に入っていると考える。すなわち、私たち人類が地球の運命を決定づける一大勢力となっている時代、人新世である。

新たな年代区分——人新世

人新世が始まった時期については科学者の間でも意見がわかれる。人類が多くの大型哺乳類を絶滅に追いやった5万年くらい前の更新世に始まったと考える者もいれば、農耕の発生と同時に起きたと言う者もいる。産業革命を新しい時代区分の始まりとする意見には強力な論拠がある。産業革命は前例のない規模で地球に影響をおよぼしたからだ。また史上初めて原子爆弾が爆発し、放射能が地球全体に人間の痕跡を残した時に始まったと主張する者もいる。とはいえ、1950年代が人新世の始まりを示す時代として一番ふさわしいとする意見が徐々に一致をみている。これは、多くの人間活動が飛躍的に増大し、20世紀末まで急激に加速した、「人間活動の加速度的増大（グレート・アクセラレーション）」と名づけられた稀有な時代の始まりであった。

5万年前
狩猟採集民が食料と、皮や骨などの資源を獲得するために大型哺乳類を標的にする。
最後の氷河時代の終了とともに起きた気候変動が関与したとはいえ、この時代に起きた多くの大型哺乳類の絶滅のうち、約3分の2は人間が原因と推定されている。

8,000年前
ほぼ同時に発生した農業と都市が人間の影響力の突然の変化を示す。
狩猟採集社会は暮らしを支える生態系の自然の近くで暮らした。都市住民に食料を供給する農耕民は、二酸化炭素（CO_2）の濃度を上昇させる原因となった森林の開拓を含め、根本的な変化を環境にもたらした。また都市を築くため資源が大規模かつ計画的に採取された。

5,000年前－500年前
人間の活動によってもたらされた土壌の変化が農業の発生とともに世界各地に広がる。
変化の一部は計画的におこなわれたもので、土壌の質を改善するためのものであった。他の影響は偶然起こったもので、作物を生産できなくなるほど土地にダメージをもたらした。

1610年
大気中のCO_2濃度の低下は森林が再生した時期と一致する。
アメリカ大陸に入植したヨーロッパ人によって持ち込まれた奴隷制と病気が原因で、熱帯降雨林地域の先住民が大量死したことで、現地の広大な畑が森林へ戻り、大気中からCO_2を取り除いた。

急勾配を描く上昇曲線

研究者たちは、増大する人間の要求と影響力を表すさまざまな動向をグラフで表すなら、曲線は1700年代か1800年代の産業化時代の始まりから急激に上昇し始めるだろうと予想していた。しかし、曲線の傾きが急上昇したのは、実際には20世紀の半ばであったことがわかった。1950年代に始まり、今日も続く人間活動の加速度的増大が、人新世の始まりを示す段階であることは間違いないだろう。

「**変化の規模とスピード**をどれだけ大きく見積もっても見積り過ぎということはない。**人類**は一生の間に**惑星規模で地質学的変化をもたらす大きな勢力**となっている」

ウィル・ステフェン（地球圏・生物圏国際研究共同計画事務局長）

1700年代後半
産業革命がイングランドで始まるが、じきにヨーロッパ各地と北米まで広がる。
化石燃料の大規模な燃焼が始まり、その他の天然資源の需要も急激に増加する。その結果として工業化した農業が引き続いて起こった。工業化の結果が地球全体に広がるまで200年間以上かかった。

1950年代
人間活動の加速度的増大：多くの地域で経済が急成長し始める。
最初の核爆弾の爆発に続いて人間活動の加速度的増大が、まさに地球規模で人為的影響が拡大していることを示す。放射性物質の微粒子を世界各地の堆積物に残しただけでなく、気候変動や海洋の酸性化、土壌劣化の拡大、種の大量絶滅は、人間の影響力の急増と同時に起きている。

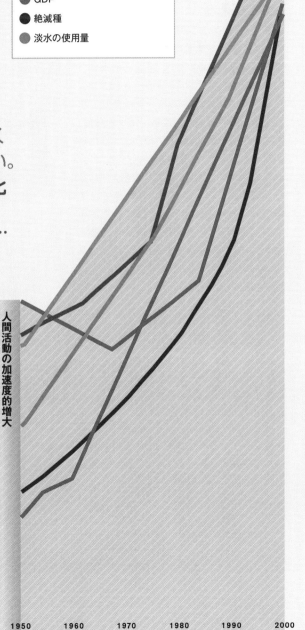

凡例
- 北半球の平均地表温度
- 人口
- CO_2濃度
- GDP
- 絶滅種
- 淡水の使用量

増加

人間活動の加速度的増大

1950　1960　1970　1980　1990　2000

地球の限界

地球システムの劣化は次第に人間社会にリスクをもたらすようになった。科学者たちが、もし超えてしまったならば、破滅的な結果に至る可能性のある、地球のさまざまな「限界」を明らかにした。

限界を超える

ストックホルム・レジリエンス・センターの科学者率いる国際チームが、地球の健全な状態を守るために重要と考えられる９つの「地球の限界（プラネタリー・バウンダリー）」を定めた。限界は、気候変動、オゾン層の減少、海洋酸性化、淡水消費量、生物多様性など、全世界でみられる変化と関連している。右の図に描かれた色は各分野でのリスクの程度を表す。緑色はさしあたり限界以下のリスク——現時点では地球全体におよぶ脅威ではない——ことを示す。黄色はリスクが増大していると疑われるゾーン、赤色はまぎれもない高リスクのゾーン、灰色はまだ定量化されていない状況を表す。

地球の限られた蓄え

人間の要求は現在、地球がいつまでも支えきれないほど大きい。多くの大国が、自国の領土内で供給可能な量より多くの資源を消費している。たとえば日本は、現在の消費を支えるためには、日本の領土内で得られる資源の5倍も必要とする。中国と英国も、自国の領土からもたらされる分よりも多くの資源を必要とする国である。

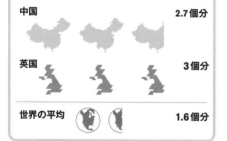

中国	2.7個分
英国	3個分
世界の平均	1.6個分

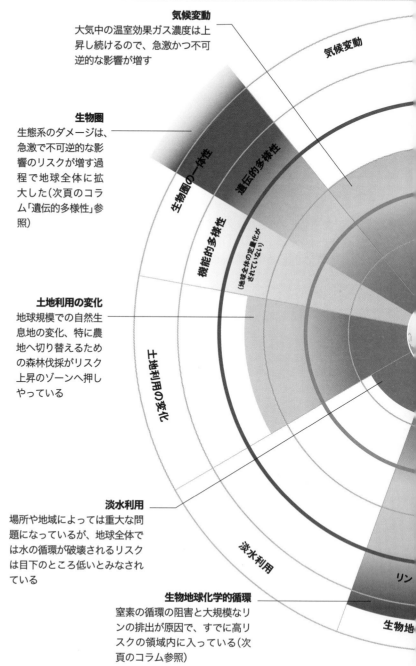

気候変動
大気中の温室効果ガス濃度は上昇し続けるので、急激かつ不可逆的な影響が増す

生物圏
生態系のダメージは、急激で不可逆的な影響のリスクが増す過程で地球全体に拡大した（次頁のコラム「遺伝的多様性」参照）

土地利用の変化
地球規模での自然生息地の変化、特に農地へ切り替えるための森林伐採がリスク上昇のゾーンへ押しやっている

淡水利用
場所や地域によっては重大な問題になっているが、地球全体では水の循環が破壊されるリスクは目下のところ低いとみなされている

生物地球化学的循環
窒素の循環の阻害と大規模なリンの排出が原因で、すでに高リスクの領域内に入っている（次頁のコラム参照）

気候変動

生物圏の一体性

遺伝的多様性

機能的多様性

（地球全体の定量化が
されていない）

土地利用の変化

淡水利用

リン

生物地

最も深刻化していて、人類に壊滅的なリスクをもたらす可能性のある地球への影響を明らかにすることが重要である。そうすれば、重要な変化に備え、最も差し迫った問題の対処に財源を優先的に配分することができる。ここに示した、9つの重要な分野は地球的規模で起きているさまざまな変化と関連がある。地球上の多くの場所で、局所的な変化はすでに高リスク・ゾーンに入っている。

新規の人工物質
放射性物質や持続性汚染物質など、人間によって作り出された物質は、まだ定量化されていないとはいえ、地球規模のリスクをもたらす可能性がある

成層圏オゾン層の破壊
以前はこの境界線を超えていたが、オゾン層を破壊する化学物質を徐々に削減することで、人類は再び低リスクゾーンに入った（122－123頁参照）

エアロゾル
まだ限界値は定量化されていないが、気候と人間の健康に有害な大気中の粒子が地球全体に影響をおよぼす可能性がある

海洋の酸性化
海洋の酸性化（160－161頁）は過去200万年間のどの時期よりも、少なくとも100倍のスピードで進行している。このまま進めばリスクゾーンへ入る

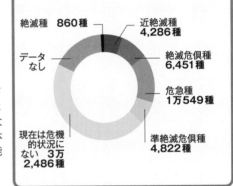

遺伝的多様性
生態系は過去50年間で人類の歴史のどの時代よりも急速に変化している。それを示す一つの指標は絶滅の恐れのある生物種の増加である。これまでに評価された生物種のうち4分の1以上が危機的状況にあると考えられている。

絶滅種　860種
近絶滅種　4,286種
データなし
絶滅危惧種　6,451種
危急種　1万549種
現在は危機的状況にない　3万2,486種
準絶滅危惧種　4,822種

肥料の利用
窒素の循環とリンの「フロー（流れ）」に対する人為的影響は多くの湖と海の環境に変化をもたらし、生態系を崩壊させた。これらの栄養分の主な供給源は農業分野での合成肥料の散布（66－67頁参照）である。この地図は窒素使用量の多さと農業地帯との関連を明らかにする。

窒素の散布量
■ 多い
■ 普通
■ 少ない

関連しあう圧力

食料、エネルギー、水の需要の増加は大きな問題をはらんでいるが、相互の関連はそれほど明白ではない。エネルギーと水は食料を作り出し、水はエネルギーを生み出す。そしてエネルギーは水を浄化して供給する。

2008年に主要食料品の価格が高騰したため、世界で飢えに苦しむ人々の数は推定1億人まで増加した。このことは社会不安を掻き立て、多くの国が主食の輸出を制限することになった。こうした状況に至った主な2つの理由が、前例のないほどの石油と天然ガスの高騰と、主要食料生産地域を襲った干ばつである。人間社会の将来の安全保障は、食料と水とエネルギーの明白な関連を認める対応策を見出すことにかかっている。浪費を避け、エネルギーと食料と水を効率よく消費することが肝心である。

発電に使う水
水はさまざまな発電に欠かせない。特に石炭と原子力発電では冷却のために水が大量に使用される。太陽電池などの再生可能エネルギー技術は水を一切必要としない。

石炭	原子力	天然ガス	太陽光
4,160	3,030	1,185	0

メガワット時あたりの水の使用量
（単位リットル）

凡例
- 予想される水の利用
- 予想される食料生産
- 予想されるエネルギー生産

関連のある需要

2030年までに、世界は水をさらに30％、エネルギーを40％、食料を50％多く必要とすると予測される。これらの需要の増大に個々に対処するのも困難だろうが、3つの需要の間で持ち上がる難局は、「最悪の破滅的な状態」を作り出すことになりかねない。右の図は、食料、エネルギー、水に対する需要の増大にはたがいに密接な関係があること、そして1つの消費が増大することで他の2つにどうかかわるかを示している。

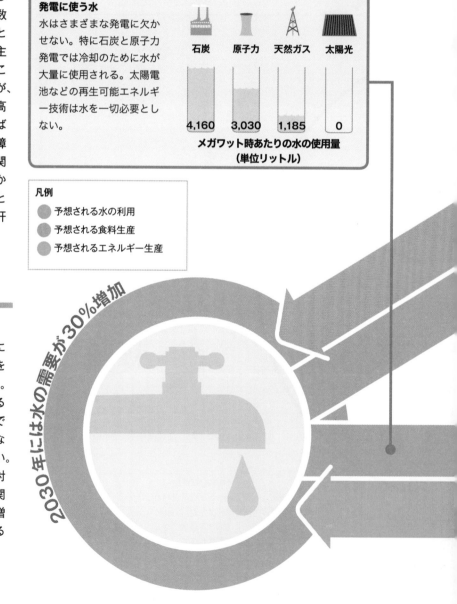

2030年には水の需要が30％増加

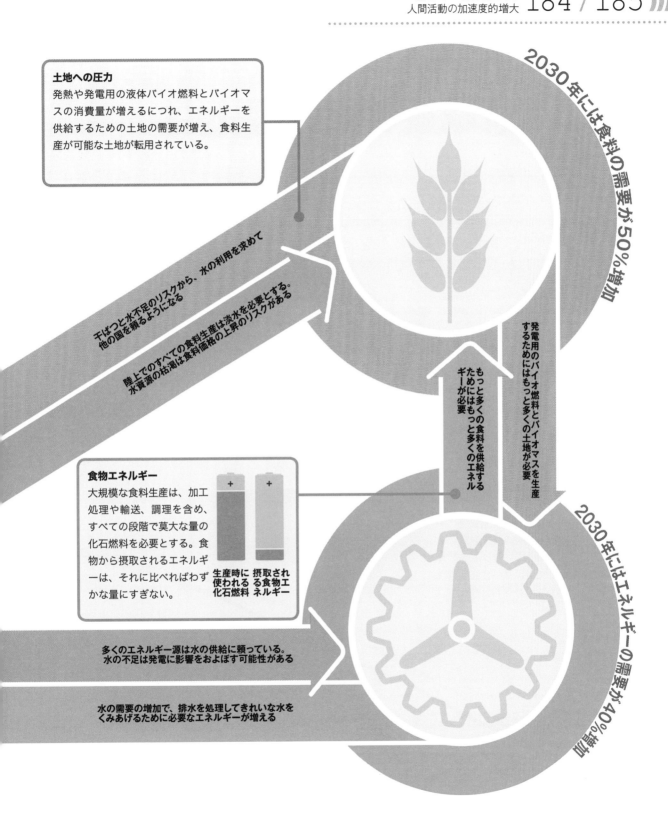

土地への圧力
発熱や発電用の液体バイオ燃料とバイオマスの消費量が増えるにつれ、エネルギーを供給するための土地の需要が増え、食料生産が可能な土地が転用されている。

2030年には食料の需要が50％増加

干ばつと水不足のリスクから、水の利用を求めて他の国を頼るようになる

陸上でのすべての食料生産は淡水を必要とする。水資源の枯渇は食料価格の上昇のリスクがある

もっと多くの食料を供給するためにはもっと多くのエネルギーが必要

発電用のバイオ燃料とバイオマスを生産するためにはもっと多くの土地が必要

食物エネルギー
大規模な食料生産は、加工処理や輸送、調理を含め、すべての段階で莫大な量の化石燃料を必要とする。食物から摂取されるエネルギーは、それに比べればわずかな量にすぎない。

生産時に使われる化石燃料　摂取される食物エネルギー

2030年にはエネルギーの需要が40％増加

多くのエネルギー源は水の供給に頼っている。水の不足は発電に影響をおよぼす可能性がある

水の需要の増加で、排水を処理してきれいな水をくみあげるために必要なエネルギーが増える

地球規模の目標とは

個々の国では多くの環境問題を解決する力が限定されることが認識されたので、さまざまな多国間環境協定（MEAs）を協議し実行に移すために多大な努力が費やされてきた。多国間環境協定は、自国だけでは対処できない共通の問題に立ち向かうために、複数の国家間で定められた正式な法的合意である。多国間環境協定に調印している国は、共同で合意された規約を実行に移し、環境にかかわるさまざまな問題と関連した目標を達成する義務を負う。

多国間環境協定の増加

1970年代から90年代の間に、環境問題に関する国際的な条約や議定書、その他の協定が増えてきた。各国に協調して対処させるのに成功した協定もあるが、その一方で、多くは目標の達成に苦心している。また時間をかけて徐々に支持されていった協定もあるが、実に速やかに各国の参加を成し遂げた協定もある。たとえば、地球上の自然の多様性が消失することでもたらされる深刻なリスクと脅威を各国が認識した時には、生物多様性条約の支持がたちまちのうちに増えた。

● **世界遺産条約**
自然遺産と文化遺産への脅威を食い止めるため、1972年にユネスコの総会で採択。

● **ワシントン条約 (CITES)**
絶滅の恐れのある野生動植物の保護を目指す。1973年に協定が採択され、1975年に発効。

● **ウィーン条約／モントリオール議定書**
地球のオゾン層を保護するために1988年に発効。

● **バーゼル条約**
有害廃棄物の輸出入と投棄を管理するため、1989年に採択され、1892年に発効。

● **国連気候変動枠組条約**
気候変動に関する国際連合枠組条約（UNFCC）と京都議定書。条約は1992年、議定書は1997年に採択。2015年にパリ協定採択。

● **生物多様性条約**
国連生物の多様性に関する条約（CBD）。1992年のリオデジャネイロ地球サミットで採択。米国は批准せず。

1988年
オゾン層を守るために、世界が前例のないスピードで反応し、ウィーン条約／モントリオール議定書で行動を拡大。

1972
年　　　1975　　　　　1980　　　　　1985

多国間環境協定

20世紀に締結された国際的な環境協定は何百という数にのぼる。その大半は既存の計画への追加修正で、残りが新たな重要な取り決めである。時代とともにますます多くの多国間環境協定が採択されたので、新たな取り決めの割合は減っている。世界が今必死になって取り組んでいるのは、新たな協定が不足しているからではなく、すでに取り決めた内容を実行に移すためである。

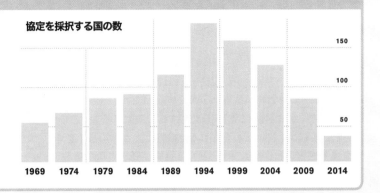

協定を採択する国の数

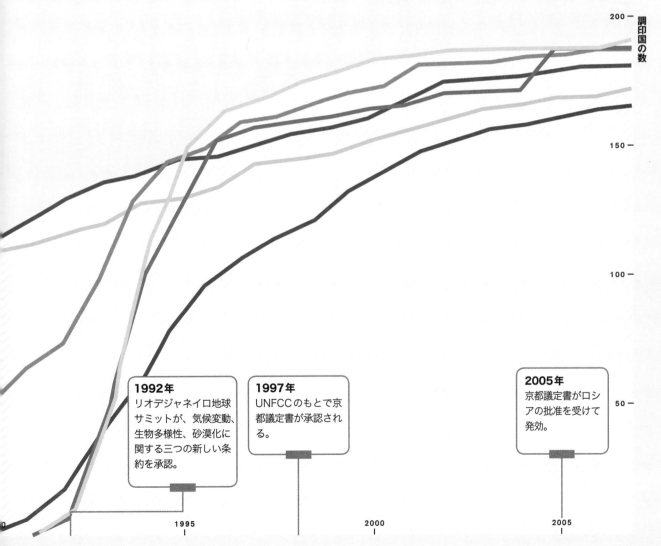

調印国の数

1992年
リオデジャネイロ地球サミットが、気候変動、生物多様性、砂漠化に関する三つの新しい条約を承認。

1997年
UNFCCのもとで京都議定書が承認される。

2005年
京都議定書がロシアの批准を受けて発効。

どんな対策が有効か

環境や社会に関するさまざまな条約や協定が国際間で採択されている。とはいえ、環境目標よりは社会的目標との関連でより大きな進展がみられる。

人々に幸福をもたらすための目標は、環境を保護するための行動を二の次にする結果に終わった。たとえば健康と栄養状態の改善は、気候変動や環境保全に関する対策よりもこれまでのところ成功している。それぞれの条約によって目標の達成度に差がみられるのは、中心となる目標が要求する内容、利害が相反する政治的支援、実現のために利用できる財源、広範囲の経済的目標との間で起こりうる利害の衝突など、さまざまな要因がからんでいる。

対策の行き詰まり

2012年、国連環境計画（UNEP）は環境条約の効果に関する評価を公表した。下の図表はその成功と失敗を明らかにしている。大きく進展したのは3つの環境目標──オゾン層を消滅させる物質の撤廃（123頁参照）、車両燃料からの鉛の除去（ガソリンの無鉛化）、安全な飲み水を入手可能にする──だけである。

	大気					政策と計画		生物多様性								
	成層圏のオゾン層	ガソリンの無鉛化	屋外の大気汚染	屋内の大気汚染	気候変動	環境政策	持続可能な開発	自然保護地域	遺伝資源へのアクセスと利益配分	外来種	種の絶滅リスク	自然生息地	持続的に管理された生産地域	食料と薬のために収穫される種	伝統知識	漁業資源
大きな進展	●	●														
いくらか進展						●		●	●	●						
ほとんど、あるいはまったく進展なし			●								●	●	●	●	●	
さらに悪化				●												●
データが不十分					●		●									

ミレニアム開発目標（MDGs）

国際社会は目標達成に向かって以前よりも前進している。2000年に国連によって採択されたミレニアム開発目標は、極度の貧困を減らし、より多くの子どもたちに教育を受けさせ、男女間の平等を促進し、子どもの死亡率を低下させることを定めたものであった。政治的な協力と国際的な支援により、開発途上国の全体でこれらの目標の達成に目覚ましい成果を挙げた。

世界の5歳未満児の死亡数

1990年　1,270万人

2015年　600万人

世界の非就学児童の数

2000年　1億人

2015年　5,700万人

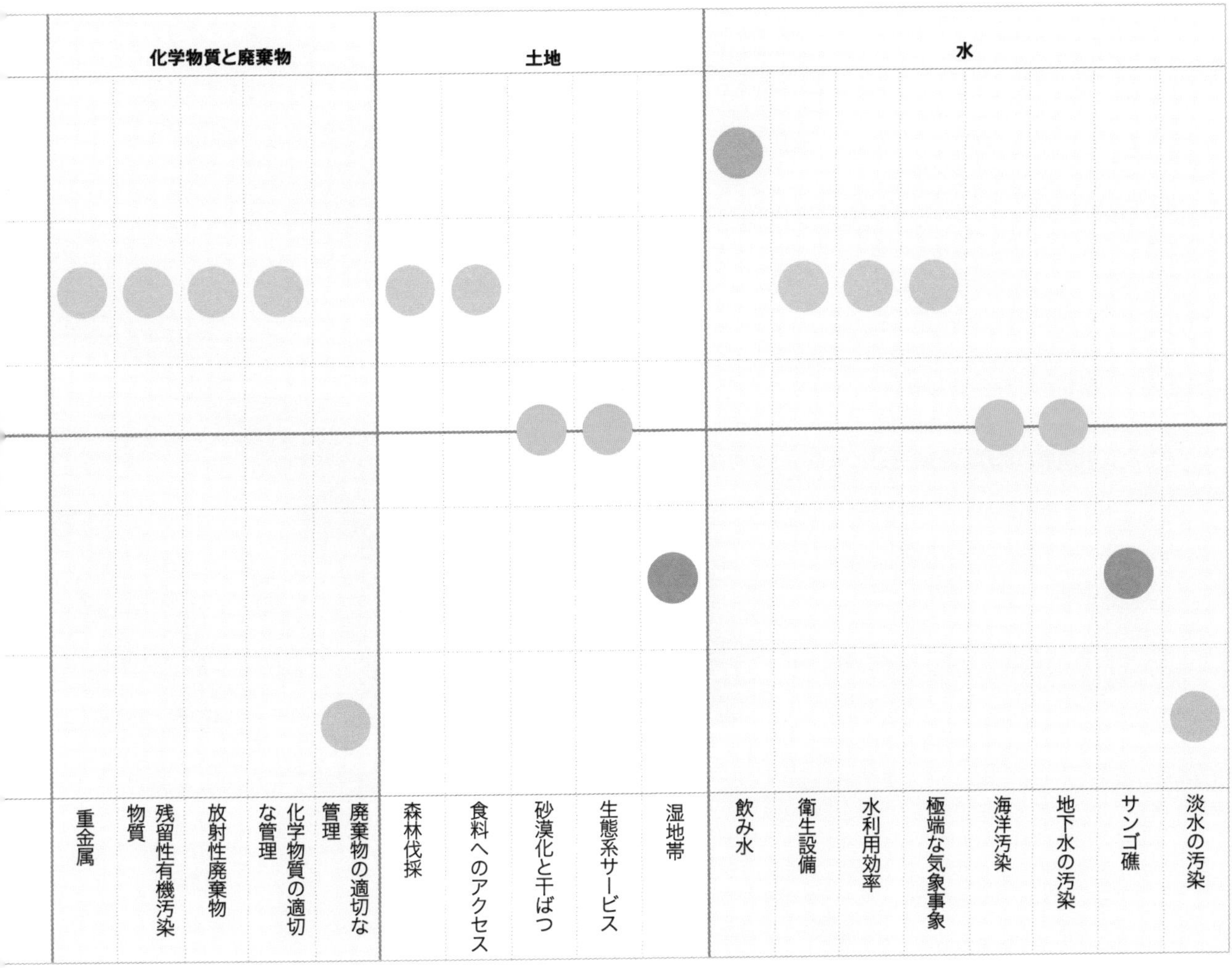

化学物質と廃棄物	土地	水

重金属
物質
残留性有機汚染物質
放射性廃棄物
化学物質の適切な管理
廃棄物の適切な管理
森林伐採
食料へのアクセス
砂漠化と干ばつ
生態系サービス
湿地帯
飲み水
衛生設備
水利用効率
極端な気象事象
海洋汚染
地下水の汚染
サンゴ礁
淡水の汚染

自然保護地域

過去50年間で国立公園や自然保護区、その他の自然環境保全地域の数が世界各地で大幅に増えている。これは好ましい傾向であるが、まだ多くの乗り越えるべき難問がある。

野生種の絶滅を最小限に抑えるためには、陸や海、沿岸部で広範囲にわたり豊かな自然環境が残されている地域への投資が不可欠である。2010年、世界の各国政府が「愛知目標」の一環として自然保護地域を増やすよう要請した。しかし、それだけでは不十分だろう。他の措置——たとえば、持続可能な農業、密漁防止法の強化、汚染の予防策、気候変動に関する実効力のある措置——が自然区域をはぐくむためには欠くことができない。また自然保護地域はきちんと管理されなければならない。最近おこなわれたある調査によれば、「適切な管理」のもとにあるのはわずかに24%だけであった。さらに専門家は、現在の保護制度ではすべての生物種と生態系を保護するには不十分であると結論づけた。外洋地域はほとんど保護されておらず、熱帯のサンゴ礁や海藻の繁茂している海底、泥炭地帯などの環境は特別な配慮を必要とする。

保護地域の増加

1962年以降、保護地域の数は世界全体で20倍以上、総面積は約14倍に増加しており、2014年には総面積が3,300万km²近く、総数は20万9,000カ所におよんだ。地球全体では、2014年の時点で、世界の陸地の約15%と海洋の3%が保護の対象範囲となった。

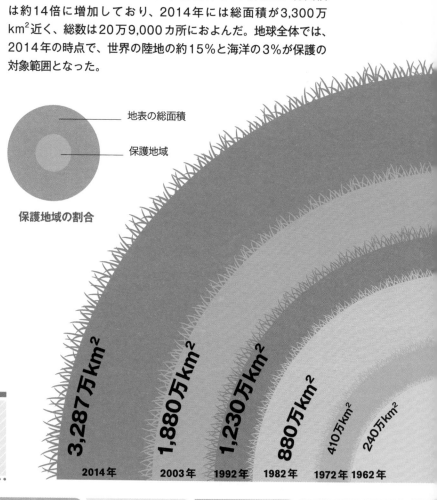

地表の総面積
保護地域
保護地域の割合

3,287万km²　2014年
1,880万km²　2003年
1,230万km²　1992年
880万km²　1982年
410万km²　1972年
240万km²　1962年

自然保護の年表
自然保護のために土地を保護する法律の制定は19世紀半ばに始まる。次第に各国は、個別の生物種の保護のため、より実効力のある法律も制定するようになった。

1864年
米国大統領エイブラハム・リンカンが署名した法案ヨセミテ・グラントが最初の重要な近代保護地域を制定する

1872年
カリフォルニア州に世界最初の国立公園、イエローストーン国立公園が設立される

1948年
当初は自然保護のための国際連合（IUPN）という名前で国際自然保護連合（IUCN）が設立される

1958年
IUCNが暫定的な国立公園委員会を設立する

15%

地表面のうち自然保護地域や
国立公園に属す土地の割合

各地域の状況

世界中のすべての地域が自然保護地域を指定しているが、その多くは適切に保護されていない。科学者の試算によれば、こうした状態をあらためるには、保護措置を強化することを含めても、世界のGDP総額の約0.12%相当の費用ですむ。それに対し、環境破壊による世界全体の損害額は、世界のGDP総額の約11%と予想される。

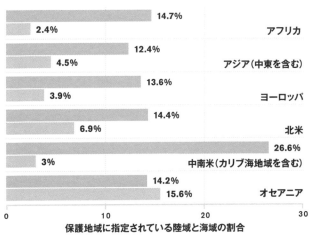

保護地域の割合
- 陸域
- 海域

地域	陸域	海域
アフリカ	14.7%	2.4%
アジア（中東を含む）	12.4%	4.5%
ヨーロッパ	13.6%	3.9%
北米	14.4%	6.9%
中南米（カリブ海地域を含む）	26.6%	3%
オセアニア	14.2%	15.6%

保護地域に指定されている陸域と海域の割合

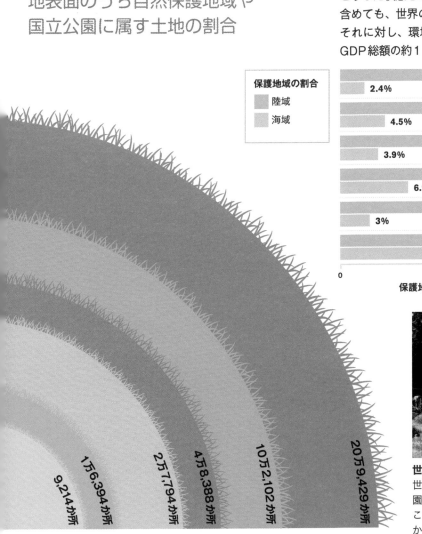

9,214か所
1万6,394か所
2万7,794か所
4万8,388か所
10万2,102か所
20万9,429か所

世界初の国立公園
世界の国立公園を代表するイエローストーン国立公園が設立されたのは1872年のことであった。現在この公園は、地球で最後に残された、ほとんど手つかずの温帯の生態系の一つを保護している。

1962年
第1回世界公園会議、保護地域に関する世界フォーラムがワシントン州シアトルで開催される

1972年
国連環境計画が設立され、世界遺産条約が採択される

1982年
第3回世界公園会議が保護地域と持続可能な開発に焦点を置く

1992年
国連生物多様性条約がリオデジャネイロ地球サミットで調印される

2010年
生物多様性条約締約国会議が生物多様性の損失を停止させるために愛知目標を採択する

2015年
自然保護のためのターゲットを含めた国連持続可能な開発目標が採択される（198-199頁参照）

世界の新たな目標

ミレニアム開発目標（189頁参照）は2015年で失効した。環境と開発にかかわるさまざまな問題に対処する2030年までの枠組みを設定し、もっと確かな未来の基礎を築くための新しい行動計画が必要とされた。

1992年のリオ地球サミットで、世界は初めて持続可能な開発という目標の達成を誓ったが、世界中の団体が、未来の世代に必要なものをそこなうことなく、現在の需要を満たすという、目標の中心をなす理念を浸透させようと努力した。しかしその後も環境資産と気候の安定を犠牲にして、社会分野の目標達成へ向かって経済成長や進歩が促進された。その後2000年にミレニアム開発目標（189頁参照）が採択された。これは貧困と飢餓の減少を目指していたが、貧困をもたらした原因には取り組んでおらず、人権や経済の発展についても言及していなかった。2012年に各国は──活動団体や国際的な企業の支援を受けて──新たな目標を設定する作業に着手することに同意した。

これが結果的に2015年の国連総会で合意された新たな枠組みとなった。新たに作成されたこの「持続可能な開発目標（SDGs）」にとってカギとなる最重要課題は、一方を犠牲にして他方を発展させるのではなく、社会分野と環境分野で同時に成果を挙げることであろう。

193の国

が「持続可能な開発目標（SDGs）」に調印した

すべての人に健康と福祉を

ジェンダー平等を実現しよう

貧困をなくそう

働きがいも経済成長も

人や国の不平等をなくそう

産業と技術革新の基盤を作ろう

住み続けられるまちづくりを

エネルギーをみんなにそしてクリーンに

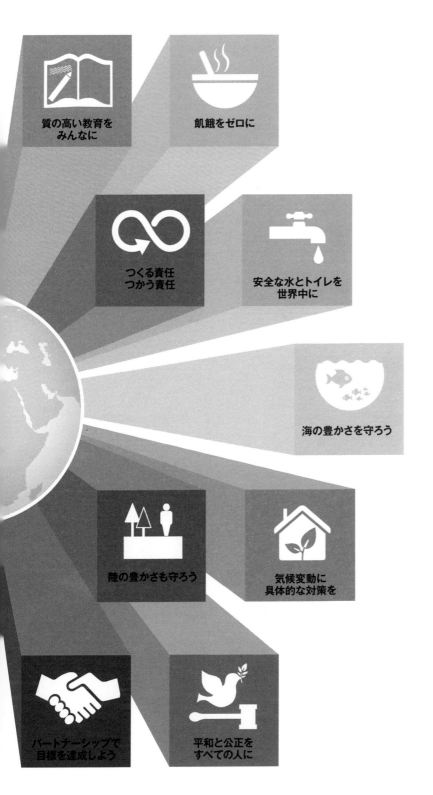

質の高い教育を
みんなに

飢餓をゼロに

つくる責任
つかう責任

安全な水とトイレを
世界中に

海の豊かさを守ろう

陸の豊かさも守ろう

気候変動に
具体的な対策を

パートナーシップで
目標を達成しよう

平和と公正を
すべての人に

どんな目標か？

SDGsの17の目標はそれぞれ個別の問題に焦点をおいているが、すべてが相互に関連している。どれも人間の幸福にかかわる目標で、だれもが教育や医療サービス、社会保障、手ごろな価格の持続可能なエネルギーを利用できる、貧困と飢餓のない世界を構想している。また基本的人権と人間の尊厳にも取り組む。今よりももっと公正で公平で寛容な、さまざまな違いや考えを受け入れる、社会的に包摂的な世界を築くことを目的とする。何よりもSDGsは持続可能性にかかわる目標で、環境を保護し生物多様性を維持しながら、すべての国が包摂的で持続可能な経済成長を享受し、全員がやりがいのある仕事に就くことができる世界の建設を目指している。

 ### 私たちにできること

❱ **世界中の政府**に新たな「持続可能な開発目標」の完全な実行を促す。

 ### 自分にできること

❱ **国際的な企業の製品やサービス**を購入するときは、SDGsの目標の達成を支持している企業を選ぶ。

未来を形作る

最初の産業革命が始まって以来、変革の波が幾度か起きている。その都度経済は大きく発展し、何十億もの人間の生活状態は改善した。これまでに起きた変革の要因はさまざまで、自然資源へのアクセス、新たな技術を開発できる勢いのある社会の出現、技術革新を奨励する政府の役割、教育水準、新たな発明を生み出すための足がかりをどれだけ既存の技術が提供できるか、といったことも含まれる。今新たな変革の波が出現しており、地球に配慮した開発を可能にするうえで不可欠だろう。

変革の波

18世紀半ば以降、何回か新たな産業革命が起きている。新たな革命が起きるたび、経済や社会のあらゆる面が一新され、最初の発明技術がにわか景気と富の増大を生み出すというパターンをたどった。その過程で、蒸気機関の燃料の石炭や、コンピュータの集積回路など、経済波及効果を生み出してきた。技術が成熟期を迎えると、最終的に新たな技術と入れ替わるまで、調整期間が必要となる。歴史が、これまで約50年ごとに新たな技術が発明されて、変革の波が起きてきたことを明らかにしている。私たちは今、サスティナビリティ（持続可能性）革命という新たな変革の波の始まりにいるのかもしれない。

第1の波——水力
水を動力源とする水力紡績機（水流の上の装置で駆動）が繊維産業を一変させ、手作業による家内労働が工場制機械生産となり、工業化をもたらした。

第2の波——蒸気機関
水力は石炭を燃料とする蒸気機関に取って代わられる。蒸気機関は製造業と、鉄道と船による長距離輸送を発達させる。国際貿易が急速に拡大する。

1785 年　1800　1820　1840　1860　1880

バイオミミクリー

バイオミミクリーとは生物の形態や機能をヒントに科学技術に応用する手法である。たとえばシロアリは、穴を利用して巣（アリ塚）の空気を循環させ、内部の温度を下げる。ジンバブエにある建物は、アリ塚の仕組みをモデルにした空調装置のおかげでエアコンの使用が抑えられ、炭素の排出量を大幅に減らすことができた。

90%
ジンバブエのイーストゲートセンターで換気に**バイオミミクリー**を利用したことによるエネルギー削減率

第6の波──持続可能性
新たな産業革命は持続可能性の理念にもとづき、再生可能エネルギー、生態系の再生、ごみをゼロにする循環型経済の製品、持続可能な農業、バイオミミクリー、ナノテクノロジー分野の技術革新を活用する。

技術革新

第5の波──デジタル世界
コンピュータが主流となり、企業や政府ばかりでなく、私たちの生活を変える。デジタル革命が速度を上げるので、バイオテクノロジーその他の産業が発展する。

第3の波──電化
石油の利用で交通機関に革命をもたらした内燃機関の出現とともに、電力が世界を一変させる。

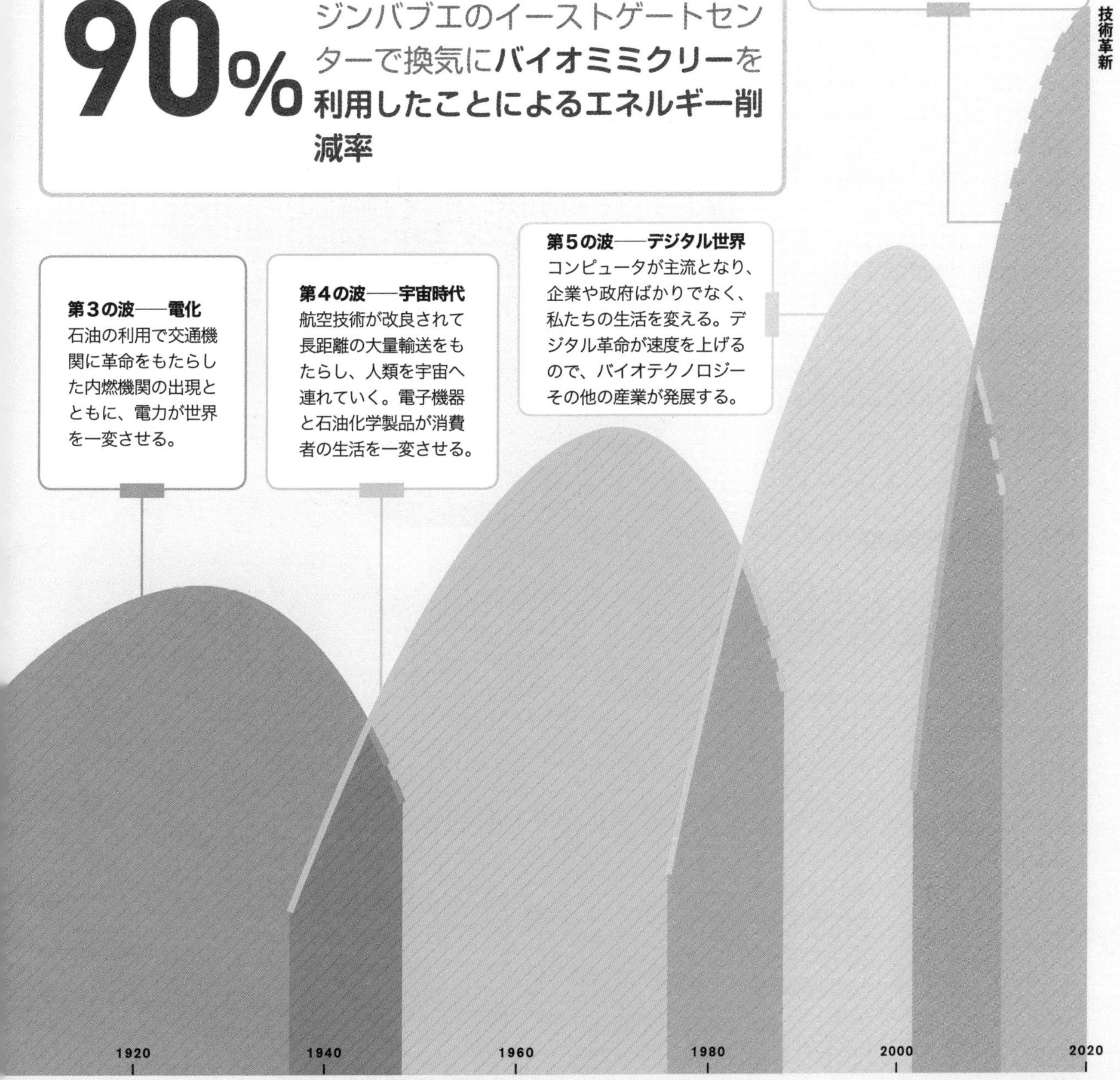

第4の波──宇宙時代
航空技術が改良されて長距離の大量輸送をもたらし、人類を宇宙へ連れていく。電子機器と石油化学製品が消費者の生活を一変させる。

1920　1940　1960　1980　2000　2020

低炭素成長

持続可能性革命は、環境への負荷を大幅に削減しながら、同時に、地球上のより多くの人々の需要を満たしていく必要がある。炭素排出量はそのことをよく示す例である。

現在の経済成長のパターンは炭素集約型で大量の炭素を必要とする。つまり私たちは、経済生産量1単位あたり、大量の二酸化炭素（CO$_2$）を排出している。今後は、現在よりも炭素排出量の少ない社会を目指す計画を立てる必要がある。すなわち、豊かさを維持しながら、CO$_2$を増やす要因（化石燃料エネルギーによる生産など）への依存を減らした世界である。もし私たちに、地球の平均気温の上昇幅を2℃未満に抑えられる可能性が十分あるなら、経済成長を炭素排出量から「分離すること」、すなわち経済成長が環境への悪影響をともなわないようにすることが重要である。

二酸化炭素排出原単位

右の図は、2007年の世界の平均量とともに、英国と日本のGDPの、ドルあたりの二酸化炭素排出原単位を示している。英国は、比較的効率のよいエネルギー利用、天然ガスの産出、原子力発電のおかげで世界のGDP平均のおよそ半分の排出量ですんでいる。日本の経済は、化石エネルギー源がないためにきわめて効率がよい。また日本は大量の原子力発電を利用しているので、一般に世界の平均にくらべ、GDP単位あたりの排出量が少ない。とはいえ両国とも、2050年までに必要とされる、世界の炭素量を大幅に少なくする——ドルあたりの二酸化炭素の量を6～36グラムに削減——という目標の達成は程遠い（4通りのシナリオについては次頁を参照）。

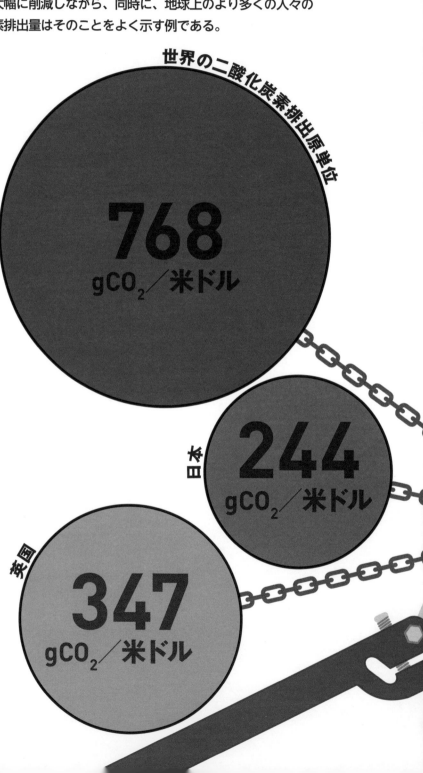

世界の二酸化炭素排出原単位

768 gCO$_2$／米ドル

日本 **244** gCO$_2$／米ドル

英国 **347** gCO$_2$／米ドル

未来のシナリオ

地球の気温を産業革命前の平均気温より2℃未満の上昇に抑えるためには、二酸化炭素排出原単位を大幅に削減する必要がある。経済学者のティム・ジャクソンが、私たちの前に立ちはだかる問題の難しさを示すため、将来の可能性として考えられる4通りのシナリオを作成した。それぞれ人口と平均所得が異なるシナリオで、2007年と比較してどれだけ排出量を減らさなければならないかを予測している。この先も経済が成長すれば、それとともに所得も増えるだろう。世界がシナリオ4の所得水準に達した場合、GDP1ドルあたりの二酸化炭素排出量を6g以下にしなくてはならない。格差が拡大し続けながらも経済が成長した場合（シナリオ1）でも、GDP単位あたりの二酸化炭素排出量を2007年の平均の20分の1以下にする必要がある。

6.2%

世界経済が**毎年**削減していかなければならない二酸化炭素排出原単位の割合

2050年のシナリオ1

人口は90億人まで増えると仮定する。一人あたりの所得の増加は2007年当時のままだが、格差は残る。

世界の人口
👤👤👤👤👤👤👤👤👤　90億人

一人あたりの収入の伸び
$⬆

768gCO₂／米ドル　2007年の排出量

● **36gCO₂／米ドル**

ここに示した人口と収入を前提とする2050年のCO₂排出量目標

2050年のシナリオ2

人口は110億人まで増加と仮定。シナリオ1同様、個人所得の増加は2007年のままだが、格差は残る。

世界の人口
👤👤👤👤👤👤👤👤👤　110億人

一人あたりの収入の伸び
$⬆

768gCO₂／米ドル　2007年の排出量

30gCO₂／米ドル

2050年のCO₂排出量目標

2050年のシナリオ3

人口は90億人まで増えると仮定（シナリオ1と同じ）。全員が一人あたりの所得で2007年のEU平均額を享受する。

世界の人口
👤👤👤👤👤👤👤👤👤　90億人

一人あたりの収入の伸び
$⬆⬆

768gCO₂／米ドル　2007年の排出量

14gCO₂／米ドル

2050年のCO₂排出量目標

2050年のシナリオ4

人口は90億人まで増加。今日のEUよりも高い経済成長のため、全員が高水準の暮らしを享受する。

世界の人口
👤👤👤👤👤👤👤👤👤　90億人

一人あたりの収入の伸び
$⬆⬆⬆

768gCO₂／米ドル　2007年の排出量

6gCO₂／米ドル

2050年のCO₂排出量目標

クリーン・テクノロジー

私たちのエコロジカル・フットプリントを減らすには、再生可能エネルギーの利用や、エネルギー効率の促進、リサイクル、環境にやさしいグリーンな交通機関、節水などによって、環境を汚染しないクリーン・テクノロジーの利用を増やすことが不可欠である。

クリーン・テクノロジー（環境技術）が重要になりはじめている。何よりもエネルギー源を化石燃料から再生可能エネルギーへ切り替えることで、大気中に排出される炭素の量を大幅に減らすことができる。その他の将来有望な新技術には、これまで廃棄されていたものから資源を取り出す技術や、より効果的な水処理技術、土壌や地下水の汚染を予防し栄養素を回収する技術、ビルを効率よく管理する情報技術などがある。クリーン・テクノロジーを扱う企業は徐々に成果を挙げて競争力を高めてきているので、多くの投資を呼び込んで、成長を続けている。2007－2010年で年平均11.8％成長し、2011年－2012年には約5.5兆ドルの価値を有する市場を形成した。

環境汚染のない未来を作り出す

クリーン・テクノロジーは開発途上国で中小企業（SMEs）も含めた経済成長を推進する。世界銀行の報告は、2014年から2024年までの間に途上国ではクリーン・テクノロジーに6.4兆ドルが投資され、そのうち1.6兆ドルが中小企業に利用されると予測した。途上国の中でも特にこの分野で大きな成長が見込まれる地域は南米とサハラ以南アフリカである。

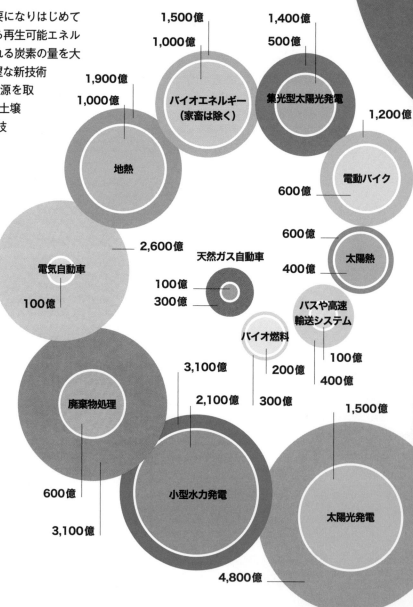

1,500億
1,000億

1,400億
500億

1,900億
1,000億

バイオエネルギー
（家畜は除く）

集光型太陽光発電

地熱

1,200億

電動バイク

600億

600億

太陽熱

400億

2,600億

電気自動車

100億

天然ガス自動車

100億
300億

バイオ燃料

バスや高速
輸送システム

100億

400億

200億

300億

3,100億

廃棄物処理

2,100億

600億

3,100億

小型水力発電

1,500億

太陽光発電

4,800億

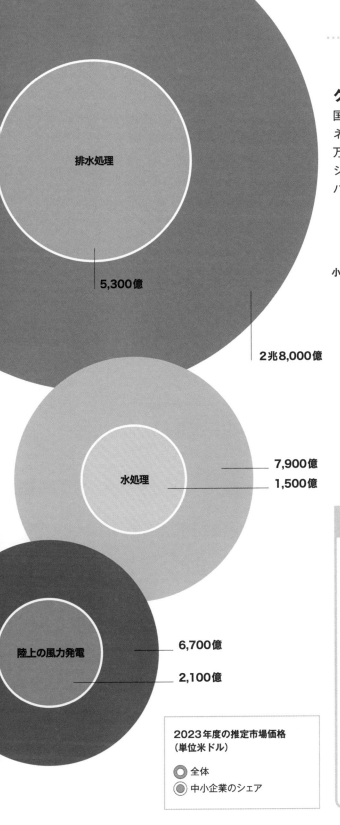

排水処理

5,300億

2兆8,000億

水処理

7,900億
1,500億

陸上の風力発電

6,700億

2,100億

2023年度の推定市場価格
（単位米ドル）

◯ 全体
◉ 中小企業のシェア

クリーンでグリーンな職種

国際再生可能エネルギー機関によれば、2016年には再生エネルギー分野で980万人の雇用があり、2012年度の570万人から増加した。特に雇用が集中している国は中国、ブラジル、米国、インド、ドイツである。太陽光発電、水力発電、バイオ燃料が最大の雇用企業である。

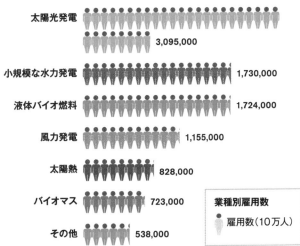

太陽光発電	3,095,000
小規模な水力発電	1,730,000
液体バイオ燃料	1,724,000
風力発電	1,155,000
太陽熱	828,000
バイオマス	723,000
その他	538,000

業種別雇用数
● 雇用数（10万人）

環境に配慮した経営を進める企業

2013年、国際環境NGO「クライメイト・グループ」は、米国で再生可能エネルギーを活用している企業として、イケア、アップル、コールズ、コストコ、ウォルマートなどを挙げた。下にこれらの企業が2013年に米国で利用した太陽光エネルギーの総量をメガワット（MW）で示した。

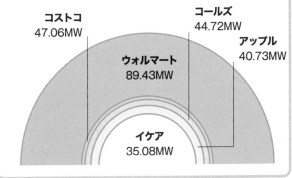

コストコ
47.06MW

コールズ
44.72MW

アップル
40.73MW

ウォルマート
89.43MW

イケア
35.08MW

持続可能な経済

もし世界が、気候変動や資源の枯渇、生態系の劣化による最悪の影響を未然に防ぐと同時に、生活水準を向上させるために「持続可能な開発目標（SDGs）」（198－199頁参照）を達成するつもりなら、経済の変化が必要とされる。

経済をつなぎ換える

2015年、英国のケンブリッジ大学サスティナビリティ・リーダーシップ研究所（CISL）が、経済を「つなぎ換える（リワイヤ）」計画案を発表した。そして、経済システムをもっと社会や環境分野での優先事項と調和させるために、各国政府や企業、金融機関が果たすべき10項目の任務を提示した。右に紹介したそれらの任務は、金融機関の巨大な力を利用するとはいえ、政府の政策とビジネスの世界で起きている変化と関連している。従来の、政府や業界団体が独自に定めた環境保護や開発にかかわる計画では実現不可能な「持続可能な開発目標」の達成を促進するために、慎重に変化は進められる。これまでと違ってより根本的な方向転換が必要とされるからだ。その方向転換は私たちの経済の本質にかかわってくる。

「廃棄物や汚染があれば、いずれだれかがその代償を支払うことになる」

リー・スコット（前ウォルマート最高経営責任者）

政府

▶ **適切な目標と手段を設定する**
温室効果ガスの排出量削減や、生態系保護のための公式目標などは、達成に向けた具体的な政策で裏付けられねばならない。

▶ **新たな税制を導入する**
クリーンな生産やエネルギー源を奨励するため、廃棄物や汚染物質への課税など、異なる選択をした場合の損失を示す。

▶ **プラスの影響力**
一般の寄付や助成金、規制案の作成、教育、研究の力を結びつけることでプラスの変化を推進する

金融機関

▶ **資本が長期間効力を持つことを保証する**
金融リスクや収益が設計される時間枠を拡大することで、投資家を保護しながら短期の意思決定を減らす。

▶ **経済活動の本当の損失額を見積もる**
利益を追求しながらも企業が社会と環境面での目標を達成するように奨励する戦略を確認する。

▶ **金融構造を改める**
金融を、気候変動への対応や地球の生態系の保護を含めた社会的便益のために役立たせる。

企業

▶ **大胆な理想を定める**
低炭素エネルギー、森林伐採ゼロ、廃棄物ゼロという目標を採用するために、企業の活動を一変させる。

▶ **評価と発表の範囲を広げる**
企業がもたらすあらゆる影響を社会と環境面での成果を含め確実に報告するようにする。

▶ **能力開発と報奨金の拡充を図る**
たとえば幹部のボーナスを炭素排出量の引き下げと関連づけることによって、企業の人材と資金を役立てる。

▶ **情報力を活用する**
社会・環境面での進展を阻害するようなメッセージを含む広告を改める。

私たちの世界で社会と環境への圧力が多く生じているとはいえ、持続可能な開発目標を達成すれば、確かな未来の基礎を築くことができるかもしれない。しかしこのためには、考え方を変え、環境保護は負担しきれないほどの経済的損失をもたらすという見方を乗り越える必要がある。実際、自然環境がこのまま悪化し続けるなら、この先社会の進歩は不可能である。だからこそ、経済がうまく機能する方法を通じて、環境へのダメージを最小限にしなければならない。政策や投資パターン、ビジネスの手法が変化し始める時にこうした見方が生じがちであるのは、世界中で証明されている。

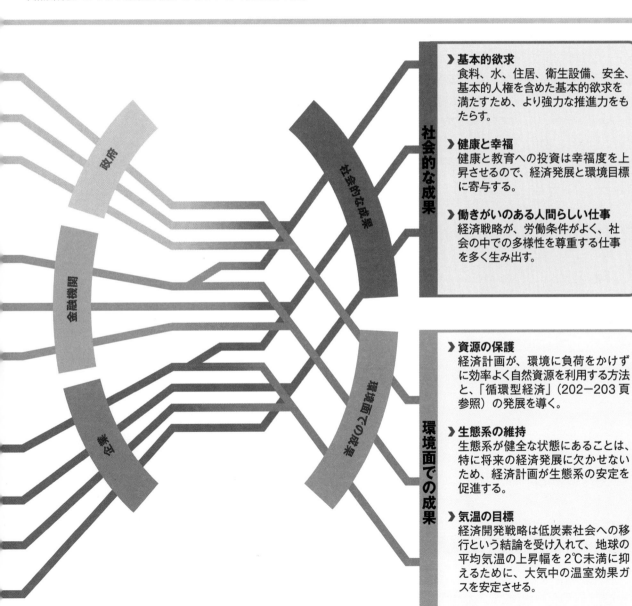

社会的な成果

▶ **基本的欲求**
食料、水、住居、衛生設備、安全、基本的人権を含めた基本的欲求を満たすため、より強力な推進力をもたらす。

▶ **健康と幸福**
健康と教育への投資は幸福度を上昇させるので、経済発展と環境目標に寄与する。

▶ **働きがいのある人間らしい仕事**
経済戦略が、労働条件がよく、社会の中での多様性を尊重する仕事を多く生み出す。

環境面での成果

▶ **資源の保護**
経済計画が、環境に負荷をかけずに効率よく自然資源を利用する方法と、「循環型経済」（202-203 頁参照）の発展を導く。

▶ **生態系の維持**
生態系が健全な状態にあることは、特に将来の経済発展に欠かせないため、経済計画が生態系の安定を促進する。

▶ **気温の目標**
経済開発戦略は低炭素社会への移行という結論を受け入れて、地球の平均気温の上昇幅を 2℃未満に抑えるために、大気中の温室効果ガスを安定させる。

政府

金融機関

企業

社会的な成果

環境面での成果

循環型経済

何世紀も続いた発展と経済成長は、主に直線的な経済の上に築かれていた。このシステムは——化石燃料、金属、栄養素などの——天然資源を獲得し、利用後は大気や水や陸に人間の出したごみの処理をゆだねるしくみである。このしくみが人口の増加を支え、より快適な生活水準を達成した一方で、気候変動や資源の枯渇、環境汚染、生態系のダメージなど、多くの悪い影響をもたらしている。それに対して循環型経済は、ごみを新たな資源として扱うことでそうした悪影響を減らす。循環型経済のしくみについて2種類のイラスト——生物循環と物質循環——で示した。同様の基本的な考えは、さまざまな生物由来の栄養素や素材を活用する経済全体にあてはまる。

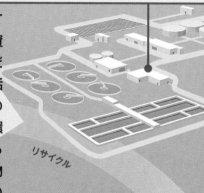

下水処理所
すでに最新技術が取り入れられている施設もある。汚物からリンが取り出され、高品質の肥料となる。

リサイクル

生物循環
リンは生物に必須の栄養素である。現在の私たちの直線型経済では、限りある鉱物資源からリンを採掘する。その後リンは環境にまき散らされ、生態系にダメージをもたらす。循環型経済では、リンは新たな植物の成長を支えるためにリサイクルされる。こうすることで資源を節約し環境を保護する。

消費

消費
人が食べた食物は消化管を通って排出される。汚物はトイレから下水処理施設へ送られる。

出発点
リン酸塩などの生物資源はもともと自然に由来する。これらが再利用されれば、必要以上に採取せずにすむ。

栽培／利用

食料の供給と販売
食料は商店、スーパーマーケット、市場へ供給される。生産コストの一部はリンなどの肥料の価格によって決まる。

作物の栽培
リンは肥料として畑にまかれ、植物の成長を促進し、増え続ける人口に養うのに必要な収穫量を増やす。

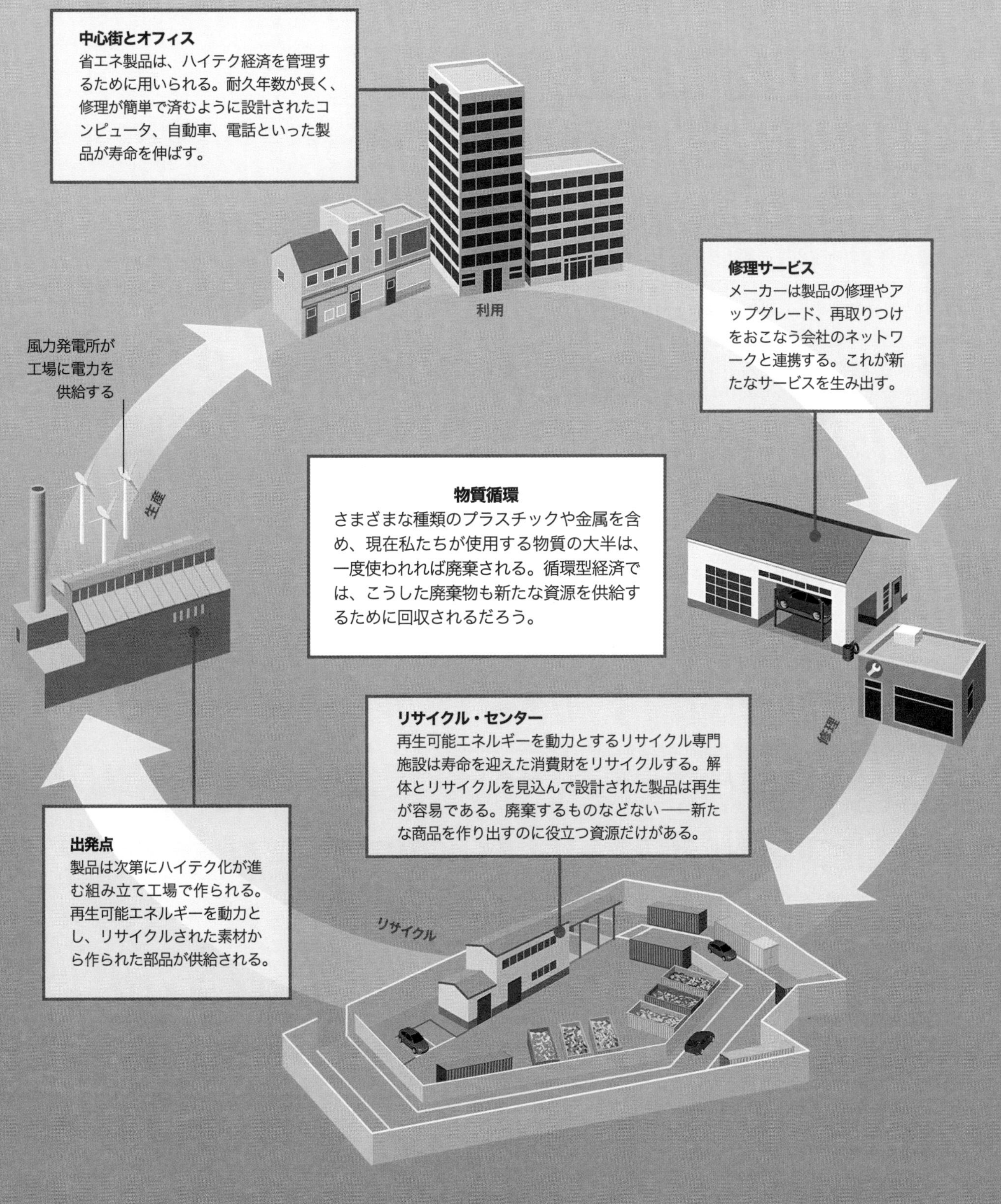

中心街とオフィス
省エネ製品は、ハイテク経済を管理するために用いられる。耐久年数が長く、修理が簡単で済むように設計されたコンピュータ、自動車、電話といった製品が寿命を伸ばす。

修理サービス
メーカーは製品の修理やアップグレード、再取りつけをおこなう会社のネットワークと連携する。これが新たなサービスを生み出す。

風力発電所が
工場に電力を
供給する

利用

物質循環
さまざまな種類のプラスチックや金属を含め、現在私たちが使用する物質の大半は、一度使われれば廃棄される。循環型経済では、こうした廃棄物も新たな資源を供給するために回収されるだろう。

生産

修理

リサイクル・センター
再生可能エネルギーを動力とするリサイクル専門施設は寿命を迎えた消費財をリサイクルする。解体とリサイクルを見込んで設計された製品は再生が容易である。廃棄するものなどない——新たな商品を作り出すのに役立つ資源だけがある。

出発点
製品は次第にハイテク化が進む組み立て工場で作られる。再生可能エネルギーを動力とし、リサイクルされた素材から作られた部品が供給される。

リサイクル

新たな思考様式

これまで通りに自然から資源を取り出し、ごみを生物圏に放出する開発を続けていけば、自然環境が悪化し資源も枯渇するため、経済成長も妨げられる。これを避けるには新たな開発形態が必要である。

自然に対する人間の要求が増大していったことで、地球上の生命を支えるさまざまなシステムに重大な変化が生じている。そうした変化は今、経済と人類全体の福祉に大きな影響を与えつつある。人間が、この先も増え続ける需要を満たしながらも、これ以上環境を犠牲にするのではなく、生態系の回復と保護に取り組むつもりであれば、従来とは異なるやり方が必要とされる。そして次には、環境の限界を配慮しながらの持続可能な経済開発と、社会状況の改善を実現するための新たな取り組みが必要となる。

安全な範囲

持続可能な開発を専門とする英国の経済学者ケイト・レイワースは、社会的要因と環境的要因を平等に考慮する「ドーナツ経済学」の考えを提唱する。現在のところ、あること（よりよい仕事や教育、健康の増進などの社会的進歩）は別のこと（生態系）の犠牲の上に築き上げられている。右の図はドーナツの概念を示している。外側の輪は、9つの地球の限界（180－181頁参照）からなる、環境の「許容範囲」である。この限界を超えると、環境へのダメージは許容できないレベルに達する。内側の輪は10項目の社会的要因からなり、そのうちの一つが不足しても、人間としての尊厳が奪われた耐えがたい貧困状態にあることを示す。2つの輪の間にはドーナツの形をした空間があるが、これは環境に対して安全であると同時に、社会的にも公正な範囲である。すなわち、全人類がうまくやっていくことができる空間である。

環境の許容範囲

淡水利用
生態系へのダメージと水の無駄づかいは水ストレスを増し、食の安全をそこなう恐れがある。

気候変動
地球温暖化は食料不足や水ストレス、紛争、病気の蔓延のリスクを増す。

持続可能な経済開発

水

食料

健康

社会基盤の開発

土地利用の変化
多くの土地が農業や都市化のために開発され、自然の生態系が破壊されている。

社会的な平等

エネルギー

仕

生物多様性の減少
私たちのすべての食料と多くの医薬品は基本的に野生の種に由来する。生物多様性は持続可能な未来に不可欠である。

オゾン層の破壊
紫外線の照射量が増えると皮膚がんのリスクが増すので、このことは人類の健康に深刻な脅威である。

窒素とリン
環境内にこれらの栄養素が増えているために水産資源に悪影響をおよぼし（162－163頁）、人類の健康をおびやかしている。

■ 環境の許容範囲
■ 持続可能な経済開発
■ 社会基盤の開発

収入

教育

発言権

回復力

海洋酸性化
大気中の酸素を補給する海洋性プランクトンの種が、二酸化炭素の増加による海洋酸性化（160－161頁）によっておびやかされる可能性がある。

化学汚染
有害な物質は、安定した食料供給を支える受粉媒介者などの有益な野生動物を含めた自然の多様性に悪い影響をおよぼす。

大気汚染
人間活動のために、ちり、ばい煙、煙霧が大気中に増加しているので、人類の健康に重大な脅威をもたらしている。

地球にかかるストレス

国際NGOオックスファムの推定によれば、温室効果ガスの排出やエネルギー消費など、地球に多大な負荷をかける要因をもたらしたことに一番責任があるのは、世界の人口の10分の1である。環境にダメージを与え人類の安全をおびやかしているのは彼らの消費行動と、超富裕層が購入する財やサービスを作り出す企業の生産方式である。

排出量
世界の人口の11％が世界の二酸化炭素排出量の半分を生み出している。

世界の人口

50%
の排出量

エネルギー
世界の人口の16％を占める高所得国が、全電力供給の57％を消費している。

57%
の電力

購買力
同じく世界の人口の16％が、消費財の64％を消費している。

64%
の消費

窒素（食物）
世界の人口の7％を占めるEUが、家畜の餌の栽培や輸入で、地球の持続可能な窒素収支の33％を消費している。

33%
の窒素収支

私たちにできること

❯ **各国政府**は「持続可能な開発目標（SDGs）」を自国の経済戦略の中心に取り入れなければならない。

❯ **企業**は自社の計画を長期的な持続可能性と適合させ、社会的価値と環境的価値を保護しなければならない。

自分にできること

❯ 「ドーナツ経済学」を支持する政治家に投票する。

❯ 「ドーナツ経済学」を企業戦略に組み入れている企業の製品を購入する。

❯ 地球の限界内で人類の繁栄を推進する活動を支持する。

未来を再生する

もし私たちが確かな未来のための土台作りをするつもりなら、何世紀にもわたって続いている環境の悪化を食い止め、改善していかなくてはならない。これは経済上合理的であるし、達成可能な優先事項でもある。

これまで私たちが開発や経済発展を進めるには、生態系を破壊して大気や水を汚染するのは進歩の代償として避けられないという態度がまかり通っていた。このような発展が世界中の人々に快適さや便利さ、安心をもたらした一方で、私たちは今、収穫逓減の時期を迎えている。気候変動、大気や水質の汚染、資源の枯渇、生態系の破壊によるダメージが発展の恩恵のすべてを上回る恐れがある。しかし現在なら、持続可能な開発により、生態系の健全な状態を再生させることは可能である。

進行中の再生計画

環境の悪化を食い止めることは可能である。もし私たちが、そのことをすでに実証している世界各地の例を参考にするなら、流れを変えることはできる。ブラジルからデンマークまで、またウルグアイからブータンまで、農業や輸送、自然保護、インフラ、エネルギー供給を含めた幅広い分野にわたって実現可能な示唆に富む例が無数にある。各国政府や国際機関、企業、市民が一体となって、21世紀に必要な、持続可能な社会に向けた変革においてそれぞれの役割を果たす必要がある。

自然環境
自然の保護は健全な経済投資であるが、このことを理解していないために生態系の破壊と動植物の大量絶滅が起きている。

農業
気候変動、水不足、劣化した土壌、ミツバチなど有益な動物の減少は、どれも未来の食の安全をおびやかす大きな要因である。

インフラ
高層ビルの密集と開発へと向かう現在の手法は、大量の資源を必要とする浪費的で高炭素型の生活形態を「固定」している。

交通
大気汚染、渋滞、気候変動は、私たちの交通システムがもたらした影響の中でもとりわけ高くついた影響である。通勤は道路を渋滞させると同時に、時間を浪費し、ストレスの原因になっている。

エネルギー供給
大量の炭素の排出と深刻な大気汚染が広範囲にわたる被害をおよぼしている。無駄なエネルギー消費が環境への悪影響を増している。

現在

自然環境

豊かな自然が人々の健康と力強い社会、健全な経済に不可欠であると認識することで、環境破壊に終止符を打ち、回復された生態系をもたらす。

農業

土壌、水、野生生物を保護する持続可能な農業と、食品廃棄物の大幅な削減を含めた、広範囲な食料システムにおける変革が、環境へのダメージを減らした安全な食生活をもたらす。

インフラ

未来の都市は住むのに効率がよく快適な居住空間になるよう設計される。工学技術と自然環境が結びついて真に持続可能で健全な都市を作り出す。

交通

自転車の利用と歩行で健康を増進し、汚染物質と二酸化炭素の排出量を減らす。デジタル技術により「テレワーク」が可能になり、実際の通勤は減る。電気自動車によって環境汚染の少ない交通手段が可能になる。

エネルギー供給

再生可能エネルギー由来の電気や熱を効率よく使うことで、温室効果ガスの排出量を減らす。クリーンな電力が電気自動車を充電する。

未来

「私たちの住む世界は、**難問**が立ちはだかり……**資源の限られる**世界である。持続可能な開発は**私たちの進む道を変える絶好の機会**を提供する」

潘基文（前国連事務総長）

私たちにできること

❯ **投資家たち**は、再生可能エネルギーや持続可能な農業など、建設的な解決策に対して資金を割り当てる方針を取る。

❯ **各国政府**は、生態系の保護と再生を奨励する助成金を含め、クリーン・テクノロジーの採用を促す奨励策を導入する。

自分にできること

❯ **持続可能性の問題への解決策**を提示する企業の製品やサービスを選ぶ。そうすれば先進的な取り組みをおこなう企業を評価し、後れを取る企業に圧力をかけることになる。

❯ **銀行や年金基金**に、確かで持続可能な未来を支援する企業にのみ融資と投資をするよう促す。

用語解説

注：下線部は他の見出し語

単位

MTOE（100万石油換算トン）
100万トンの石油を燃やすことで放出されるエネルギーの量。エネルギーの生産量や消費量の測定単位として使われる。

MWh（メガワット時）
消費電力量の単位（1メガワットは100万ワット）。1メガワット時とは、1時間に絶えず消費または発電された100万ワットの電力。

TWh（テラワット時）
消費電力量の単位（1テラワットは1兆ワット）。1テラワット時とは、1時間に絶えず消費または発電された1兆ワットの電力。MWhの項も参照のこと。

BTU（英国熱量単位）
海面気圧で1ポンド〔約453.59グラム〕の水を華氏1度上昇させるのに要する熱量。加熱・冷却システムや装置の熱出力を測定するために用いられる。

DU（ドブソン単位）
大気中の微量ガス、特にオゾンの濃度を測定する単位。

二酸化炭素ギガトン（十億トン）
二酸化炭素や炭素の排出量に用いられる測定単位。同様の単位である二酸化炭素換算ギガトン（$GtCO_2$-eq）は、他の温室効果ガスの排出量を、二酸化炭素という一般に広く知られている温暖化の原因物質に換算して示すために用いられる。炭素の量に換算するには二酸化炭素の量を3.67で割る。たとえば、1ギガトンの二酸化炭素は炭素2億7,200万トンに相当する。

Ej（エクサジュール）
10^{18}ジュール、すなわち10億ギガジュールに相当するエネルギー単位（1ギガジュール＝10億ジュール）。

ng（ナノグラム）
1グラムの10億分の1。

ABC

E7諸国
7つの強大な新興市場経済国で、中国、インド、ブラジル、ロシア、メキシコ、トルコ、インドネシアを指す。E7は現在世界GDPの約30%を占める。

G7諸国
主要な7つの先進国──米国、カナダ、英国、フランス、ドイツ、イタリア、日本──で、毎年首脳と財務大臣が、世界経済の方針と国際安全保障を話し合うために会談する。

GDP（国内総生産）
特定の期間（通常は1年）に、ある国で生産されたすべての財とサービスの金銭的価値。実質GDPの項も参照のこと。

HANPP（純一次生産量の人間による占有率）
地球上で光合成によって生産された一次生産量のうち、人間がどれだけ消費したかを測る指標。純一次生産量とは植物に変換される太陽エネルギーの正味の量。HANPPは、たとえば、食物、木材、紙、植物繊維として純一次生産物を利用する場合にみられる。

IUCN（国際自然保護連合）レッドリスト
絶滅の危機に瀕している世界中の動物、植物、菌類のリスト。

OECD加盟国
1961年に経済発展と社会の進歩を促進するために先進諸国によって設立された国際機関、経済協力開発機構（OECD）に加盟している国。加盟国は現在36か国。

あ行

亜酸化窒素
汚染物質で温室効果ガス。大気にはもともと微量の亜酸化窒素が含まれるが、人間活動により大気中の濃度が著しく増加している。

一次生産
光合成によって太陽光エネルギーが新たな植物バイオマスへ変換される量。

売上高
特定の期間に財とサービスの販売から得た総売上高から、税と経費を差し引いた総額。

永久凍土
2年以上凍ったままの土や岩。アラスカやシベリアなど、数千年にわたり永久凍土が存在する地域もある。

栄養失調
ビタミンCやタンパク質が過度に不足しているなど、きちんと栄養バランスが取れた食事をしていないこと。低栄養の項も参照のこと。

栄養循環
物理的環境と生物の間を循環し、ふたたび特定の生態系内に戻る、炭素や窒素などの生体物質の循環。

エネルギー貯蔵
小容量（充電式電池など）でも、大容量（水力発電所用の電力貯蔵など）でも、後で使用するために電気機械エネルギーを集め蓄電すること。

エルニーニョ
およそ3〜7年おきに赤道太平洋の中部と東

部で発生する大規模な気象攪乱。この海域の表層流の温度上昇により、世界各地の気候パターンが変化を受けるが、特に南北アメリカ大陸の沿岸部とオーストラリア北部に大きな影響をおよぼしている。ラニーニャの項も参照のこと。

オゾン
私たちが呼吸する空気中に含まれる、植物や動物に有害ではあるが、大気圏の上層で太陽の紫外線から地球を保護している無色の気体。オゾンの濃度はドブソン単位を使って測定される。

オゾン層
地表から20〜50km上空に存在する、比較的オゾンの濃度が高い大気の層。オゾン層が減少すると、地球上の生物（人間を含む）は危険な量の紫外線放射にさらされる。

温室効果
地球の大気が太陽から多くのエネルギーを閉じ込めた結果、大気と海洋を温める作用。

温室効果ガス
大気中に熱を閉じ込める気体。主要な気体は二酸化炭素で、その他メタンと亜酸化窒素がある。燃料を燃やすなど人間活動から排出された温室効果ガスは地球温暖化の一因となる。

か行

開発途上国
脆弱なインフラと不十分な公共サービスしかなく、国民の大半は比較的所得が低く、平均寿命は短く、最新医療や教育を受ける機会が制限されている国。

化石燃料
石炭、石油、天然ガスなど、数千万年から数億年前に死滅した動植物の残骸から生成された燃料。これらの燃料は大気から得られた炭素を含んでいるため、燃やされると、二酸化炭素を大気中に放出する。

カーボン・プライシング（炭素の価格づけ）
効率のよいエネルギーの利用や再生可能エネ

ルギーの拡大など、以前とは異なる行動を促すため、二酸化炭素排出量に課される税金、あるいは市場価格。

環境収容力
生態系や環境がいつまでも維持していくことが可能な、ある生物種の最大個体数。

還流
渦状に循環している巨大な海流システム。

気候
ある地域における長期間にわたる典型的な大気の状況。地域の緯度や高度、さらには平均気温や降水量などの要因が影響をおよぼす。

クロロフルオロカーボン（CFC）
塩素、フッ素、炭素から作られる化合物の総称で、日本ではフロンと一般に呼ばれている。クロロフルオロカーボンはスプレー用のガスや冷媒として広く使われていたが、オゾン層に悪影響をおよぼすことが判明したため、現在その使用は制限されている。

揮発性有機化合物（VOCs）
常温常圧でただちに気化する、炭素を主成分とする化合物のこと。燃料や殺虫剤、溶媒などの合成物質に含まれる。揮発性有機化合物は光化学スモッグの原因となる大気汚染物質である。

巨大都市
東京、ニューヨーク、サンパウロなど、人口が1,000万人以上の都市圏。

原子力
特定の元素の原子を分裂（核分裂）させて、発電に用いるエネルギーを放出させること。原子力は二酸化炭素の排出量が少ないが、その廃棄物は長年にわたりきわめて有害である。

後発開発途上国（LDC）
国民一人あたりの所得がきわめて低く、開発途上国の中でも特に貧しい国のこと。

光化学スモッグ
大気中の窒素酸化物や揮発性有機化合物が太陽光線（特に紫外線）に反応して、大気をもやがかかったりかすんだ状態にする、大気汚染

の一種。スモッグにはオゾンが含まれ、吸い込むと有害である。

光合成
植物と一部の微生物が太陽光エネルギーを使って二酸化炭素と水をグルコースに変え、老廃物として酸素を放出する作用。

さ行

再生可能エネルギー
徐々に枯渇することなく絶えず補充されうる（発電、発熱、輸送用の）エネルギー源を表す言葉。

砂漠化
以前は植生に覆われていた地域まで砂漠の状態が拡大すること。降水量の減少や家畜の過放牧などの要因によってもたらされる。

サバンナ林区
主としてまばらに生えた樹木や灌木と開けた草原で構成される熱帯の植生。

産業化以前の世界
産業革命が始まった1750年以前の状態の世界。当時人間は主として農業や小規模な産業で生計を立てていた。環境への圧力は今日よりもはるかに低かった。

酸性雨
二酸化硫黄や窒素酸化物などの大気汚染物質で汚染された雨、みぞれ、雪。酸性雨は土壌と水を汚染し、建造物に被害を与える。

酸性化
海、湖、河川が次第に酸性に傾いていく作用。海洋の酸性化は、主として大気からの二酸化炭素の取り込み量の増加によって生じる。湖や川では、流入する酸性雨が原因で起きることもある。

残留性有機汚染物質（POPs）
長期間分解されることなく環境に残存する化合物のこと。残留性有機汚染物質の中には、DDTのように、野生生物と人間の健康に有害な物質もある。

紫外線
可視光線よりもわずかに短い波長の電磁エネルギー。太陽エネルギーの中には紫外線（長波長のUV－Aと中波長のUV－B）も含まれ、そのほとんどは地表に達する前に地球の大気にさえぎられる。

識字能力
読み書きができること。特に女性と子どもに読み書きの能力があることは、国の経済や社会の発展の度合を示す重要な指標である。

持続可能性
農業や発電、廃棄物処理、林業、原料消費などとの関連で、人間活動が将来にわたり持続可能な条件を表す言葉。

実質GDP
ある年に生産されたすべての財とサービスの価格から、物価変動による影響を取り除いた値。

蒸発
液体の表面の分子が気体へ変化する作用。暖かい日に海や湖から水が蒸発するように、通常は温度の上昇によって起きる。

消費
個人または家庭による財とサービスの購入と消費。

植物プランクトン
海や湖で太陽の光が届く上層部に生息し、光合成を使って二酸化炭素を取り込んで酸素を放出することで、炭素の循環できわめて重要な役割を演じている極小のプランクトン。

食物連鎖または食物網
ある栄養段階にいる生物が他の栄養段階の生物を食べる生物界の階層（鎖）、あるいはネットワーク（網）。たとえば、植物を食べる昆虫を鳥が食べ、その鳥を猛禽類が捕食する、というような関係。

食糧安全保障
国民が健康的な生活を維持するのに十分な、栄養のある食料を自由に手に入れられる状態にあること。

新興市場
先進諸国に比べ所得水準が低く経済基盤の整備が遅れていた状態から、急速に経済が成長発展し工業化している国家経済。こうした国の多くが、次第に産業や貿易、技術の面で強大になってきている。

浸食
土壌や岩石が風や流水、氷によって分解され、運び去られる作用。浸食作用は力学作用（岩石や土壌が物理的に失われる）のこともあるし、化学作用（岩石や土壌が水に溶ける）のこともある。

侵略的外来種
ある生態系に元来生息していない種で、持ち込まれた場合、その生態系に害をおよぼす生物種。

森林破壊
土地を開くために森林地帯の森を破壊したり木々を乱伐すること。牧場や農作物のプランテーションを作るために森林を伐採することが主な原因の一つである。森林伐採により土壌浸食や生物多様性の減少にいたる可能性がある。

水圧破砕（法）
岩石を割って石油やガスを放出するために、水、砂、薬品の混合物を石油や天然ガスを含む岩石に注入すること。破砕により地下水が汚染されたり、小さな地震を引き起こすこともある。

水力
落水や流水から得られるエネルギー。たとえば水力発電では、タービンを回転させて電気を起こすために水が利用される。

水力電力
水力発電ダムでタービンによって作り出されるように、落水や流水から得られる電力。

生息環境
特有の植物の群落や動物の群集を支える、森林地帯や草原地帯などの生態系。

生物圏
地球上のあらゆる生物が存在する領域で、地表、海洋、大気圏の最下層からなる。

生物生産
一定期間内に特定の生態系から生み出されるバイオマスの生産量。

生物多様性
生物の多様度。種の多様性とは、ある環境にさまざまな生物の種が生息していること。遺伝子の多様性とは、同一種の中に遺伝子によるさまざまな違いがあること。生態系の多様性とは、さまざまなタイプの生態系や生息地が存在すること。

生物地球化学的なフロー
大気、土壌、生物圏（植物と動物）、水を通過する、炭素や窒素などの化学物質の循環。

生物濃縮
食物網を通して（殺虫剤などの）化学物質が生物の体に高濃度に蓄積される過程。たとえば、植物プランクトンは自分よりも大きな生物に捕食され、捕食生物も最終的には食物連鎖の頂点に立つ肉食動物によって捕食されるが、この過程で、有害な物質はより上位の捕食者の体内に高度に濃縮される。

生態学
生物と生物の関係、また生物と空気や水、地質など非生物的な環境との関係をあつかう科学。

生態系
生息するすべての生物と、空気や水、土を含めた環境が相互に作用している、一つの自立した生物群集。

生分解性
自然の力で微生物によって構成分子や要素にまで分解される素材に使われる用語。

赤外線
波長が可視光線よりもわずかに長い電磁波。太陽エネルギーの一部や地表面から放射される熱の一部は赤外線放射の形をとる。

脊椎動物
背骨（脊椎）と内骨格を持つ動物。魚類、両生類、爬虫類、鳥類、ほ乳類が含まれる。

石油化学製品
石油や天然ガスから作られる化合物。溶媒や洗剤、プラスチック、合成繊維など、多くの製品に使われている。

絶滅
最後の個体の死によって、一つの生物種、または生物亜種、生物群が絶えること。

先進国
比較的安定した産業経済あるいは脱工業化経済と安定した政治体制のもとで、先端技術や、他の国々に比べ全般的に高い生活水準を誇る国。

藻類の大発生(藻類ブルーム、水の華)
たいていは窒素やリンなどの過剰な栄養分が原因で、湖や海で藻類が急速に大量に増殖すること。藻類が大増殖すると日光がさえぎられるため、水中の酸素が消費し尽くされる。動物や人間に有害な毒を作り出す藻類もある。

た行

ダイオキシン類
紙の漂白などの製造業やごみ焼却などの過程で排出される難分解性化学物質。これらの化学物質は有害で、食物連鎖における生物濃縮を通して動物や人間の健康にリスクをもたらす可能性がある。

大気
地球(あるいは他の惑星)を取り巻く気体の層。地球の大気の主な成分は窒素(78%)と酸素(21%)である。

太陽光発電システム
太陽電池や太陽光パネルが太陽光を電気に変換する技術。太陽光発電システムはクリーンな再生可能エネルギーを作り出す。

対流
流体(空気や水など)の動きによる熱の移動。たとえば、大気中の対流セル(128−129頁参照)では、暖かい空気が膨張して上昇すると、冷たい空気が下降するため、気流を作り出す。

多雨林
年間降水量の多い熱帯や温帯にある密林。多くの多雨林は生物多様性が豊かなことで知られ、酸素の主要な生産地で二酸化炭素吸収源である。

多国間環境協定(MEA)
環境問題に関連して3か国以上の国の間で結ばれた法的拘束力のある協定。現在250以上の多国間環境協定が施行されている。

立ち枯れ
木や灌木が小枝から徐々に枯れはじめ、その後枝や木全体が枯れていく現象。原因としては病原菌や害虫の発生、干ばつ、汚染が考えられる。

単一栽培(モノカルチャー)
農場や営農組織で、1種類か1品種の作物、植物、家畜を一度に生産する農業の方式。

炭素
化学元素(記号はC)の一つで、水素(H)や酸素(O)など、他の元素と結びついて、二酸化炭素などの化合物を作る。炭素はすべての生物に存在する。

炭素回収貯留技術(CCS)
燃焼する化石燃料から生じた二酸化炭素を、大気に達する前にとらえ、地底や海洋底の地層深くに注入する方法。

淡水化
飲用または灌漑用に適した水を作り出すために、海水から塩分などのミネラルを取り除くこと。

地下水
土壌や岩盤内に含まれる水。特に、帯水層と呼ばれる、水が飽和した状態にある岩盤内の水を指す。

地下水面
地下の岩石や地層中で、地下水が浸透している境目の上面。

地球温暖化
大気や海洋の平均温度の上昇で、地上の氷の面積や海面、降水量などの天気にも影響をおよぼす。近年は人間活動が地球の気温上昇に主要な役割を演じている。

地熱エネルギー
火山活動が活発な地域で温泉から得られる熱エネルギーのように、地球の内部で自然に生み出される熱から得られるエネルギー。

低栄養
必要な栄養をほとんど摂取できていないか、補充されるよりも早く栄養を消費したり排出したりした結果起こる体の状態。栄養失調の項も参照のこと。

デッドゾーン
水中の酸素濃度が低すぎて、多くの生物が生息できなくなっている湖や海の水域。デッドゾーンは、水質汚染が原因による藻類の大発生の結果生じることがある。

天気
特定の場所における毎日の大気の条件。気温や気圧、日照時間、雲量、湿度、降雨・降雪量が含まれる。

テラワット時(TWh) → **単位**の欄参照

天然ガス
メタンを主成分とする化石燃料。岩盤から採掘され、石油鉱床と結びついていることが多い。掘削か水圧破砕法で採掘される。

動物プランクトン
一時期、あるいは全期間を浮遊生物(プランクトン)として過ごす動物。アメーバ、魚や甲殻類の幼生、クラゲもここに含まれる。動物プランクトンは植物プランクトンを餌にして、大きな動物の重要な食物源となる。

都市化
比較的狭い区域に大勢の人が生活と仕事のためにやってきた結果、町や都市を形成していく過程。

都市密度
平方kmあたりの人口やビルの総面積など、市街化区域における土地利用密度を測る指標。

ドブソン単位(DU) →**単位**の欄参照

な行

二酸化硫黄

主に石炭などの化石燃料を燃やすことで排出される大気汚染物質。二酸化硫黄が水蒸気と結びつくと酸性雨になる。これも動物と人間の健康を害する。

二酸化炭素

炭素原子1つと酸素原子2つが結合した分子(化学式CO_2)を持つ気体。生物の呼吸や、枯葉の分解、燃焼(たき火、あるいはバイオ燃料や化石燃料の燃焼)の際などに生じる。

二酸化炭素吸収源

大気から二酸化炭素を吸収して蓄える生態系。海洋と森林が地球の主な二酸化炭素吸収源である。

二酸化炭素排出原単位

エネルギー消費量あたりの炭素排出量として算定される温室効果ガス排出量の指標。一例が発熱量あたりの二酸化炭素換算排出量(gCO_2e/Mj)である。排出原単位はGDPあたりの排出量との関連で算定されることもある。この場合、エネルギー源だけでなく森林伐採からの排出量も含まれる。

二酸化炭素排出量

自然の作用(森林火災や火山の爆発など)、あるいは人為的な方法(化石燃料の燃焼など)による二酸化炭素の放出量。

は行

バイオエネルギー

木材、わら、堆肥、下水汚物などの生物由来物質から採取された再生可能エネルギー。

バイオ燃料

一般に、ガソリンやディーゼル、灯油に代わる燃料として、植物や食品廃棄物などの有機物質から得られた液体燃料を説明するために使われる。バイオガスは化石燃料である天然ガスの代替物で、同じく家畜の糞尿や食品廃棄物などの有機物から作られる。

バイオマス

特定の生態系や地域内に存在する生物(植物と動物と微生物)の量。

バイオーム(生物群系)

気候や水深などの物理的な特徴に加え、特有の植生によって特徴づけられる陸地表面、淡水、海洋の区域。

バイオミミクリー(生物模倣)

人間世界の難題にうまく対処するために、自然の構造や作用をヒントに応用する技術。

排出(物、量)

大気中への気体、液体蒸気、粒子の放出。通常は輸送機関、発電所、森林伐採など、人為的な発生源からの排出(物、量)のことを指す。

ハーバー・ボッシュ法

空気中の窒素を水素と化合させてアンモニアを作る合成法。主に化学肥料を製造するために使われる。

氾濫

洪水が起きたり、高潮が沿岸部で発生した時のように、河川や海から大量の水があふれ出て、陸地を覆いつくすこと。

氾濫原

川岸の高さよりも水かさが増すと自然に氾濫する、川のそばにある平坦な土地。

一人あたりのGDP

経済活動の指標で、国家のGDPを人口の数で割ることにより算出される。

100万石油換算トン(MTOE)　→単位の欄参照

氷床

5万km^2以上の陸地を覆う氷河の集合体。地球の主な氷床はグリーンランドと南極大陸の2か所にある。

風化作用

地表に元から存在していた場所で、岩石が風や水、温度の変化、あるいは化学反応によって崩壊していくこと。浸食の項も参照のこと。

富栄養化

水域などの生態系で、窒素やリン酸などの栄養素が増加することによって起きる生態系変化。富栄養化は藻類の大発生やデッドゾーンを引き起こす可能性がある。

フードマイル／フードキロメーター

食べ物が生産地から消費者に届くまでに運ばれた距離。距離が長いほど、燃料の使用量が増えるため、フードマイルを減らすことは輸送機関の排出量を減らすことに役立つ。

プランクトン

一時期または全期間を海や湖で浮遊して過ごす、単細胞の藻類や細菌からクラゲまでの広範囲におよぶ小さな生物。プランクトンは水中の食物網できわめて重大な役割を演じている。植物プランクトンと動物プランクトンの項も参照のこと。

ポリ塩化ビフェニル(PCB)

電気機器や接着剤、塗料などの製品にかつて広く使用されていた合成物質の一種。PCBは健康に有害な残留性有機汚染物質(POPs)なので、現在は多くの国で禁止されている。

ま行

緑の革命

特に開発途上国で食料供給を大幅に増やした、1940年代に始まった、作物の栽培における一連の進歩。

ミレニアム開発目標

2000年に国連が発表した8つの開発目標(うち一つは環境に関する内容)で、2015年までに達成されることになっていた。現在は国連の持続可能な開発目標(SDGs)に引き継がれている。

無脊椎動物

脊椎を持たない動物。昆虫、軟体動物、甲殻類、蠕虫などが含まれる。

メガワット時(MWh)　→単位の欄参照

メタン
無色で可燃性の気体として存在する炭化水素。メタンは天然ガスの主要な構成物質で、きわめて強力な温室効果ガスである。世界全体で、人為起源のメタン排出量の60％以上が工業や農業、ごみの埋め立て地から発生する。

モンスーン
多くの場合インド亜大陸と関連づけられる天気の季節的な変化で、風向きと気圧によって海風が強くなり、夏季に激しい雨をもたらす。

や行

有機農業
化学的に合成された農薬や肥料の使用を避け、土壌の生産力を維持するために、動物の糞や窒素固定力のある植物を含め、より自然の作用に頼る農法。

翼足類
海中を浮遊する巻貝の群。有殻翼足類の殻は海水が酸性化すると溶けてしまうため、海洋酸性化の犠牲者とみなされている。

ら行

ラニーニャ
赤道太平洋の中部と東部で約3〜7年おきに発生する大規模な海水温の変化。海水面が通常よりも低くなるため、特に南北アメリカ、オーストラリア、東南アジアの気候に混乱を引き起こす。エルニーニョと対の現象。

ラテンアメリカ
中央アメリカと南アメリカにある、主な使用言語がスペイン語、ポルトガル語、フランス語の国々。

リサイクル
家庭ごみや、農業や工業から出る産業廃棄物を新たに利用可能な物質へ変えること。リサイクルはエネルギーを節約し、汚染を減らすのに役立つ。

索引

注：太字は主な参照ページ

参考文献と謝辞

ドーリング・キンダスレー社より以下の方々にお礼申し上げます。

原案：Hugh Schermuly, Cathy Meeus
イラスト：Peter Bull
編集補助：Nathan Joyce, Martyn Page
校正・用語解説：Kathie John
索引：Hilary Bird

出典に関するより詳しい情報は著者ウェブサイトを参照してください。
www.tonyjuniper.com/content/whats-really-happening-our-planet-references

主な参考文献

pp16-17: UN, Department of Economic and Social Affairs, Population Division (2013), World Population Prospects: "Most populous countries, 2014 and 2050", 2014 World Population Data Sheet, Population Reference Bureau, http://www.prb.org; Revised data: World Bank: https://data.worldbank.org/indicator/SP.POP.TOTL?locations=BR-CN-IN-ID-US; Quote from Al Gore: featured in O, The Oprah Magazine, February 2013 **pp18-19:** UN, Department of Economic and Social Affairs, Population Division (2013), World Population Prospects; "Africa will be home to 2 in 5 children by 2050: Unicef Report", Unicef press release, 12th Aug 2014, http://www.unicef.org; **pp20-21:** UN, Department of Economics and Social Affairs, Population Division. World Population Prospects, the 2015 revision; "Correlation between fertility and female education", European Environment Agency, 2010, http://www.eea.europa.eu; **pp24-25:** Estimates of World GDP, One Million B.C. – Present, J. Bradford De Long, Department of Economics, U.C. Berkeley, 1998; Global Growth Tracker: The World Economy—50 Years of Near Continuous Growth, Dariana Tani, World Economics, March 2015, http://www.worldeconomics.com; Quote by Kenneth Boulding in: United States. Congress. House (1973) Energy reorganization act of 1973:

Hearings. **pp28-29:** GDP per capita, World Development Indicators, World Bank national accounts data, and OECD National Accounts data files, The World Bank, 2015, http://www.worldbank.org; SOER 2010—assessment of global megatrends, The European Environment: State and Outlook 2010, 28 November 2010, European Environment Agency, Copenhagen, 2011; **pp30-31:** GDP (current), World Development Indicators, World Bank national accounts data, and OECD National Accounts data files, The World Bank, 2015, http://www.worldbank.org; Fortune 500, http://fortune.com/fortune500; Center for Responsive Politics, based on data from the Senate Office of Public Records, October 23, 2015, https://www.opensecrets.org/lobby; **pp32-33:** The World in 2015: Will the shift in global economic power continue?, PricewaterhouseCoopers LLP, February 2015; Exhibit from "Urban economic clout moves east", March 2011, McKinsey Global Institute, www.mckinsey.com/mgi. © 2011 McKinsey & Company. All rights reserved. Reprinted by permission; **pp34-35:** Exports of goods and services (current US$), World Bank national accounts data, and OECD National Accounts data files, The World Bank http://www.worldbank.org; Top U.S Trade Partners, US Department of Commerce International Trade Administration, http://www.trade.gov; **pp36-37:** GDP (current), World Development Indicators, World Bank national accounts data, and OECD National Accounts data files, The World Bank, 2015, http://www.worldbank.org; The World Factbook, Central Intelligence Agency, USA, https://www.cia.gov; **pp38-39:** World Urbanization Prospects 2014, The Department of Economic and Social Affairs of the UN Secretariat, Highlights 2014; Main graphic- World Bank: https://data.worldbank.org/indicator/SP.URB.TOTL.IN.ZS; quote by George Monbiot, published on the Guardian's website, 30th June 2011 http://www.monbiot.com/2011/06/30/atro-city/ **pp40-41:** World Urbanization

Prospects 2014, The Department of Economic and Social Affairs of the UN Secretariat, Highlights 2014; http://www.un.org/en/development/desa/population/publications/pdf/urbanization/the_worlds_cities_in_2016_data_booklet.pdf **pp42-43:** City Limits: A resource flow and ecological footprint analysis of Greater London (2002), commissioned by IWM (EB) Chartered Institute of Wastes Management Environmental Body, 12th September 2002, http://www.citylimitslondon.com; "If the world's population lived like...", Per Square Mile, Tim de Chant, August 8 2012, http://persquaremile.com; **pp44-45:** Global Energy Assessment: Towards a Sustainable Future. International Institute for Applied Systems Analysis, Cambridge University Press, 2012; 2014 Key World Energy Statistics, International Energy Agency (IEA), Paris: 2014, http://www.iea.org; Per capita energy consumption for selected countries, based on BP Statistical Data energy consumption and Angus Maddison population estimates, World Energy Consumption Since 1820 in Charts, Our Finite World, Gail Tverberg, 2012, http://ourfiniteworld.com; Quote by Desmond Tutu from The Guardian, September 10, 2015 **pp46-47:** Energy and Climate Change, World Energy Outlook Special Report, International Energy Agency, 2015; **pp48-49:** U.S. Energy Information Administration, International Energy Statistics, Total Primary Energy Consumption, http://www.eia.gov; **pp50-51:** The Rough Guide to Green Living, Duncan Clark, Rough Guides, 2009, p26; **pp52-53:** Global renewable electricity production by region, historical and projected, International Energy Agency, http://www.iea.org; "Not a toy: Plummeting prices are boosting renewables, even as subsidies fall", The Economist, April 9th 2015; **pp56-57:** Great Graphic: Renewable Energy Solar and Wind, Marc Chandler, Financial Sense, 14 November 2013, http://www.financialsense.com; http://files.gwec.net/files/GWR2016.pdf; Quote by Arnold

Schwarzenegger, BBC news, April 2012; **pp62–63:** Main graph: https://data. worldbank.org/indicator/AG.PRD.CREL. MT?locations=CN-1W; Global Grain Production 1950–2012, Compiled by Earth Policy Institute from U.S. Department of Agriculture (USDA), http://www.earth-policy.org; Global Grain Stocks Drop Dangerously Low as 2012, Consumption Exceeded Production, J. Larson, Earth Policy Institute, January 17, 2013; World Agriculture Towards 2015/2030: An FAO Perspective, edited by J. Bruinsma, Earthscan Publications, Food and Agriculture Organization, 2003; Quote by Norman Borlaug, Nobel lecture December 11, 1970. **pp64–65:** World Bank https://data. worldbank.org/indicator/AG.PRD.CREL. MT?locations=CN-1W; The State of the World's Land and Water Resources for Food and Agriculture: Managing systems at risk, The Food and Agriculture Organization of the UN and Earthscan, 2011; The importance of three centuries of land-use change for the global and regional terrestrial carbon cycle, Climate Change, 97, 2 July 2009, pp123–144; Utilisation of World Cereal Production, Hunger in Times of Plenty, Global Agriculture, http://www. globalagriculture.org; **pp66–67:** Source: https://ourworldindata.org/fertilizer-and-pesticides#fertilizer-consumption Max Roser (2015) – 'Fertilizer and Pesticides'. Published online at OurWorldInData.org. Retrieved from: http://ourworldindata.org/ data/food-agriculture/fertilizer-and-pesticides/; **pp68–69:** "We've covered the world in pesticides. Is that a problem?", Brad Plumer, The Washington Post, Aug 18, 2013; Max Roser (2015) "Fertilizer and Pesticides" Published online at OurWorldInData.org. http://ourworldindata. org/data/food-agriculture/fertilizer-and-pesticides/ ; Popular Pesticides Linked to Drops in Bird Populations, by Helen Thompson, Smithsonian Magazine, July 2014, http://www.smithsonianmag.com/; **pp70–71:** http://www.fao.org/save-food/ resources/keyfindings/infographics/fish/en/ SAVE FOOD: Global Initiative on Food Loss and Waste Reduction, Food and Agriculture Organization of the UN, http://www.fao. org; **pp72–73:** http://www.fao. org/3/a-I7695e.pdf; The State of Food

Insecurity in the World, Food and Agriculture Organization of the UN, 2015; America Spends Less on Food Than Any Other Country, Alyssa Battistoni, Mother Jones, Wed Feb. 1, 2012, http://www. motherjones.com/; Quote from John F. Kennedy courtesy of the American Presidency Project **pp74–75:** Restoring the land, Dimensions of need—An atlas of food and agriculture, FAO, Rome, Italy, 1995, http://www.fao.org; Natural Resources and Environment, FAO, 2015; **pp76–77:** "Great Acceleration", International Geosphere-Biosphere Programme, 2015, http://www. igbp.net; Trends in global water use by sector, Vital Water Graphics: An Overview of the State of the World's Fresh and Marine Waters, UN Environment Programme/ GRID-Arendal, 2008, http://www.unep.org; Water withdrawal and consumption: the big gap, Vital Water Graphics: An Overview of the State of the World's Fresh and Marine Waters, UN Environment Programme/ GRID-Arendal, 2008; Quote by Lyndon B Johnson, from letter to the President of the Senate and to the Speaker of the House, November 1968. **pp78–79:** Total Renewable Freshwater Supply by Country (2013 Update), http://worldwater.org; **pp82–83:** National Water Footprint Accounts: The Green, Blue, and Grey Water Footprint of Production and Consumption, M.M. Mekonnen and A.Y. Hoekstra, Value of Water Research Report Series No.50, UNESCO-IHE Institute for Water Education, May 2011; "Product Gallery", Interactive Tools, Water Footprint Network, http:// waterfootprint.org; Living Planet Report 2010, Global Footprint Network, Zoological Society London, World Wildlife Fund, http:// wwf.panda.org; **pp84–85:** "Addicted to resources", Global Change, International Geosphere-Biosphere Programme, April 10, 2012, http://www.igbp.net; Consumption and Consumerism, Anup Shah, January 05, 2014, http://www.globalissues.org; "Waste from Consumption and Production—Our increasing appetite for natural resources", Vital Waste Graphics, GRID-Arendal 2014, http://www.grida.no; Quote by Pope Francis, from a letter to Australia Prime Minister Tony Abbott, chair of the conference of G20 nations, November 2014. **pp86–87:** "Bottled Water", compiled by

Stefanie Kaiser, Dorothee Spuhler, Sustainable Sanitation and Water Management, http://www.sswm.info/; "New NIST Research Center Helps the Auto Industry 'Lighten Up'", Mark Bello, Centre for Automotive Lightweighting (NCAL), National Institute of Standards and Technology (NIST), August 26, 2014, http:// www.nist.gov/; "Passenger Car Fleet Per Capita", European Automobile Manufacturers Association, 2015. http://www.acea.be/statistics/tag/category/ passenger-car-fleet-per-capita; **pp88–89:** "When Will We Hit Peak Garbage?", Joseph Stromberg, Smithsonian Magazine, Oct 30, 2013, http://www.smithsonianmag.com; Status of Waste Management, Dennis Iyeke Igbinomwanhia, Integrated Waste Management—Volume II, edited by Sunil Kumar, August 23, 2011; "Solid Waste Composition and Characterization: MSW Materials Composition in New York State", New York State Department of Environmental Conservation, 2015, http:// www.dec.ny.gov; 9 Million Tons of E-Waste Were Generated in 2012, Felix Richter, Statista, May 22, 2014, http://www.statista. com/; **pp90–91:** OECD Environmental Data Compendium, The Organisation for Economic Co-operation and Development (OECD), Waste, March 2008, http://www. oecd.org; **pp92–93:** CAS Assigns the 100 Millionth CAS Registry Number to a Substance Designed to Treat Acute Myeloid Leukemia, Chemical Abstracts Service (CAS): A division of the American Chemical Society, June 29, 2015, https://www.cas.org; **pp94–95:** Quote by Sir David Attenborough from launch of World Land Trust's (WLT) first wildlife webcam, Jan 2008. http://www. worldlandtrust.org/ **pp96–97:** Internet Live Stats, http://www.internetlivestats.com; ICT Facts and Figures 2015, ICT Data and Statistics Division, Telecommunication; Development Bureau, International Telecommunication Union, Geneva, May 2015, http://www.itu.int; Value of connectivity: Economic and social benefits of expanding internet access, Deloitte, 2014, http://www2.deloitte.com; Quote by Kofi Annan, in opening address to the 53rd annual DPI/NGO Conference, 2006. **pp98–99:** https://www.itu.int/en/ITU-D/ Statistics/Documents/facts/

ICTFactsFigures2017.pdf; The Rise of Mobile Phones: 20 Years of Global Adoption", SooIn Yoon, Cartesian, June 29, 2015, http://www.cartesian.com; World Telecommunication/ICT Indicators Database, 19th edition, International Telecommunication Union, 01 July 2015, http://www.itu.int; "Historical Cost of Mobile Phones", Adam Small, Marketing Tech Blog, December 20, 2011, https://www.marketingtechblog.com; **pp100–101:** Main graphic: https://data.worldbank.org/indicator/IS.AIR.PSGR; Top Flight Routes: http://www.iata.org/pressroom/pr/Pages/2016-07-05-01.aspx [; http://www.panynj.gov/airports/pdf-traffic/ATR2016.pdf; Air transport, passengers carried, World Development Indicators, International Civil Aviation Organization, Civil Aviation Statistics of the World and ICAO staff estimates, The World Bank, http://www.worldbank.org; "300 world 'super routes' attract 20% of all air travel", Amadeus, 16 April 2013, http://www.amadeus.com; **pp102–103:** Source: https://data.worldbank.org/topic/poverty; Max Roser (2016)–"World Poverty". Published online at OurWorldInData.org. Retrieved from: http://ourworldindata.org/data/growth-and-distribution-of-prosperity/world-poverty; 5 Reasons Why 2013 Was The Best Year In Human History, Zack Beauchamp, ThinkProgress, Dec 11, 2013, http://thinkprogress.org; World Development Indicators 2015 maps, The World Bank, 2015, http://data.worldbank.org/maps2015; Quote by Ban Ki-moon, "Sustainable energy for all a priority for UN secretary-general's second term," New York, September 21, 2011. **pp104–105:** Proportion of population using improved drinking-water sources, Rural: 2012, WHO, 2014. http://www.who.int/en; proportion of population using improved sanitation facilities, WHO, Total: 2012, WHO, 2014; **pp106–107:** Education: Literacy rate, UNESCO Institute of Statistics, UN Educational, Scientific and Cultural Organisation, 23 Nov 2015, http://data.uis.unesco.org; **pp108-109:** Maternal mortality statistics from https://data.unicef.org/topic/maternal-health/maternal-mortality/; Main graphic: http://www.who.int/healthinfo/global_burden_disease/estimates/en/index1.html; Causes of death, by WHO region,

Global Health Observatory, WHO, http://www.who.int; The 10 leading causes of death by country income group (2012), Media Centre, WHO; **pp110–11:** GDP per capita (current US$), World Development Indicators, World Bank national accounts data, and OECD National Accounts data files, http://www.worldbank.org; Country Comparison: Distribution of Family Income – GINI Index, The World Factbook, Central Intelligence Agency, https://www.cia.gov; 2015 Billionaire Net Worth as Percent of Gross Domestic Product (GDP) by Nation, Areppim, 24 April 2015, http://stats.areppim.com/stats/stats_richxgdp.htm; **pp114–15:** Global Terrorism Index 2014: Measuring and Understanding the Impact of Terrorism, Institute for Economics and Peace, http://www.visionofhumanity.org; World at War: UNHCR Global Trends: Forced Displacement in 2014, UNHCR–The UN Refugee Agency, © UN High Commissioner for Refugees 2015, http://www.unhcr.org; **pp116–17:** http://www.unhcr.org/5943e8a34.pdf **pp118–19:** "Great Acceleration", International Geosphere-Biosphere Programme, 2015, (data for carbon dioxide, nitrous oxide, and methane) http://www.igbp.net; Intergovernmental Panel on Climate Change (IPCC). 2013. IPCC Fifth Assessment Report - Climate Change 2013: The Physical Science Basis, https://www.ipcc.ch; The Future of Arctic Shipping, Malte Humpert and Andreas Raspotnik, The Arctic Institute, October 11, 2012, www.thearcticinstitute.org; Quote from Leonardo di Caprio: address to UN Climate Summit, New York, Sept 2014 **pp128–27:** Summer flounder stirs north-south climate change battle, Marianne Lavelle, The Daily Climate, June 3, 2014; Top scientists agree climate has changed for good, Sarah Clarke, ABC news, 3 April 2013, http://www.abc.net.au; Spring is Coming Earlier, Climate Central, Mar 18th, 2015, http://www.climatecentral.org; **pp132–33:** Climate change: Action, Trends and Implications for Business, The IPCC's Fifth Assessment Report, Working Group 1, University of Cambridge, Cambridge Judge Business School, Cambridge Programme for Sustainability Leadership, September 2013, http://www.europeanclimate.org/documents/IPCCWebGuide.pdf; **pp134–35:** The 2010

Amazon Drought, Science, 04 Feb 2011, Vol.331, Issue 6017, pp554, http://science.sciencemag.org; **pp136–37:** The Unburnable Carbon Concept Data 2013, Carbon Tracker Initiative, September 17, 2014, http://www.carbontracker.org; **pp138–39:** IPCC, 2014: Climate Change 2014: Synthesis Report. Contribution of Working Groups I, II and III to the 5th Assessment Report of the Intergovernmental Panel on Climate Change; Quote from Pope Francis, at meeting with political, business and community leaders, Quito, Ecuador, July 7, 2015; **pp140–41:** "Deforestation Estimates: Macro-scale deforestation estimates (FAO 2010)," Monga Bay, http://www.mongabay.com; **pp142–43:** "6 Graphs Explain the World's Top 10 Emitters", Mengpin Ge, Johannes Friedrich and Thomas Damassa, World Resources Institute, November 25, 2014; Quote from Barack Obama, taken from speech at the GLACIER Conference, Anchorage, Alaska, 1 September, 2015; **pp144–45:** "Desolation of smog: Tackling China's air quality crisis", David Shukman, BBC News: Science and Environment, 7 January 2014, http://www.bbc.co.uk; Burden of disease from Ambient Air Pollution for 2012, WHO, 2014, http://www.who.int; **pp148–49:** Global human appropriation of net primary production doubled in the 20th century, Proceedings of the National Academy of Sciences of the United States of America, 2013, http://www.pnas.org; "Of Fossil Fuels and Human Destiny," Peak Oil Barrel, http://peakoilbarrel.com; Quote from the HRH The Prince of Wales from Presidential Lecture, Presidential Palace, Jakarta, Indonesia, November 2008 **pp150–141:** State of the World's Forests, Food and Agriculture Organization of the UN, 2012, p9, http://www.fao.org; **pp152–153:** Lake Chad - decrease in area 1963, 1973, 1987, 1997 and 2001, Philippe Rekacewiz, UNEP/GRID-Arendal 2005 , http://www.grida.no; **pp154–55:** IFPRI (International Food Policy Research Institute). 2012. "Land Rush" map. Insights 2 (3). Washington, DC: International Food Policy Research Institute. http://insights.ifpri.info/2012/10/land-rush/; **156–57:** Fishery Statistical Collections, Fisheries and Aquaculture, Food and

Agriculture Organisation of the UN, 2015, http://www.fao.org; Collapse of Atlantic cod stocks off the East Coast of Newfoundland in 1992, Millennium Ecosystem Assessment, 2007, Philippe Rekacewicz, Emmanuelle Bournay, UNEP-GRID-Arendal, http://www.grida.no; Good Fish Guide, Marine Conservation Society, 2015, http://www.fishonline.org; Quote from Ted Danson, reported in New York Times, "What's worse than an oil spill?", April 20, 2011; **pp158–59:** Good Fish Guide, Marine Conservation Society, 2015, http://www.fishonline.org; **pp162–63:** "Top Sources of Nutrient Pollution" and "The Eutrophication Process," Ocean Health Index 2015, http://www.oceanhealthindex.org; N.N. Rabalais, Louisiana Universities Marine Consortium and R.E. Turner, Louisiana State University, http://www.noaanews.noaa.gov/stories2013/2013029_deadzone.html; **pp164–65:** 22 Facts About Plastic Pollution (And 10 Things We Can Do About It), Lynn Hasselberger, The Green Divas, EcoWatch, April 7, 2014, http://ecowatch.com; "When The Mermaids Cry: The Great Plastic Tide", Claire Le Guern Lytle, Plastic Pollution, Coastal Care, http://plastic-pollution.org; **pp166–67:** GLOBIO3: A Framework to Investigate Options for Reducing Global Terrestrial Biodiversity Loss, Ecosystems (2009), 12, pp374–390, Rob Alkenmade, Mark van Oorschot, Lera Miles, Christian Nellemann, Michel Bakkenes, and Ben ten Brink, http://www.globio.info; Accelerated modern human–induced species losses: Entering the sixth mass extinction, Gerardo Ceballos, Paul R. Ehrlich, Anthony D. Barnosky, Andrés García, Robert M. Pringle and Todd M. Palmer, Science Advances, 19 June 2015, http://advances.sciencemag.org; Defaunation in the Anthropocene, Science, 25 July 2014, Vol. 345. Ossie 6195, pp401–406, http://science.sciencemag.org; Quote from Sir David Attenborough during Q&A session on social media site Reddit, 8 January 2014; **pp168–69:** "Where we work", Critical Ecosystem Partnership Fund, http://www.cepf.net; **pp176–77:** Changes in the global value of ecosystem services, Robert Costanza et al, Global Environmental Change, 26, Elsevier, 1 April 201; Quote by Satish Kumar, reported in Resurgence and Ecologist, 29th August 2008; **pp178–179:** Quote from Sir Jonathon Porritt, in "Capitalism as if the world matters", first published 2005; **pp180–81:** "The Age of Humans: Evolutionary Perspectives on the Anthropocene", Human Evolution Research, Smithsonian National Museum of Natural History, 16 November 2015; "The Anthropocene is functionally and stratigraphically distinct from the Holocene", Science, Vol. 351, Issue 6269, http://science.sciencemag.org; Quote by Will Steffen from report of the IGBP, January 2015; **pp182–83:** "The Nine Planetary Boundaries", 2015, Stockholm Resilience Centre Sustainability Science for Biosphere Stewardship, http://www.stockholmresilience.org; "How many Chinas does it take to support China?", Infographics, Earth Overshoot Day 2015, http://www.overshootday.org; **pp184–85:** Water Consumption for Operational Use by Energy Type, Climate Reality Project, October 05 2015, https://www.climaterealityproject.org; **pp186–87:** Ratification of multilateral environmental agreements, Riccardo Pravettoni, UNEP/GRID-Arendal, http://www.grida.no; 100 Years of Multilateral Environmental Agreements, Plotly, 2015, https://plot.ly/~caluchko/39/_100-years-of-multilateral-environmental-agreements; **pp188–89:** Measuring Progress: Environmental Goals & Gaps, UN Environment Programme (UNEP), 2012, Nairobi, http://www.unep.org; The Millennium Development Goals Report 2015, UN, New York, 2015, http://www.un.org; **pp190–91:** Deguignet M., Juffe-Bignoli D., Harrison J., MacSharry B., Burgess N., Kingston N., (2014) 2014 UN List of Protected Areas, UNEP-WCMC: Cambridge, UK, http://www.unep-wcmc.org; **pp192–93:** "Sustainable Development Goals: 17 Goals to Transform Our World", UN, 2015, http://www.un.org; **pp194–95:** Figure 2, "Waves of Innovation of the First Industrial Revolution", TNEP International Keynote Speaker Tours, The Natural Edge Project, 2003-2011, http://www.naturaledgeproject.net; "Biomimicry Examples", The Biomimicry Institute, 2015, http://biomimicry.org; **pp196–97:** Prosperity without Growth?, The Sustainable Development Commission, Professor Tim Jackson, March 2009, http://www.sd-commission.org.uk; Two degrees of separation: ambition and reality. Low Carbon Economy Index 2014, PricewaterhouseCoopers LLP, September 2014, http://www.pwc.co.uk; **pp198–199:** http://www.irena.org/-/media/Files/IRENA/Agency/Publication/2017/May/IRENA_RE_Jobs_Annual_Review_2017.pdf [Clean, Green Jobs] "Small and Medium-sized Enterprises can Unlock $1.6 trillion Clean Tech Market in next 10 years", The Climate Group, 25 September 2014, http://www.theclimategroup.org; infoDev. 2014. Building Competitive Green Industries: The Climate and Clean Technology Opportunity for Developing Countries. Washington, DC: World Bank. License: Creative Commons Attribution CC BY 3.0, http://www.infodev.org; IRENA (2014), Renewable Energy and Jobs–Annual Review 2014, International Renewable Energy Agency, http://www.irena.org; **pp200–201:** Rewiring the Economy, Cambridge Institute for Sustainability Leadership, 2015, http://www.cisl.cam.ac.uk; **pp202–203:** "Circular Economy", The Ellen MacArthur Foundation, http://www.ellenmacarthurfoundation.org; "Phosphorus Recycling", Friends of the Earth Sheffield, Sunday 27, 2013.http://planetfriendlysolutions.blogspot.co.uk; **pp204–205:** "A Safe and Just Space for Humanity: Can we live within the doughnut?", Kate Raworth, Oxfam Discussion Papers, Oxfam International, February 2012, https://www.oxfam.org; **pp206–207:** quote from Ban Ki-moon, Remarks to the General Assembly on his Five-Year Action Agenda: "The Future We Want" 25 January, 2012.

図版クレジット
本書のために図版の使用をご承諾くださった以下の方々にもお礼申
し上げます。

(凡例：a＝上部、b＝下部、最下部、c＝中央、f＝奥、l＝左、r＝右、
t＝最上部)

22 Dreamstime.com: Digitalpress (bc). **29 Getty Images:** Frederic J. Brown
/ AFP (br). **32 Exhibit from "Urban economic clout moves east," March
2011, McKinsey Global Institute, www.mckinsey.com/mgi. Copyright ©
2011 McKinsey & Company. All rights reserved.** Reprinted by permission
(b). **37 Corbis:** Visuals Unlimited (br). **42 Tim De Chant:** (bl). **49 NASA:**
NASA Earth Observatory / NOAA NGDC (br). **56 123RF.com:** tebnad (bl).
69 Dreamstime.com: Comzeal (tr). **79 Dreamstime.com:** Phillip Gray (br).
91 123RF.com: jaggat (tr). **98 Getty Images:** Joseph Van Os / The Image
Bank (cra). **105 Dreamstime.com:** Aji Jayachandran - Ajijchan (ca). **106
Corbis:** Liba Taylor (b). **108 Dreamstime.com:** Sjors737 (bl). **115 Getty
Images:** Aurélien Meunier (br). **116 123RF.com:** hikrcn (cb). **124 Corbis:**
Dinodia (tr). **125 The Arctic Institute:** Andreas Raspotnik and Malte
Humpert (br). **126 Climate Central:** www.climatecentral.org/gallery/maps/
spring-is-coming-earlier (br). **130 123RF.com:** Meghan Pusey Diaz -
playalife2006 (bl). **154 IFPRI (International Food Policy Research
Institute). 2012:** "Land Rush" map. Insights 2 (3). Washington, DC:
International Food Policy Research Institute. http://insights.ifpri.
info/2012/10/land-rush/. Reproduced with permission. **162 Data source:
N.N. Rabalais, Louisiana Universities Marine Consortium and R.E.
Turner, Louisiana State University:** (bl). **169 Dreamstime.com:** Eric
Gevaert (tr). **175 Dreamstime.com:** Viesturs Kalvans (bc). **182 Source:
Global Footprint Network, www.footprintnetwork.org:** (bl). **191 123RF.
com:** snehit (crb). **194–195 The Natural Edge Project.**

その他すべての図版 ©Dorling Kinderslay
詳細はウェブサイトをご覧ください
www.dkimages.com